住房和城乡建设行业技能人员知识丛书

构件装配工

主　编　王清江　王春萱

副主编　张　意　伍任雄　张志远　赵红军　王　悦

中国环境出版集团·北京

图书在版编目（CIP）数据

构件装配工 / 王清江，王春萱主编．—北京：中国环境出版集团，2022.3
（住房和城乡建设行业技能人员知识丛书）
ISBN 978-7-5111-4890-2

Ⅰ.①构… Ⅱ.①王… ②王… Ⅲ.①建筑工程—装配式构件—技术培训—教材
Ⅳ.①TU7

中国版本图书馆 CIP 数据核字（2021）第 190234 号

出 版 人　武德凯
责任编辑　易　萌
责任校对　任　丽
封面设计　彭　杉

出版发行　中国环境出版集团
（100062　北京市东城区广渠门内大街 16 号）
网　　址：http：//www.cesp.com.cn
电子邮箱：bjgl@cesp.com.cn
联系电话：010-67112765（编辑管理部）
010-67112739（第三分社）
发行热线：010-67125803，010-67113405（传真）

印　　刷　北京中科印刷有限公司
经　　销　各地新华书店
版　　次　2022 年 3 月第 1 版
印　　次　2022 年 3 月第 1 次印刷
开　　本　787×1092　1/16
印　　张　18.25
字　　数　400 千字
定　　价　86.00 元

编 委 会

主　　编： 王清江　王春萱

副 主 编： 张　意　伍任雄　张志远　赵红军　王　悦

主　　审： 唐小林　陈怡宏

编写人员： 林　昕　王志勇　李　潇　陈渝链　丁剑涛　毛玲玲
王　娟　王子烨　尚玉东　梁汉之　饶　毅　袁　勇
邓海英　张　欣　戴广亮　何　敏　罗庆志　邹　倩
张　健　陈　博　张　宇　冯庆敏　周　瑜　段文川
庞道济　余　杰　刘远良　文　杰　牟　敏　范洁群
黄乐鹏　谢卓霖　王春艳　陈五四　何　浪　于洪江
段　鹏　张春丽　丁王飞　蒋云峰　吕念南　舒　唯
周　杨　杨　凡　杨中山　史灵玉　陈思庆

前　　言

为培育装配式混凝土建筑技能人才队伍，推动装配式混凝土建筑蓬勃发展，促进建筑业转型升级和高质量发展，我们邀请了多位知名专家和学者，经过对预制构件生产的经验总结以及对装配式混凝土建筑工程项目的实地考察，建立了一套科学的装配式混凝土建筑建造理论体系，结合实践经验和理论知识，参考有关国家、行业标准，共同编写了《住房和城乡建设行业技能人员知识丛书》为装配式混凝土建筑技能人才培养提供服务，促进从业人员的职业技能，进一步提高工程质量和安全生产水平提升。

《住房和城乡建设行业技能人员知识丛书》包括《构件制作工》《构件装配工》《灌浆工》《预埋工》《打胶工》《钢筋加工配送工》《内装部品组装工》，共7本；内容翔实、图文并茂、通俗易懂，涵盖了装配式混凝土建筑技术工人所需的理论知识和操作技能，能够使其全面掌握装配式混凝土建筑生产、施工的标准要求和工艺操作要领，满足装配式混凝土建筑技能人才培养的实际需要。

本书是《住房和城乡建设行业技能人员知识丛书》之一，由基础理论与操作技能两大部分组成，主要包括基本知识、工程建设法律法规、综合素养、构件装配工岗位基础知识、施工准备、装配施工、水电安装、装配式外挂板防水施工、检查验收及成品保护、拓展知识。

本书由重庆市建筑业协会组织编写，主编由重庆工商职业学院王清江、重庆市建设工程施工安全管理总站王春萱担任；副主编由重庆建工住宅建设有限公司张意、伍任雄，重庆市建设岗位培训中心张志远，重庆建筑高级技工学校赵红军，重庆工商职业学院王悦担任；重庆市建设岗位培训中心陈渝链、丁剑涛、毛玲玲、王娟、王子烨，重庆市建筑业协会梁汉之、饶毅、袁勇、邓海英，重庆建工住宅建设有限公司李潇、戴广亮、何敏、罗庆志、邹倩、张健、陈博、冯庆敏、张宇、周瑜、段文川、庞道济、余杰、刘远良、文杰、牟敏、史灵玉、陈思庆，重庆工商职业学院林昕、王志勇、范洁群，重庆北域建设有限公司尚玉东，重庆大学黄乐鹏、谢卓霖、王春艳，重庆工业职业技术学院张欣，重庆建筑工程职业学院陈五四、何浪、于洪江、段鹏、张春丽、丁王飞、蒋云峰、吕念南，重庆合信检验认证有限公司舒唯，重庆市轨道交通（集团）有限公司周杨，重庆建杰建筑工程有限公司杨凡、杨中山参与编写。

本书由唐小林、陈怡宏主审。

本书可以作为装配式混凝土建筑一线人员的培训用书，同时也可作为装配式混凝土建筑从业人员参考用书。

在此对本书的各位编委和参与调研的专家、学者表示衷心感谢。

因时间仓促，经验不足，书中难免存在一些疏漏和缺陷，恳请专家和广大读者批评指正。

目　录

基础理论篇

操作技能篇

基础理论篇

第一章　基本知识

第一节　装配式混凝土建筑的概念

装配式建筑是指结构系统、外围护系统、内装系统、设备与管线系统的主要部分采用预制部品构件集成的建筑。装配式建筑结构包括装配式混凝土结构、装配式钢结构、装配式木结构建筑三大体系。

装配式混凝土建筑如图1-1所示，是指建筑的结构系统由混凝土部件（预制构件）构成的装配式建筑，其结构形式包括装配整体式混凝土结构、全装配式混凝土结构等，在建筑工程中，简称装配式建筑，在结构工程中，简称装配式混凝土结构。

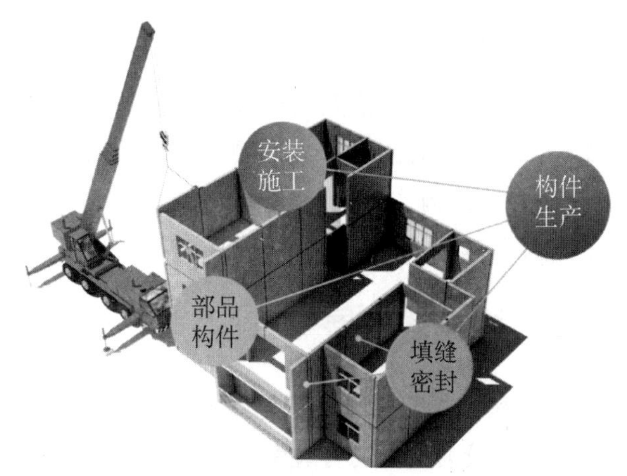

图1-1　装配式混凝土建筑

装配式混凝土建筑可以采用多种装配式结构类型。当柱与柱、墙与墙、梁与柱或墙等预制构件之间，通过后浇混凝土和钢筋套筒灌浆连接等技术进行连接时，可保证装配式结构的整体性能，使其结构性能与现浇混凝土基本等同，此时称其为装配整体式混凝土结构，也可称之为装配整体式混凝土建筑。当墙与墙之间通过干式节点进行连接时，此时结构的总体刚度与现浇混凝土结构相比，会有所降低，此类结构不属于装配整体式结构。根据我国目前的技术水平和工程实践经验，对于高层建筑，主要采用装配整体式混凝土结构。

我国建筑业现阶段主要采用的是现场浇筑混凝土施工的传统方式，即从搭设脚手架、支设模板、绑扎钢筋到混凝土浇筑，大部分工作都在施工现场完成，现浇施工方式对城乡建设快速发展作出了很大的贡献，但材料浪费相对较多，施工精度相对不足，劳动力成本相对较高。为改变这种粗放式的湿法作业建造方式，《中共中央国务院关于进一步加强城市规划建设管理工作的若干意见》中明确要求：大力推广装配式建筑，减少建筑垃圾和扬尘污染，缩短建造工期，提升工程质量。制定装配式建筑设计、施工和验收规范；完善部品部件标准，实现建筑部品部件工厂化生产；鼓励建筑企业装配式施工，现场装配。建设国家级装配式混凝土建筑生产基地；加大政策支持力度，力争用10年左右时间，使装配式建筑占新建建筑的比例达到30%。

第二节　装配式混凝土结构

一、装配式混凝土结构的概念

装配式混凝土结构是指由预制混凝土构件通过可靠的连接方式装配而成的混凝土结构。我国目前常用的装配整体式混凝土结构是指由预制混凝土构件通过可靠的连接方式进行连接并与现场后浇混凝土、水泥基灌浆料形成整体的装配式混凝土结构，简称装配整体式结构；装配整体式结构包括装配整体式混凝土框架结构（简称装配整体式框架结构）、装配整体式混凝土剪力墙结构（简称装配整体式剪力墙结构）、装配整体式混凝土框架-剪力墙结构（简称装配整体式框架-剪力墙结构）等。

二、装配式混凝土结构的发展

我国从20世纪五六十年代开始研究装配式混凝土结构的设计施工技术，形成了一系列的装配式混凝土结构体系，较为典型的有装配式单层工业厂房建筑体系、装配式多层框架建筑体系、装配式大板建筑体系等。到20世纪80年代，我国装配式混凝土建筑的应用达到全盛时期，全国许多地方都形成了设计、制作和施工安装一体化的装配式建筑建造模式，其中装配式混凝土建筑和采用预制空心楼板的砌体建筑成为两种重要的建筑体系。由于当时装配式建筑的功能和物理性能等逐渐显露出许多缺陷和不足，我国有关装配式建筑的设计和施工技术研发水平又没有跟上社会需求及建筑技术的发展和变化。到20世纪80年代末，装配式混凝土建筑业开始迅速滑坡，逐渐被采用全现浇混凝土结构的建筑取代。直到21世纪，现浇施工方式所造成的环境污染、噪声影响、资源浪费、施工危险等弊端逐步显露，我国建筑业又开始重视装配式混凝土建筑的发展，形成了装配整体式混凝土剪力墙结构、装配整体式混凝土框架结构、装配整体式混凝土框架-剪力墙结构等多种结构体系，并得到大量应用。目前，我国装配式建筑发展较快的城市有深圳、济南、沈阳、上海和北京等，这些城市以示范、试点工程为切入点，在出台政策、技术创新、标准规范制定等方面大胆探索，一定程度上促进了我国装配式混凝土建筑的健康、持续、稳定、有序发展。

三、装配式混凝土结构体系

目前应用最多的装配式混凝土结构体系是装配整体式剪力墙结构，装配整体式框架结构也有一定的应用，装配整体式框架–剪力墙结构有少量应用。无论哪种结构体系，都是基于现浇混凝土结构的设计理念，设计方法与现浇混凝土结构基本相同。

1. 装配整体式剪力墙结构

（1）技术类型

按照主要受力构件的预制及连接方式，装配整体式剪力墙结构体系可以分为以下 3 种：

1）装配整体式剪力墙结构体系；

2）叠合剪力墙结构体系；

3）多层剪力墙结构体系。

各结构体系中装配整体式剪力墙结构体系应用较多，适用的房屋高度最大；叠合剪力墙结构体系目前主要应用于多层建筑或者低烈度区的高层建筑中；多层剪力墙结构体系目前应用较少，但基于其高效、简便的特点，在新型城镇化的推进过程中前景广阔。

此外，还有一种应用较多的剪力墙结构体系，即主体采用现浇剪力墙结构，外墙、楼梯、楼板、隔墙等采用预制构件。这种方式在我国南方部分省（区、市）应用较多，结构设计方法与现浇结构基本相同，但预制装配化程度较低。

（2）结构体系

装配整体式剪力墙结构是装配式混凝土结构的一种。以预制混凝土剪力墙墙板构件（简称预制墙板）和现浇混凝土剪力墙作为结构的竖向承重和水平抗侧力构件，通过整体式连接而成。其中包括同层预制墙板间以及预制墙板与现浇剪力墙的整体连接（采用竖向现浇段将预制墙板以及现浇剪力墙连接成为整体）、楼层间的预制墙板的整体连接（通过预制墙板底部结合面灌浆以及顶部的水平现浇带和圈梁，将相邻楼层的预制墙板连接成为整体）、预制墙板与水平楼盖之间的整体连接（水平现浇带和圈梁）。

新型的装配式混凝土建筑发展是从装配式混凝土住宅开始的，剪力墙结构无梁、柱外露的模式深受用户的认可。近几年装配整体式混凝土剪力墙结构住宅在国内发展迅速，被大量应用，目前主要做法有以下 3 种：

（1）部分或全部预制剪力墙承重体系。通过竖缝节点区后浇混凝土和水平缝节点区后浇混凝土带或圈梁，实现结构的整体连接；竖向受力钢筋采用套筒灌浆、浆锚搭接等连接技术进行连接。装配整体式剪力墙结构住宅如图 1-2 所示，北方地区的外墙板一般采用夹心保温预制混凝土外墙板如图 1-3 所示，它由内叶墙板、夹心保温层、外叶墙板 3 部分组成，内叶墙板和外叶墙板之间通过拉结件连接，可实现外装修、保温、承重一体化。

图 1-2　装配整体式剪力墙结构住宅

图 1-3　夹心保温预制混凝土外墙板

（2）叠合板式混凝土剪力墙结构如图 1-4 所示，即将剪力墙划分为三层，内外两层预制，通过桁架钢筋连接，中间现浇混凝土；墙板竖向和水平分布的钢筋通过附加钢筋实现间接搭接。

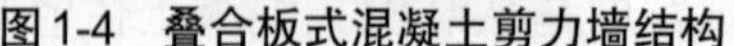

图 1-4　叠合板式混凝土剪力墙结构

（3）预制剪力墙外墙模板如图 1-5 所示，即剪力墙外墙由预制的混凝土外墙模板和现浇部分形成，其中预制外墙模板设桁架钢筋与现浇部分连接，可部分参与结构受力。

图 1-5　预制剪力墙外墙模板

2. 装配整体式框架结构

装配整体式框架结构体系主要参考日本的技术，柱竖向受力钢筋采用套筒灌浆技术进行连接，主要做法分为以下 2 种：一是节点区域预制（或梁柱节点区域和周边部分构件一并预制），这种做法将框架结构施工中最复杂的节点部分在工厂进行预制，避免节点区各个方向钢筋交叉避让的问题，这种做法对预制构件精度要求较高，且预制构件尺寸比较大，运输比较困难；二是梁、柱各自预制为线性构件，节点区域现浇，这种做法预制构件非常规整，但节点区域钢筋相互交叉较多，这也是此法需要考虑的最为关键的环节。

3. 装配整体式框架–剪力墙结构

装配整体式框架–剪力墙结构如图 1-6 所示，是一种常用的结构形式，与装配式框架结构中预制构件的种类相似，其中框架柱采用节点区域预制如图 1-7 所示，剪力墙采用现浇形式。

图 1-6　装配整体式框架–剪力墙结构

图 1-7　节点区域预制

四、装配式混凝土建筑结构的连接方式

装配式混凝土建筑结构的连接方式主要分为湿连接和干连接两类。

湿连接是用混凝土或水泥基浆料与钢筋结合形成的连接，如套筒灌浆连接、浆锚搭接连接和后浇混凝土连接等，适用于装配整体式混凝土建筑的连接；干连接主要是借助于金属连接，如螺栓连接、焊接等，适用于全装配式混凝土建筑的连接和装配整体式混凝土建筑中的外挂墙板等非主体结构构件的连接。

1. 套筒灌浆连接

套筒灌浆连接是指在预制混凝土构件中预埋的金属套筒中插入钢筋并灌注水泥基灌浆料而实现的钢筋连接方式。钢筋套筒灌浆连接主要用于装配式混凝土结构的剪力墙、预制柱的纵向受力钢筋的连接，也可用于叠合梁等后浇部位的纵向钢筋连接。

套筒灌浆连接的工作原理是将需要连接的带肋钢筋插入金属套筒内对接，在套筒内注入高强、早强且有微膨胀特性的灌浆料，灌浆料在套筒筒壁与钢筋之间形成较大的正向应力。在带肋钢筋的粗糙表面产生较大摩擦力，由此得以传递钢筋的轴向力，如图 1-8 所示。

灌浆料是以水泥为基本原料，配以适当的细集料、混凝土外加剂和其他材料组成的干混料，加水搅拌后具有良好的流动性、早强、高强、微膨胀等特性，填充于套筒与带肋钢筋的间隙内。

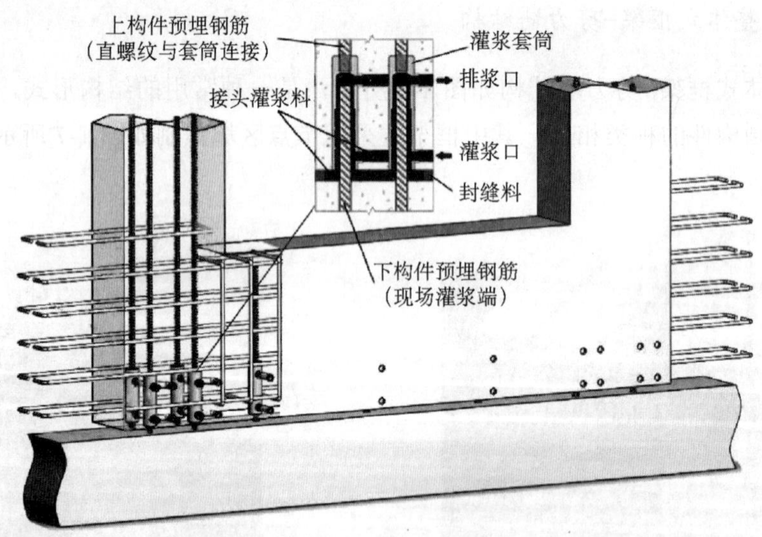

图 1-8　套筒灌浆连接

2. 浆锚搭接连接

浆锚搭接连接是指在预制混凝土构件中预留孔道，在孔道中插入需搭接的钢筋，并灌注水泥基浆料而实现的钢筋搭接连接方式。

浆锚搭接连接是基于黏结锚固原理进行连接的方法，在竖向结构构件下段范围内预留出竖向孔洞，孔洞内壁表面留有螺纹状粗糙面，周围配有横向约束螺旋箍筋，将下部装配式预制构件预留钢筋插入孔洞内，通过灌浆孔注入灌浆料将上下构件连接成一体。浆锚搭接连接常见形式有螺旋箍筋约束浆锚搭接连接和金属波纹管浆锚搭接连接，如图 1-9 所示。

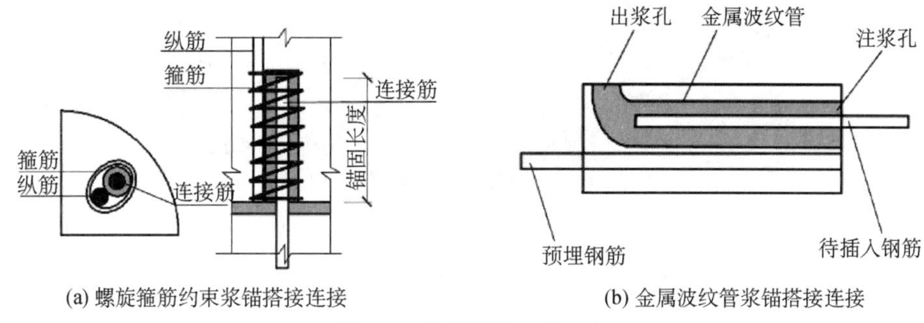

(a) 螺旋箍筋约束浆锚搭接连接　　(b) 金属波纹管浆锚搭接连接

图 1-9　浆锚搭接连接示意

3. 后浇混凝土连接

后浇混凝土是指预制构件安装后在预制构件连接区域或叠合层现场浇筑的混凝土。

后浇混凝土钢筋连接是后浇混凝土连接节点最重要的环节。后浇混凝土钢筋的连接可采用现浇结构钢筋的连接方式，主要包括机械螺纹套筒连接、钢筋搭接、钢筋焊接等。

五、预制混凝土构件

预制混凝土构件是指在工厂或现场预先制作的混凝土构件，简称预制构件。装配式混凝土预制构件主要有：预制柱、预制梁（叠合梁）、预制楼板（叠合楼板）、预制外墙板、预制内墙板、预制楼梯、预制阳台板、预制空调板、预制女儿墙、预制外挂墙板、预制内隔墙板等。

1. 预制柱

预制柱（图 1-10）是建筑物的主要竖向受力构件。预制柱的设计除满足承载力及正常使用阶段功能的要求外，还需要考虑生产线、运输限制、堆放等因素。预制柱设计的关键在于节点。

图 1-10　预制柱

2. 叠合梁

叠合梁（图 1-11）是分两次浇捣混凝土的梁，第一次在预制厂做成预制梁，作为上部现浇混凝土的永久性模板；第二次在施工现场进行，当预制梁吊装安放完成后，再浇捣上部的混凝土，使其连成整体，它是预制构件和现浇结构的互相结合，同时兼有两者的优点。

图 1-11　叠合梁

3. 叠合楼板

最常见的预制混凝土叠合楼板主要有两种：一种是预制桁架钢筋混凝土叠合板（图 1-12），另一种是预制带肋底板混凝土叠合楼板。

图 1-12　预制桁架钢筋混凝土叠合板

（1）预制混凝土钢筋桁架叠合板

预制桁架钢筋混凝土叠合板属于半预制构件，下部为预制混凝土板，外露部分为桁架钢筋。预制混凝土叠合板的预制部分最小厚度为 3～6 cm，叠合楼板在工地安装到位后应进行二次浇筑，从而成为整体实心楼板。桁架钢筋的主要作用是将后浇筑的混凝土层与预制底板连接成整体，并在制作和安装过程中提供刚度。伸出预制混凝土层的钢筋桁架和粗糙的混凝土表面保证了叠合楼板预制部分与现浇部分能有效地结合成整体。

（2）预制带肋底板混凝土叠合楼板

预制带肋底板混凝土叠合楼板一般为预应力带肋混凝土叠合楼板（简称 PK 板）。

PK 板具有以下优点：

1）预制底板厚 3 cm，自重约 1.1 kg/m^2，具有轻薄的特点。

2）用钢量最省。由于采用 1860 级高强度预应力钢丝，比其他叠合板用钢量节省约

60%。

3）承载能力强。破坏性试验承载力可达 1 100 kN/m^2。

4）抗裂性能好。采用了预应力，极大地提高了混凝土的抗裂性能。

5）新老混凝土接合好。采用了 T 形肋，新老混凝土互相咬合，新混凝土流入孔中产生销栓作用。

6）可形成双向板。在侧孔中横穿钢筋后，消除了传统叠合板只能作为单向板的弊病，且预埋管线方便。

（3）相关规定

1）叠合板应按《混凝土结构设计规范（2015 年版）》（GB 50010—2010）的规定进行设计，并应符合下列规定：

① 叠合板的预制板厚度不宜小于 60 mm，后浇混凝土叠合层厚度不应小于 60 mm；

② 当叠合板的预制板采用空心板时，板端空腔应封堵；

③ 跨度大于 3 m 的叠合板，宜采用桁架钢筋混凝土叠合板；

④ 跨度大于 6 m 的叠合板，宜采用预应力混凝土预制板；

⑤ 板厚大于 180 mm 的叠合板，宜采用混凝土空心板。

2）桁架钢筋混凝土叠合板应满足下列要求：

① 桁架钢筋应沿主要受力方向布置；

② 桁架钢筋距板边不应大于 300 mm，间距不宜大于 600 mm；

③ 桁架钢筋弦杆钢筋直径不宜小于 8 mm，腹杆钢筋直径不应小于 4 mm；

④ 桁架钢筋弦杆混凝土保护层厚度不应小于 15 mm。

4. 预制混凝土剪力墙墙板

（1）预制混凝土夹心保温外墙板

预制混凝土夹心保温外墙板（图 1-13）是指在工厂预制、内叶板为预制混凝土剪力墙、中间夹有保温层、外叶板为钢筋混凝土保护层的预制混凝土夹心保温剪力墙墙板（简称夹心保温外墙板）。内叶板侧面在施工现场通过预留钢筋与现浇剪力墙边缘构件连接，底部通过钢筋灌浆套筒与下层预制剪力墙预留钢筋相连。

图 1-13　预制混凝土夹心保温外墙板

（2）预制混凝土剪力墙内墙板

预制混凝土剪力墙内墙板（图 1-14）是指在工厂预制成的混凝土剪力墙构件。预制混凝土剪力墙内墙板侧面在施工现场通过预留钢筋与现浇剪力墙边缘构件连接，底部通过钢筋灌浆套筒与下层预制剪力墙预留钢筋相连。

5. 预制混凝土楼梯

预制混凝土楼梯分为梯段、平台梁、平台板三部分。梁板梯段由梯斜梁和踏步板组成，一般在梯斜梁支承踏步板处用水泥砂浆座浆连接，如需加强，可在梯斜梁上预埋插筋，与踏步板支承端预留孔插接，用高等级水泥砂浆或灌浆料填实。预制混凝土楼梯斜梁如图 1-15 所示。

图 1-14　预制混凝土剪力墙内墙板

图 1-15　预制混凝土楼梯斜梁

预制混凝土楼梯由工厂预制生产，现场安装，质量、效率可以极大提高，节约工期及人工成本，安装后无须再做饰面，结构施工段支撑少。预制混凝土楼梯在装配式建筑中应用广泛。

6. 预制混凝土阳台板、空调板、女儿墙

预制混凝土阳台板（图 1-16）能够克服现浇阳台支模复杂，现场高空作业费时、费力以及高空作业时的施工安全问题。

图 1-16　预制混凝土阳台板

预制混凝土空调板（图 1-17）通常采用预制实心混凝土板，板顶预留钢筋通常与预制叠合板的现浇层相连。

预制混凝土女儿墙（图 1-18）处于屋面处外墙的延伸部位，通常有立面造型，采用预制混凝土女儿墙的优势是安装快速，节省工期。

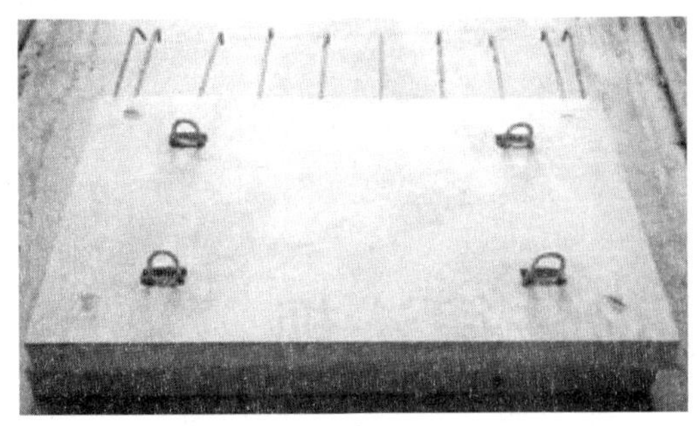

图 1-17　预制混凝土空调板

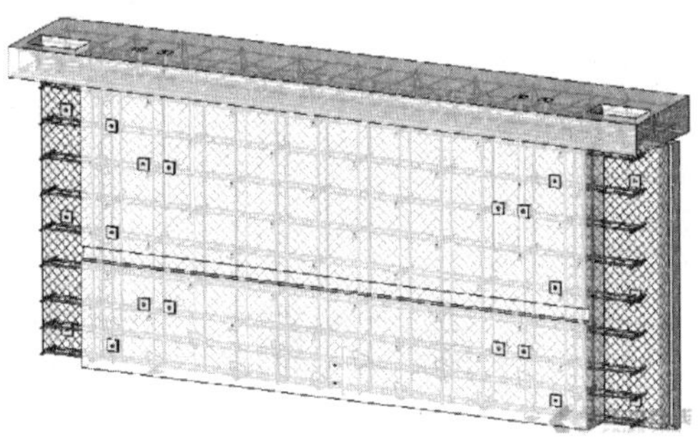

图 1-18　预制混凝土女儿墙

7. 预制外挂墙板

装配式混凝土建筑中外挂墙板是集装饰、围护一体化，并在工厂预制加工成具有各类形态或质感的预制构件。

外挂墙板按其安装方向分为横向外挂板和竖向外挂板；根据采光方式分为有窗外挂板和无窗外挂板，有窗外挂板一般为连续满布式安装，无窗外挂板为分段安装外挂墙板，是装配式结构的非承重外围护构件。外挂墙板与主体的节点以金属连接件连接或螺栓连接，如图 1-19 所示。

图 1-19　外挂墙板连接节点

第二章　工程建设法律法规

第一节　建设法律法规概述

一、建设法律法规的定义

建设法律法规是调整国家行政管理机关、法人、法人以外的其他组织、公民在建设活动中产生的社会关系的法律规范的总称。建设法律和建设行政法规构成了建设法的主体。建设法是以市场经济中建设活动产生的社会关系为基础，规范国家行政管理机关对建设活动的监管和市场主体之间经济活动的法律法规。

二、法的形式

法的形式是指法律的创制方式和外部表现形式。它包括四层含义：①法律规范创制机关的性质及级别；②法律规范的外部表现形式；③法律规范的效力等级；④法律规范的地域效力。法的形式取决于法的本质。在世界历史上存在过的法律形式主要有习惯法、宗教法、判例、规范性法律文件、国际惯例、国际条约等。在我国，习惯法、宗教法、判例不是法的形式。

我国法的形式是制定法形式，具体可分为以下七类：

1. 宪法

宪法是由全国人民代表大会依照特别程序制定的具有最高效力的根本法。宪法是集中反映统治阶级的意志和利益，规定国家制度、社会制度的基本原则，具有最高法律效力的根本大法。其主要功能是制约和平衡国家权力，保障公民权利。宪法是我国的根本大法，在我国法律体系中具有最高的法律地位和法律效力，是我国最高的法律形式。

宪法也是建设法律的最高形式，是国家进行建设管理、监督的权力基础。

2. 法律

法律是指由全国人民代表大会和全国人民代表大会常务委员会制定颁布的规范性法律文件，即狭义的法律。法律分为基本法律和一般法律（又称非基本法律、专门法）两类。基本法律是由全国人民代表大会制定的调整国家和社会生活中带有普遍性的社会关系的规范性法律文件的统称，如《刑法》《民法典》《诉讼法》以及有关国家机构的组织法等法律。一般法律是由全国人民代表大会常务委员会制定的调整国家和社会生活中某种具体社会关系或其中某一方面内容的规范性文件的统称。全国人民代表大会和全国人民代表大会常务委员会通过的法律由国家主席签署主席令予以公布。

建设法律既包括专门的建设领域的法律，也包括与建设活动相关的其他法律。前者有《城乡规划法》《建筑法》《城市房地产管理法》等，后者有《民法典》《行政许可法》等。

3. 行政法规

行政法规是国家最高行政机关国务院根据宪法和法律就有关执行法律和履行行政管理职权的问题，以及依据全国人民代表大会及其常务委员会特别授权所制定的规范性文件的总称。行政法规由总理签署国务院令公布。

依照《立法法》的规定，国务院根据宪法和法律，制定行政法规。行政法规可以就下列事项作出规定：①为执行法律的规定需要制定行政法规的事项；②《宪法》第八十九条规定的国务院行政管理职权的事项。应当由全国人民代表大会及其常务委员会制定法律的事项，国务院根据全国人民代表大会及其常务委员会的授权决定先制定的行政法规，经过实践检验，制定法律的条件成熟时，国务院应当及时提请全国人民代表大会及其常务委员会制定法律。

现行的建设行政法规主要有《建设工程质量管理条例》《建设工程安全生产管理条例》《建设工程勘察设计管理条例》《城市房地产开发经营管理条例》《招标投标法实施条例》等。

4. 地方性法规、自治条例和单行条例

省、自治区、直辖市的人民代表大会及其常务委员会根据本行政区域的具体情况和实际需要，在不同宪法、法律、行政法规相抵触的前提下，可以制定地方性法规。设区的市的人民代表大会及其常务委员会根据本市的具体情况和实际需要，在不同宪法、法律、行政法规和本省、自治区的地方性法规相抵触的前提下，可以对城乡建设与管理、环境保护、历史文化保护等方面的事项制定地方性法规。设区的市的地方性法规须报省、自治区的人民代表大会常务委员会批准后施行。省、自治区的人民代表大会常务委员会对报请批准的地方性法规，应当对其合法性进行审查，同宪法、法律、行政法规和本省、自治区的地方性法规不抵触的，应当在 4 个月内予以批准。省、自治区的人民代

表大会常务委员会在对报请批准的设区的市的地方性法规进行审查时，发现其同本省、自治区的人民政府的规章相抵触的，应当作出处理决定。

地方性法规可以就下列事项作出规定：①为执行法律、行政法规的规定，需要根据本行政区域的实际情况作具体规定的事项；②属于地方性事务需要制定地方性法规的事项。

省、自治区、直辖市的人民代表大会制定的地方性法规由大会主席团发布公告予以公布。省、自治区、直辖市的人民代表大会常务委员会制定的地方性法规由常务委员会发布公告予以公布。较大的市的人民代表大会及其常务委员会制定的地方性法规报经批准后，由较大的市的人民代表大会常务委员会发布公告予以公布。自治条例和单行条例报经批准后，分别由自治区、自治州、自治县的人民代表大会常务委员会发布公告予以公布。

目前，各地方都制定了大量的规范建设活动的地方性法规、自治条例和单行条例，如《北京市建筑市场管理条例》《天津市建筑市场管理条例》《新疆维吾尔自治区建筑市场管理条例》等。

5. 部门规章

国务院各部、委员会、中国人民银行、审计署和具有行政管理职能的直属机构，以及省、自治区、直辖市人民政府和较大的市的人民政府所制定的规范性文件统称规章。部门规章由部门首长签署命令予以公布。部门规章签署公布后，及时在《国务院公报》或者部门公报和中国政府法制信息网以及在全国范围内发行的报纸上刊载。

部门规章规定的事项应当属于执行法律或者国务院的行政法规、决定、命令的事项，其名称可以是“规定”“办法”和“实施细则”等。目前，大量的建设法规是以部门规章的方式发布的，如住房和城乡建设部发布的《房屋建筑和市政基础设施工程质量监督管理规定》《房屋建筑和市政基础设施工程竣工验收备案管理办法》《市政公用设施抗灾设防管理规定》等。

涉及两个以上国务院部门职权范围的事项，应当提请国务院制定行政法规或者由国务院有关部门联合制定规章。目前，国务院有关部门已联合制定了一些规章。

6. 地方政府规章

省、自治区、直辖市和设区的市、自治州的人民政府，可以根据法律、行政法规和本省、自治区、直辖市的地方性法规，制定地方政府规章。地方政府规章由省长或者自治区主席或者市长签署命令予以公布。地方政府规章签署公布后，及时在本级人民政府公报和中国政府法制信息网以及在本行政区域范围内发行的报纸上刊载。

地方政府规章可以就下列事项作出规定：①为执行法律、行政法规、地方性法规的规定需要制定规章的事项；②属于本行政区域的具体行政管理事项。设区的市、自治州的人民政府根据上述事项范围制定地方政府规章，限于城乡建设与管理、环境保护、历史文化保护等方面的事项。已经制定的地方政府规章，涉及上述事项范围以外的，继续有效。没有法律、行政法规、地方性法规的依据，地方政府规章不得设定减损公民、法人和其他组织权利或者增加其义务的规范。

7. 国际条约

国际条约是指我国与外国缔结、参加、签订、加入、承认的双边或多边的条约、协定和其他具有条约性质的文件。国际条约的名称，除条约外，还有公约、协议、协定、议定书、宪章、盟约、换文和联合宣言等。除我国在缔结时宣布持保留意见不受其约束的以外，这些条约的内容都与国内法具有一样的约束力，所以也是我国法的形式。例如，我国加入WTO后，WTO中与工程建设有关的协定也对我国的建设活动产生约束力。

三、工程建设法规的法律关系

1. 法律的主体客体

任何法律关系都是由主体、客体和内容三个要素构成的。

工程建设法律关系主体主要是指参加或管理、监督建设活动，受建设工程法律规范调整，在法律上享有权利、承担义务的自然人、法人或其他组织。

工程建设法律关系客体是指参加工程建设法律关系的主体享有的权利和承担的义务所共同指向的对象。

法人是指具有民事权利能力和民事行为能力，依法享有民事权利和承担民事义务的组织。

2. 代理的法律规定

（1）代理的概念

代理，是指代理人在代理权限内，以被代理人的名义实施民事法律行为。被代理人对代理人的代理行为承担民事责任。由此可见，在代理关系中，通常涉及三个人，即被代理人、代理人和第三人。

（2）代理的种类

代理有委托代理、法定代理和指定代理三种形式。

1）委托代理。委托代理，是指根据被代理人的委托而产生的代理，如公民委托律师代理诉讼就属于委托代理。

委托代理可采用口头形式委托，也可采用书面形式委托，如果法律明确规定必须采用书面形式委托的，则必须采用书面形式。如代签工程建设合同就必须采用书面形式。

在实际生活中，委托代理应注意下列问题：

① 被代理人应慎重选择代理人。因为代理活动要由代理人来实施，且实施结果要由

被代理人承担，如果代理人不能胜任工作，将会给被代理人带来不利的后果，甚至还会损害被代理人的利益。

② 委托授权的范围要明确。由于委托代理是基于被代理人的委托授权而产生的，所以，被代理人的授权范围一定要明确。如果由于授权不明确而给第三人造成损失的，则被代理人要向第三人承担责任，代理人承担连带责任。

③ 委托代理的事项必须合法。被代理人自己不能亲自进行违法活动，也不能委托他人进行违法活动；同时，代理人也不能接受此类的委托，否则，被代理人、代理人要承担连带责任。

2）法定代理。法定代理，是基于法律的直接规定而产生的代理。如父母作为监护人代理未成年人进行民事活动就是属于法定代理。法定代理是为了保护无民事行为能力的人或限制民事行为能力的人的合法权益而设立的一种代理形式，适用范围比较窄。

3）指定代理。指定代理，是指根据主管机关或人民法院的指定而产生的代理。这种代理也主要是为无民事行为能力的人和限制民事行为能力的人而设立的。如人民法院指定一名律师作为离婚诉讼中丧失民事行为能力而又无其他法定代理人的一方当事人的代理人，就属于指定代理。

（3）代理人在代理活动中应注意的问题

1）代理人应在代理权限范围内进行代理活动。如果代理人在没有代理权、超越代理权限范围或代理权终止后进行活动，即属于无权代理，倘若被代理人不予以追认的话，则由行为人承担法律责任。

2）代理人应亲自进行代理活动。代理关系中，被代理人的委托授权是基于对代理人的信任，委托代理就是建立在这种人身信任的基础上的。因此，代理人必须亲自进行代理活动，完成代理任务。

3）代理人应认真履行职责。代理人接受了委托，就有义务尽职尽责地完成代理工作。如果不履行或不认真履行代理职责而给被代理人造成损害的，代理人应承担赔偿责任。

4）不得滥用代理权。滥用代理权表现为：

① 以被代理人的名义同自己实施法律行为。如以被代理人的名义同自己订立合同，就属于此种情形。

② 代理双方当事人实施同一个法律行为。例如，在同一诉讼中，律师既代理原告，又代理被告，这就很可能损害一方或双方当事人的利益，因此，此种情形为法律所禁止。

③ 代理人与第三人恶意串通损害被代理人的利益。例如，代理人与第三人相互勾结，在订立合同时给第三人以种种优惠，而损害了被代理人的利益，对此，代理人、第三人要承担连带责任。

（4）代理权的终止

由于代理的种类不同，代理关系终止的原因也不尽相同。

1）委托代理的终止：

① 代理期限届满或代理事务完成；

② 被代理人取消委托或代理人辞去委托；

③ 代理人死亡或丧失民事行为能力；

④ 作为被代理人或代理人的法人组织终止。

2）法定代理或指定代理的终止：

① 被代理人或代理人死亡；

② 代理人丧失民事行为能力；

③ 被代理人取得或恢复民事行为能力；

④ 指定代理的人民法院或指定单位取消指定；

⑤ 由于其他原因引起的被代理人和代理人之间的监护关系消灭。

四、工程建设法规的法律责任

工程建设法律责任是指由于工程建设主体的违法行为、违约行为或者由于法律规定而应承受的某种不利的法律后果。

责任种类包括：民事责任、行政责任、刑事责任。

五、工程项目建设程序

1. 基本建设的含义

基本建设是指以固定资产扩大再生产为目的，进行的各种新建、改建、扩建、迁建、恢复工程及与之相关的各项建设工作。

2. 基本建设程序

基本建设程序是指建设项目从设想、选择、评估、决策、设计、施工到竣工验收、投入生产等的整个建设过程中，各项工作必须遵循的先后次序的法则。这个法则是人们在认识客观规律的基础上制定出来的，是建设项目科学决策和顺利进行的重要保证。按照建设项目发展的内在联系和发展过程，建设程序分为若干个阶段，这些阶段是有严格的先后次序的，不能任意颠倒而违反它的发展规律。

目前，我国基本建设程序的主要阶段有项目建议书阶段、可行性研究报告阶段、设计阶段、建设准备阶段、建设实施阶段和竣工验收阶段，即决策阶段、实施阶段和运行阶段。其中每个阶段又有不同内容，图 2-1 为我国基本建设程序与工程多次计价之间的关系。

主要阶段说明：

1）编制和报批项目建议书：大中型新建项目和限额以上的大型扩建项目，在上报项目建议书时必须附上初步可行性研究报告。项目建议书获得批准后即可立项。

2）编制和报批可行性研究报告：项目立项后即可由建设单位委托原编报项目建议书

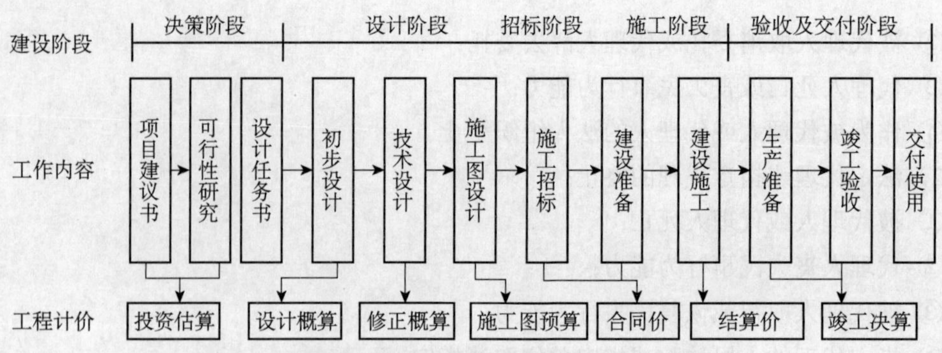

图2-1　我国基本建设程序与工程多次计价之间的关系

的设计院或咨询公司进行可行性研究，根据批准的项目建议书，在详细可行性研究的基础上，编制可行性研究报告，为项目投资决策提供科学依据。根据原国家计委发布的计投资〔1991〕1969号文件，“从本文下发之日起，将现行国内投资项目的设计任务书和利用外资项目的可行性研究报告统一称为可行性研究报告，取消设计任务书的名称”，“所有国内投资项目和利用外资的建设项目，在批准项目建议书以后，并进行可行性研究的基础上，一律编报可行性研究报告，可行性研究报告的编报程序、要求和审批权限与以前的设计任务书（可行性研究报告）一致”。

3）编制和报批设计文件：对于大型、复杂项目，可根据不同行业的特点和要求进行初步设计、技术设计和施工图设计三阶段设计；一般工程项目可采用初步设计和施工图设计两阶段设计。初步设计文件要满足施工图设计、施工准备、土地征用、项目材料和设备订货的要求；施工图设计应能满足建筑材料、构配件及设备的购置和非标准构配件及非标准设备的加工要求。

4）建设准备工作：包括组建筹建机构，征地、拆迁和场地平整；落实和完成施工用水、电、路等工程和外部协调条件；组织设备和特殊材料订货，落实材料供应，准备必要的施工图纸；组织施工招标、投标，择优选定施工单位，签订承包合同，确定合同价；报批开工报告等工作。开工报告获得批准后，建设项目方能开工建设，进行施工安装和生产准备工作。

5）建设施工：包括组织施工和生产准备。

6）项目施工验收、投产经营和后评价。

第二节　建筑法

《建筑法》主要适用于各类房屋建筑及其附属设施的构造和与其配套的线路、管道、设备的安装活动，但其中关于施工许可、企业资质审查和工程发包、承包、禁止转包，以及工程监理、安全和质量管理的规定，也适用于其他建筑工程的建筑活动。

一、建筑工程施工许可和从业资格的规定

建筑许可包括建筑工程施工许可和从业资格两个方面。

1. 建筑工程施工许可

（1）建筑许可的申领

建筑工程开工前，建设单位应当按照国家有关规定向工程所在地县级以上人民政府建设行政主管部门申请领取施工许可证；但是，国务院建设行政主管部门确定的限额以下的小型工程除外。按照国务院规定的权限和程序批准开工报告的建筑工程，不再领取施工许可证。

申请领取施工许可证，应当具备下列条件：

① 已经办理该建筑工程用地批准手续；

② 依法应当办理建设规划许可证的，已经取得建设工程规划许可证；

③ 需要拆迁的，其拆迁进度符合施工要求；

④ 已经确定建筑施工企业；

⑤ 有满足施工需要的资金安排、施工图纸及技术资料；

⑥ 有保证工程质量和安全的具体措施。

（2）施工许可证申请的时间要求

建设行政主管部门应当自收到申请之日起 7 日内，对符合条件的申请颁发施工许可证。

建设单位应当自领取施工许可证之日起 3 个月内开工。因故不能按期开工的，应当向发证机关申请延期；延期以 2 次为限，每次不超过 3 个月。既不开工又不申请延期或者超过延期时限的，施工许可证自行废止。

（3）中止施工和恢复施工

在建的建筑工程因故中止施工的，建设单位应当自中止施工之日起 1 个月内，向发证机关报告，并按照规定做好建筑工程的维护管理工作。

建筑工程恢复施工时，应当向发证机关报告；中止施工满 1 年的工程恢复施工前，建设单位应当报发证机关核验施工许可证。

按照国务院有关规定批准开工报告的建筑工程，因故不能按期开工或者中止施工的，应当及时向批准机关报告情况。因故不能按期开工超过 6 个月的，应当重新办理开工报告的批准手续。

2. 从业资格

（1）单位资质

从事建筑活动的建筑施工企业、勘察单位、设计单位和工程监理单位，应当具备下列条件：

① 有符合国家规定的注册资本；

② 有与其从事的建筑活动相适应的具有法定执业资格的专业技术人员；

③ 有从事相关建筑活动所应有的技术装备；

④ 法律、行政法规规定的其他条件。

从事建筑活动的建筑施工企业、勘察单位、设计单位和工程监理单位，按照其拥有的注册资本、专业技术人员、技术装备和已完成的建筑工程业绩等资质条件，划分为不同的资质等级，经资质审查合格，取得相应等级的资质证书后，方可在其资质等级许可的范围内从事建筑活动。

（2）专业技术人员资格

从事建筑活动的专业技术人员，应当依法取得相应的执业资格证书，并在执业资格证书许可的范围内从事建筑活动。

二、建筑工程安全生产管理的规定

1. 总体方针和原则

建筑工程安全生产管理必须坚持安全第一、预防为主的方针，建立健全安全生产的责任制度和群防群治制度。

建筑工程设计应当符合按照国家规定制定的建筑安全规程和技术规范的要求，保证工程的安全性能。建筑施工企业在编制施工组织设计时，应当根据建筑工程的特点制定相应的安全技术措施；对专业性较强的工程项目，应当编制专项安全施工组织设计，并采取安全技术措施。

2. 施工企业应当采取的安全管理措施

建筑施工企业应当在施工现场采取维护安全、防范危险、预防火灾等措施；有条件的，应当对施工现场实行封闭管理。施工现场对毗邻的建筑物、构筑物和特殊作业环境可能造成损害的，建筑施工企业应当采取安全防护措施。

建筑施工企业必须依法加强对建筑安全生产的管理，执行安全生产责任制度，采取有效措施，防止伤亡和其他安全生产事故的发生。建筑施工企业的法定代表人对本企业的安全生产负责。

施工现场安全由建筑施工企业负责。实行施工总承包的，由总承包单位负责。分包单位向总承包单位负责，服从总承包单位对施工现场的安全生产管理。建筑施工企业应当建立健全劳动安全生产教育培训制度，加强对职工安全生产的教育培训；未经安全生产教育培训的人员，不得上岗作业。建筑施工企业和作业人员在施工过程中，应当遵守有关安全生产的法律、法规和建筑行业安全规章、规程，不得违章指挥或者违章作业。作业人员有权对影响人身健康的作业程序和作业条件提出改进意见，有权获得安全生产所需的防护用品。作业人员对危及生命安全和人身健康的行为有权提出批评、检举和控告。建筑施工企业应当依法为职工办理工伤保险并缴纳工伤保险费。鼓励企业为从事危险作业的职工办理意外伤害保险，并支付保险费。

3. 主体和结构变动

涉及建筑主体和承重结构变动的装修工程，建设单位应当在施工前委托原设计单位或者具有相应资质条件的设计单位提出设计方案；没有设计方案的，不得施工。房屋拆除应当由具备保证安全条件的建筑施工单位承担，由建筑施工单位负责人对安全负责。施工中发生事故时，建筑施工企业应当采取紧急措施减少人员伤亡和事故损失，并按照国家有关规定及时向有关部门报告。

三、建筑工程质量管理的规定

1. 认证

国家对从事建筑活动的单位推行质量体系认证制度。从事建筑活动的单位根据自愿原则可以向国务院产品质量监督管理部门或者国务院产品质量监督管理部门授权的部门认可的认证机构申请质量体系认证。经认证合格的，由认证机构颁发质量体系认证证书。

2. 建设各方的工程质量管理

建设单位不得以任何理由，要求建筑设计单位或者建筑施工企业在工程设计或者施工作业中，违反法律、行政法规和建筑工程质量、安全标准，降低工程质量。

建筑设计单位和建筑施工企业对建设单位违反前款规定提出的降低工程质量的要求，应当予以拒绝。

建筑工程实行总承包的，工程质量由工程总承包单位负责，总承包单位将建筑工程分包给其他单位的，应当对分包工程的质量与分包单位承担连带责任。分包单位应当接受总承包单位的质量管理。建筑工程的勘察、设计单位必须对其勘察、设计的质量负责。勘察、设计文件应当符合有关法律、行政法规的规定和建筑工程质量、安全标准、建筑工程勘察、设计技术规范以及合同的约定。设计文件选用的建筑材料、建筑构配件和设备，应当注明其规格、型号、性能等技术指标，其质量要求必须符合国家规定的标准。

建筑设计单位对设计文件选用的建筑材料、建筑构配件和设备，不得指定生产厂、供应商。建筑施工企业对工程的施工质量负责。建筑施工企业必须按照工程设计图纸和施工技术标准施工，不得偷工减料。工程设计的修改由原设计单位负责，建筑施工企业不得擅自修改工程设计。建筑施工企业必须按照工程设计要求、施工技术标准和合同的约定，对建筑材料、建筑构配件和设备进行检验，不合格的不得使用。

3. 维修和保修

建筑物在合理使用寿命内，必须确保地基基础工程和主体结构的质量。建筑工程竣工时，屋顶、墙面不得留有渗漏、开裂等质量缺陷；对已发现的质量缺陷，建筑施工企业应当修复。

交付竣工验收的建筑工程，必须符合规定的建筑工程质量标准，有完整的工程技术经济资料和经签署的工程保修书，并具备国家规定的其他竣工条件。建筑工程竣工经验收合格后，方可交付使用；未经验收或者验收不合格的，不得交付使用。

建筑工程实行质量保修制度。

建筑工程的保修范围应当包括地基基础工程、主体结构工程、屋面防水工程和其他土建工程，以及电气管线、上下水管线的安装工程，供热、供冷系统工程等项目；保修的期限应当按照保证建筑物合理寿命年限内正常使用、维护使用者合法权益的原则确定。具体的保修范围和最低保修期限由国务院规定。

四、施工单位违法行为的处罚规定

1. 施工资质

未取得施工许可证或者开工报告未经批准擅自施工的，责令改正，对不符合开工条件的责令停止施工，可以处以罚款。发包单位将工程发包给不具有相应资质条件的承包单位的，或者违反《建筑法》规定将建筑工程肢解发包的，责令改正，处以罚款。超越本单位资质等级承揽工程的，责令停止违法行为，处以罚款，可以责令停业整顿，降低资质等级；情节严重的，吊销资质证书；有违法所得的，予以没收。未取得资质证书承揽工程的，予以取缔，并处罚款；有违法所得的，予以没收。以欺骗手段取得资质证书的，吊销资质证书，处以罚款；构成犯罪的，依法追究刑事责任。建筑施工企业转让、出借资质证书或者以其他方式允许他人以本企业的名义承揽工程的，责令改正，没收违法所得，并处罚款，可以责令停业整顿，降低资质等级；情节严重的，吊销资质证书。对因该项承揽工程不符合规定的质量标准造成的损失，建筑施工企业与使用本企业名义的单位或者个人承担连带赔偿责任。

2. 安全生产

涉及建筑主体或者承重结构变动的装修工程擅自施工的，责令改正，处以罚款；造成损失的，承担赔偿责任；构成犯罪的，依法追究刑事责任。建筑施工企业违反《建筑法》规定，对建筑安全事故隐患不采取措施予以消除的，责令改正，可以处以罚款；情节严重的，责令停业整顿，降低资质等级或者吊销资质证书；构成犯罪的，依法追究刑事责任。建筑施工企业的管理人员违章指挥、强令职工冒险作业，因而发生重大伤亡事故或者造成其他严重后果的，依法追究刑事责任。

3. 质量管理

建设单位违反《建筑法》规定，要求建筑设计单位或者建筑施工企业违反建筑工程质量、安全标准，降低工程质量的，责令改正，可以处以罚款；构成犯罪的，依法追究刑事责任。建筑设计单位不按照建筑工程质量、安全标准进行设计的，责令改正，处以罚款；造成工程质量事故的，责令停业整顿，降低资质等级或者吊销资质证书，没收违法所得，并处罚款；造成损失的，承担赔偿责任；构成犯罪的，依法追究刑事责任。

建筑施工企业在施工中偷工减料的，使用不合格的建筑材料、建筑构配件和设备的，或者有其他不按照工程设计图纸或者施工技术标准施工的行为的，责令改正，处以罚款；情节严重的，责令停业整顿，降低资质等级或者吊销资质证书；造成建筑工程质量不符合规定的质量标准的，负责返工、修理，并赔偿因此造成的损失；构成犯罪的，依法追究刑事责任。建筑施工企业违反《建筑法》规定，不履行保修义务或者拖延履行保修义务的，责令改正，可以处以罚款，并对在保修期内因屋顶、墙面渗漏、开裂等质量缺陷造成的损失，承担赔偿责任。

4. 承担责任

《建筑法》规定的责令停业整顿、降低资质等级和吊销资质证书的行政处罚，由颁发资质证书的机关决定；其他行政处罚，由建设行政主管部门或者有关部门依照法律和国务院规定的职权范围决定。依照《建筑法》规定被吊销资质证书的，由工商行政管理部门吊销其营业执照。违反《建筑法》规定，对不具备相应资质等级条件的单位颁发该等级资质证书的，由其上级机关责令收回所颁发的资质证书，对直接负责的主管人员和其他直接责任人员给予行政处分；构成犯罪的，依法追究刑事责任。政府及其所属部门的工作人员违反《建筑法》规定，限定发包单位将招标发包的工程发包给指定的承包单位的，由上级机关责令改正；构成犯罪的，依法追究刑事责任。负责颁发建筑工程施工许可证的部门及其工作人员对不符合施工条件的建筑工程颁发施工许可证的，负责工程质量监督检查或者竣工验收的部门及其工作人员对不合格的建筑工程出具质量合格文件或者按合格工程验收的，由上级机关责令改正，对责任人员给予行政处分；构成犯罪的，依法追究刑事责任；造成损失的，由该部门承担相应的赔偿责任。在建筑物的合理使用寿命内，因建筑工程质量不合格受到损害的，有权向责任者要求赔偿。

第三节 安全生产法

一、生产经营单位安全生产保障的规定

《安全生产法》为生产经营单位在安全生产的各个环节上确立了必须遵循的行为准则。包括以下主要内容。

1. 安全生产条件

生产经营单位应当具备《安全生产法》和有关法律、行政法规和国家标准或者行业标准规定的安全生产条件；不具备安全生产条件的，不得从事生产经营活动。

2. 生产经营单位的主要负责人的安全生产职责

生产经营单位的主要负责人对本单位安全生产工作负有下列职责：

① 建立健全并落实本单位全员安全生产责任制，加强安全生产标准化建设；

② 组织制定本单位安全生产规章制度和操作规程；

③ 组织制定并实施本单位安全生产教育和培训计划；

④ 保证本单位安全生产投入的有效实施；

⑤ 组织建立并落实安全风险分级管控和隐患排查治理双重预防工作机制，督促、检查本单位的安全生产工作，及时消除生产安全事故隐患；

⑥ 组织制定并实施本单位的生产安全事故应急救援预案；

⑦ 及时、如实报告生产安全事故。

3. 安全生产责任制的建立和落实

生产经营单位的安全生产责任制应当明确各岗位的责任人员、责任范围和考核标准等内容。生产经营单位应当建立相应的机制，加强对安全生产责任制落实情况的监督考核，保证安全生产责任制的落实。

4. 安全生产资金投入

生产经营单位应当具备的安全生产条件所必需的资金投入，由生产经营单位的决策机构、主要负责人或者个人经营的投资人予以保证，并对由于安全生产所必需的资金投入不足导致的后果承担责任。有关生产经营单位应当按照规定提取和使用安全生产费用，专门用于改善安全生产条件。安全生产费用在成本中据实列支。安全生产费用提取、使用和监督管理的具体办法由国务院财政部门会同国务院安全生产监督管理部门征求国务院有关部门意见后制定。

5. 安全生产管理机构和人员的设置和配备以及相关职责

矿山、金属冶炼、建筑施工、道路运输单位和危险物品的生产、经营、储存单位，应当设置安全生产管理机构或者配备专职安全生产管理人员。其他生产经营单位，从业人员超过 100 人的，应当设置安全生产管理机构或者配备专职安全生产管理人员；从业人员在 100 人以下的，应当配备专职或者兼职的安全生产管理人员。生产经营单位的安全生产管理机构以及安全生产管理人员履行下列职责：

① 组织或者参与拟订本单位安全生产规章制度、操作规程和生产安全事故应急救援预案；

② 组织或者参与本单位安全生产教育和培训，如实记录安全生产教育和培训情况；

③ 组织开展危险源辨识和评估工作，督促落实本单位重大危险源的安全管理措施；

④ 组织或者参与本单位应急救援演练；

⑤ 检查本单位的安全生产状况，及时排查生产安全事故隐患，提出改进安全生产管理的建议；

⑥ 制止和纠正违章指挥、强令冒险作业、违反操作规程的行为；

⑦ 督促落实本单位安全生产整改措施。

生产经营单位可以设置专职安全生产分管负责人，协助本单位主要负责人履行安全生产管理职责。

生产经营单位的安全生产管理机构以及安全生产管理人员应当恪尽职守，依法履行职责。生产经营单位作出涉及安全生产的经营决策，应当听取安全生产管理机构以及安全生产管理人员的意见。生产经营单位不得因安全生产管理人员依法履行职责而降低其工资、福利等待遇或者解除与其订立的劳动合同。危险物品的生产、储存单位以及矿山、金属冶炼单位的安全生产管理人员的任免，应当告知负有安全生产监督管理职责的主管部门。生产经营单位的主要负责人和安全生产管理人员必须具备与本单位所从事的生产经营活动相适应的安全生产知识和管理能力。危险物品的生产、经营、储存单位以及矿山、金属冶炼、建筑施工、道路运输单位的主要负责人和安全生产管理人员，应当由主管的负有安全生产监督管理职责的部门对其安全生产知识和管理能力考核合格。考核不得收费。危险物品的生产、储存单位以及矿山、金属冶炼单位应当由注册安全工程师来从事安全生产管理工作。鼓励其他生产经营单位聘用注册安全工程师从事安全生产管理工作。注册安全工程师按专业分类管理，具体办法由国务院人力资源和社会保障部门、国务院安全生产监督管理部门会同国务院有关部门制定。

6. 安全生产教育培训和资格要求

生产经营单位应当对从业人员进行安全生产教育和培训，保证从业人员具备必要的安全生产知识，熟悉有关的安全生产规章制度和安全操作规程，掌握本岗位的安全操作技能，了解事故应急处理措施，知悉自身在安全生产方面的权利和义务。未经安全生产教育和培训合格的从业人员，不得上岗作业。生产经营单位使用被派遣劳动者的，应当将被派遣劳动者纳入本单位从业人员统一管理，对被派遣劳动者进行岗位安全操作规程和安全操作技能的教育和培训。劳务派遣单位应当对被派遣劳动者进行必要的安全生产教育和培训。生产经营单位接收中等职业学校、高等学校学生实习的，应当对实习学生进行相应的安全生产教育和培训，提供必要的劳动防护用品。学校应当协助生产经营单位对实习学生进行安全生产教育和培训。生产经营单位应当建立安全生产教育和培训档案，如实记录安全生产教育和培训的时间、内容、参加人员以及考核结果等情况。生产经营单位采用新工艺、新技术、新材料或者使用新设备时，必须了解、掌握其安全技术特性，采取有效的安全防护措施，并对从业人员进行专门的安全生产教育和培训。

生产经营单位的特种作业人员必须按照国家有关规定经专门的安全作业培训，取得相应资格，方可上岗作业。特种作业人员的范围由国务院安全生产监督管理部门会同国务院有关部门确定。

7. 安全设施“三同时”原则和安全评价

生产经营单位新建、改建、扩建工程项目（以下统称建设项目）的安全设施，必须与主体工程同时设计、同时施工、同时投入生产和使用。安全设施投资应当纳入建设项目概算。矿山、金属冶炼建设项目和用于生产、储存、装卸危险物品的建设项目，应当按照国家有关规定进行安全评价。

8. 安全设施设计、施工验收和监督核查

建设项目安全设施的设计人员、设计单位应当对安全设施设计负责。矿山、金属冶炼建设项目和用于生产、储存、装卸危险物品的建设项目的安全设施设计应当按照国家有关规定报经有关部门审查，审查部门及其负责审查的人员对审查结果负责。矿山、金属冶炼建设项目和用于生产、储存、装卸危险物品的建设项目的施工单位必须按照批准的安全设施设计施工，并对安全设施的工程质量负责。矿山、金属冶炼建设项目和用于生产、储存危险物品的建设项目竣工投入生产或者使用前，应当由建设单位负责组织对安全设施进行验收；验收合格后，方可投入生产和使用。安全生产监督管理部门应当加强对建设单位验收活动和验收结果的监督核查。

9. 安全设备管理，特种设备及危险品容器、运输工具特殊管理

生产经营单位应当在有较大危险因素的生产经营场所和有关设施、设备上，设置明显的安全警示标志。安全设备的设计、制造、安装、使用、检测、维修、改造和报废，应当符合国家标准或者行业标准。生产经营单位必须对安全设备进行经常性维护、保养，并定期检测，保证正常运转。维护、保养、检测应当做好记录，并由有关人员签字。生产经营单位不得关闭、破坏直接关系生产安全的监控、报警、防护、救生设备、设施，或者篡改、隐瞒、销毁其相关数据、信息。餐饮等行业的生产经营单位使用燃气的，应当安装可燃气体报警装置，并保障其正常使用。生产经营单位使用的危险物品的容器、运输工具，以及涉及人身安全、危险性较大的海洋石油开采特种设备和矿山井下特种设备，必须按照国家有关规定，由专业生产单位生产，并经具有专业资质的检测、检验机构进行检测、检验合格，取得安全使用证或者安全标志，方可投入使用。检测、检验机构对检测、检验结果负责。

10. 严重危及生产安全的工艺、设备淘汰制度

国家对严重危及生产安全的工艺、设备实行淘汰制度，具体目录由国务院安全生产监督管理部门会同国务院有关部门制定并公布。生产经营单位不得使用应当淘汰的危及生产安全的工艺、设备。

11. 危险物品及废弃危险物品监督

生产、经营、运输、储存、使用危险物品或者处置废弃危险物品的，由有关主管部门依照有关法律、法规的规定和国家标准或者行业标准审批并实施监督管理。生产经营单位生产、经营、运输、储存、使用危险物品或者处置废弃危险物品，必须执行有关法律、法规和国家标准或者行业标准，建立专门的安全管理制度，采取可靠的安全措施，接受有关主管部门依法实施的监督管理。

12. 重大危险源管理

生产经营单位对重大危险源应当登记建档，进行定期检测、评估、监控，并制定应急预案，告知从业人员和相关人员在紧急情况下应当采取的应急措施。生产经营单位应当按照国家有关规定将本单位重大危险源及有关安全措施、应急措施报地方人民政府应急管理部门和有关部门备案。地方人民政府应急管理部门和有关部门应当通过相关信息系统实现信息共享。生产经营单位应当建立安全风险分级管控制度，按照安全风险分级采取相应的管控措施。生产经营单位应当建立健全并落实生产安全事故隐患排查治理制度，采取技术、管理措施，及时发现并消除事故隐患。事故隐患排查治理情况应当如实记录，并通过职工大会或者职工代表大会、信息公示栏等方式向从业人员通报。其中，重大事故隐患排查治理情况应当及时向负有安全生产监督管理职责的部门和职工大会或者职工代表大会报告。县级以上地方各级人民政府负有安全生产监督管理职责的部门应当将重大事故隐患纳入相关信息系统，建立健全重大事故隐患治理督办制度，督促生产经营单位消除重大事故隐患。

13. 生产经营场所和宿舍安全要求

生产、经营、储存、使用危险物品的车间、商店、仓库不得与员工宿舍在同一座建筑物内，并应当与员工宿舍保持安全距离。生产经营场所和员工宿舍应当设有符合紧急疏散要求、标志明显、保持畅通的出口。禁止锁闭、封堵生产经营场所或者员工宿舍的出口。

14. 危险作业现场的安全管理

生产经营单位进行爆破、吊装以及国务院安全生产监督管理部门会同国务院有关部

门规定的其他危险作业，应当安排专门人员进行现场安全管理，确保操作规程的遵守和安全措施的落实。

15. 安全检查和报告义务

生产经营单位应当教育和督促从业人员严格执行本单位的安全生产规章制度和安全操作规程，并向从业人员如实告知作业场所和工作岗位存在的危险因素、防范措施以及事故应急措施。生产经营单位应当关注从业人员的身体、心理状况和行为习惯，加强对从业人员的心理疏导、精神慰藉，严格落实岗位安全生产责任，防范从业人员行为异常导致事故发生。生产经营单位必须为从业人员提供符合国家标准或者行业标准的劳动防护用品，并监督、教育从业人员按照使用规则佩戴、使用。

16. 生产经营单位发包或者出租情况下的安全生产责任

生产经营单位的安全生产管理人员应当根据本单位的生产经营特点，对安全生产状况进行经常性检查；对检查中发现的安全问题，应当立即处理；不能处理的，应当及时报告本单位有关负责人，有关负责人应当及时处理。检查及处理情况应当如实记录在案。生产经营单位的安全生产管理人员在检查中发现重大事故隐患，依照前款规定向本单位有关负责人报告，有关负责人不及时处理的，安全生产管理人员可以向主管的负有安全生产监督管理职责的部门报告，接到报告的部门应当依法及时处理。

生产经营单位应当安排用于配备劳动防护用品、进行安全生产培训的经费。两个以上生产经营单位在同一作业区域内进行生产经营活动，可能危及对方生产安全的，应当签订安全生产管理协议，明确各自的安全生产管理职责和应当采取的安全措施，并指定专职安全生产管理人员进行安全检查与协调。

生产经营单位不得将生产经营项目、场所、设备发包或者出租给不具备安全生产条件或者相应资质的单位或者个人。生产经营项目、场所发包或者出租给其他单位的，生产经营单位应当与承包单位、承租单位签订专门的安全生产管理协议，或者在承包合同、租赁合同中约定各自的安全生产管理职责；生产经营单位对承包单位、承租单位的安全生产工作统一协调、管理，定期进行安全检查，发现安全问题的，应当及时督促整改。矿山、金属冶炼建设项目和用于生产、储存、装卸危险物品的建设项目的施工单位应当加强对施工项目的安全管理，不得倒卖、出租、出借、挂靠或者以其他形式非法转让施工资质，不得将其承包的全部建设工程转包给第三人或者将其承包的全部建设工程支解以后以分包的名义分别转包给第三人，不得将工程分包给不具备相应资质条件的单位。

17. 生产安全事故及工伤处理

生产经营单位发生生产安全事故时，单位的主要负责人应当立即组织抢救，并不得在事故调查处理期间擅离职守。生产经营单位必须依法参加工伤保险，为从业人员缴纳保险费。国家鼓励生产经营单位投保安全生产责任保险；属于国家规定的高危行业、领域的生产经营单位，应当投保安全生产责任保险。具体范围和实施办法由国务院应急管理部门会同国务院财政部门、国务院保险监督管理机构和相关行业主管部门制定。

二、从业人员权利和义务的规定

《安全生产法》规定的从业人员权利和义务主要有：

1）从业人员与生产经营单位订立的劳动合同应当载明与从业人员劳动安全有关的事项，以及生产经营单位不得以协议免除或者减轻安全事故伤亡责任。

2）从业人员有权了解其作业场所和工作岗位存在的危险因素、防范措施及事故应急措施，有权对本单位的安全生产工作提出建议。

3）从业人员有权对本单位存在的安全问题提出批评、检举、控告，有权拒绝违章指挥和强令冒险作业。

4）从业人员发现直接危及人身安全的紧急情况时，有权停止作业或者在采取可能的应急措施后撤离作业场所。生产经营单位不得因从业人员在前款紧急情况下停止作业或者采取紧急撤离措施而降低其工资、福利等待遇或者解除与其订立的劳动合同。

5）生产经营单位发生生产安全事故后，应当及时采取措施救治有关人员。因生产安全事故受到损害的从业人员，除依法享有工伤保险外，依照有关民事法律尚有获得赔偿的权利的，有权提出赔偿要求。

6）从业人员在作业过程中，应当严格落实岗位安全责任，遵守本单位的安全生产规章制度和操作规程，服从管理，正确佩戴和使用劳动防护用品。

7）从业人员应当接受安全生产教育和培训，掌握本职工作所需的安全生产知识，提高安全生产技能，增强事故预防和应急处理能力。

8）从业人员发现事故隐患或者其他不安全因素，应当立即向现场安全生产管理人员或者本单位负责人报告；接到报告的人员应当及时予以处理。

9）生产经营单位使用被派遣劳动者的，被派遣劳动者享有《安全生产法》规定的从业人员的权利，履行从业人员的义务。

三、安全生产监督管理的规定

《安全生产法》对安全生产的监督管理作出了规定，包括以下主要内容。

1. 政府及安全生产监督管理部门的职责

县级以上地方各级人民政府应当根据本行政区域内的安全生产状况，组织有关部门按照职责分工，对本行政区域内容易发生重大生产安全事故的生产经营单位进行严格检查。安全生产监督管理部门应当按照分类分级监督管理的要求，制定安全生产年度监督检查计划，并按照年度监督检查计划进行监督检查，发现事故隐患，应当及时处理。

2. 安全生产事项的审批

负有安全生产监督管理职责的部门依照有关法律、法规的规定，对涉及安全生产的事项需要审查批准（包括批准、核准、许可、注册、认证、颁发证照等，下同）或者验收的，必须严格依照有关法律、法规和国家标准或者行业标准规定的安全生产条件和程序进行审查；不符合有关法律、法规和国家标准或者行业标准规定的安全生产条件的，不得批准或者验收通过。对未依法取得批准或者验收合格的单位擅自从事有关活动的，负责行政审批的部门发现或者接到举报后应当立即予以取缔，并依法予以处理。对已经依法取得批准的单位，负责行政审批的部门发现其不再具备安全生产条件的，应当撤销原批准。

3. 政府监管的要求

负有安全生产监督管理职责的部门对涉及安全生产的事项进行审查、验收，不得收取费用；不得要求接受审查、验收的单位购买其指定品牌或者指定生产、销售单位的安全设备、器材或者其他产品。

4. 监督检查的实施

安全生产监督管理部门和其他负有安全生产监督管理职责的部门依法开展安全生产行政执法工作，对生产经营单位执行有关安全生产的法律、法规和国家标准或者行业标准的情况进行监督检查，行使以下职权：

① 进入生产经营单位进行检查，调阅有关资料，向有关单位和人员了解情况；

② 对检查中发现的安全生产违法行为，当场予以纠正或者要求限期改正；对依法应当给予行政处罚的行为，依照《安全生产法》和其他有关法律、行政法规的规定作出行政处罚决定；

③ 对检查中发现的事故隐患，应当责令立即排除；重大事故隐患排除前或者排除过程中无法保证安全的，应当责令从危险区域内撤出作业人员，责令暂时停产停业或者停止使用相关设施、设备；重大事故隐患排除后，经审查同意，方可恢复生产经营和使用；

④ 对有根据认为不符合保障安全生产的国家标准或者行业标准的设施、设备、器材以及违法生产、储存、使用、经营、运输的危险物品予以查封或者扣押，对违法生产、储存、使用、经营危险物品的作业场所予以查封，并依法作出处理决定。监督检查不得影响被检查单位的正常生产经营活动。

生产经营单位对负有安全生产监督管理职责的部门的监督检查人员（以下统称安全生产监督检查人员）依法履行监督检查职责，应当予以配合，不得拒绝、阻挠。安全生产监督检查人员应当忠于职守，坚持原则，秉公执法。

安全生产监督检查人员执行监督检查任务时，必须出示有效的监督执法证件；涉及被检查单位的技术秘密和业务秘密时，应当为其保密。安全生产监督检查人员应当将检查的时间、地点、内容、发现的问题及其处理情况，作出书面记录，并由检查人员和被检查单位的负责人签字；被检查单位的负责人拒绝签字的，检查人员应当将情况记录在案，并向负有安全生产监督管理职责的部门报告。

负有安全生产监督管理职责的部门在监督检查中，应当互相配合，实行联合检查；确需分别进行检查的，应当互通情况，发现存在的安全问题应当由其他有关部门进行处理的，应当及时移送其他有关部门并形成记录备查，接受移送的部门应当及时进行处理。

负有安全生产监督管理职责的部门依法对存在重大事故隐患的生产经营单位作出停产停业、停止施工、停止使用相关设施或者设备的决定，生产经营单位应当依法执行，及时消除事故隐患。生产经营单位拒不执行，有发生生产安全事故的现实危险的，在保证安全的前提下，经本部门主要负责人批准，负有安全生产监督管理职责的部门可以采取通知有关单位停止供电、停止供应民用爆炸物品等措施，强制生产经营单位履行决定。通知应当采用书面形式，有关单位应当予以配合。

负有安全生产监督管理职责的部门依照前款规定采取停止供电措施，除有危及生产安全的紧急情形外，应当提前 24 小时通知生产经营单位。生产经营单位依法履行行政决定、采取相应措施消除事故隐患的，负有安全生产监督管理职责的部门应当及时解除前款规定的措施。监察机关依照行政监察法的规定，对负有安全生产监督管理职责的部门及其工作人员履行安全生产监督管理职责实施监察。

承担安全评价、认证、检测、检验职责的机构应当具备国家规定的资质条件，并对其作出的安全评价、认证、检测、检验结果的合法性、真实性负责。资质条件由国务院应急管理部门会同国务院有关部门制定。承担安全评价、认证、检测、检验职责的机构应当建立并实施服务公开和报告公开制度，不得租借资质、挂靠、出具虚假报告。负有安全生产监督管理职责的部门应当建立举报制度，公开举报电话、信箱或者电子邮件地址等网络举报平台，受理有关安全生产的举报；受理的举报事项经调查核实后，应当形成书面材料；需要落实整改措施的，报经有关负责人签字并督促落实。对不属于本部门职责，需要由其他有关部门进行调查处理的，转交其他有关部门处理。涉及人员死亡的举报事项，应当由县级以上人民政府组织核查处理。

5. 安全生产举报制度

任何单位或者个人对事故隐患或者安全生产违法行为，均有权向负有安全生产监督管理职责的部门报告或者举报。因安全生产违法行为造成重大事故隐患或者导致重大事故，致使国家利益或者社会公共利益受到侵害的，人民检察院可以根据民事诉讼法、行政诉讼法的相关规定提起公益诉讼。居民委员会、村民委员会发现其所在区域内的生产经营单位存在事故隐患或者安全生产违法行为时，应当向当地人民政府或者有关部门报告。县级以上各级人民政府及其有关部门对报告重大事故隐患或者举报安全生产违法行为的有功人员，给予奖励。具体奖励办法由国务院安全生产监督管理部门会同国务院财政部门制定。

6. 安全生产舆论监督及信息记录公告

新闻、出版、广播、电影、电视等单位有进行安全生产公益宣传教育的义务，有对违反安全生产法律、法规的行为进行舆论监督的权利。负有安全生产监督管理职责的部门应当建立安全生产违法行为信息库，如实记录生产经营单位及其有关从业人员的安全生产违法行为信息；对违法行为情节严重的生产经营单位及其有关从业人员，应当及时向社会公告，并通报行业主管部门、投资主管部门、自然资源主管部门、生态环境主管部门、证券监督管理机构以及有关金融机构。有关部门和机构应当对存在失信行为的生产经营单位及其有关从业人员采取加大执法检查频次、暂停项目审批、上调有关保险费率、行业或者职业禁入等联合惩戒措施，并向社会公示。负有安全生产监督管理职责的部门应当加强对生产经营单位行政处罚信息的及时归集、共享、应用和公开，对生产经营单位作出处罚决定后七个工作日内在监督管理部门公示系统予以公开曝光，强化对违法失信生产经营单位及其有关从业人员的社会监督，提高全社会安全生产诚信水平。

四、事故应急救援与调查处理的规定

《安全生产法》对生产安全事故的应急救援和调查处理做出规定，包括以下主要内容。

1. 安全生产责任事故应急救援

1）县级以上地方各级人民政府应当组织有关部门制定本行政区域内特大生产安全事故应急救援预案，建立应急救援体系。乡镇人民政府和街道办事处，以及开发区、工业园区、港区、风景区等应当制定相应的生产安全事故应急救援预案，协助人民政府有关部门或者按照授权依法履行生产安全事故应急救援工作职责。

2）危险物品的生产、经营、储存单位以及矿山、建筑施工单位应当建立应急救援组织；生产经营规模较小，可以不建立应急救援组织的，应当指定兼职的应急救援人员。

3）危险物品的生产、经营、储存单位以及矿山、建筑施工单位应当配备必要的应急救援器材、设备，并进行经常性维护、保养，保证正常运转。

2. 安全生产责任事故报告

1）生产经营单位发生生产安全事故后，事故现场有关人员应当立即报告本单位负责人。

2）负有安全生产监督管理职责的部门接到事故报告后，应当立即按照国家有关规定上报事故情况。负有安全生产监督管理职责的部门和有关地方人民政府对事故情况不得隐瞒不报、谎报或者迟报。

3）有关地方人民政府和负有安全生产监督管理职责部门的负责人接到重大生产安全事故报告后，应当立即赶到事故现场，组织事故抢救。

3. 安全生产责任事故调查处理

1）事故调查处理应当按照科学严谨、依法依规、实事求是、注重实效的原则，及时、准确地查清事故原因，查明事故性质和责任，评估应急处置工作，总结事故教训，提出整改措施，并对事故责任单位和人员提出处理建议。事故调查报告应当依法及时向社会公布。事故调查和处理的具体办法由国务院制定。事故发生单位应当及时全面落实整改措施，负有安全生产监督管理职责的部门应当加强监督检查。负责事故调查处理的国务院有关部门和地方人民政府应当在批复事故调查报告后一年内，组织有关部门对事故整改和防范措施落实情况进行评估，并及时向社会公开评估结果；对不履行职责导致事故整改和防范措施没有落实的有关单位和人员，应当按照有关规定追究责任。

2）生产经营单位发生生产安全事故，经调查确定为责任事故的，除了应当查明事故单位的责任并依法予以追究外，还应当查明对安全生产的有关事项负有审查批准和监督职责的行政部门的责任，对有失职、渎职行为的，追究法律责任。

3）任何单位和个人不得阻挠和干涉对事故的依法调查处理。

4）县级以上地方各级人民政府负责安全生产监督管理的部门应当定期统计分析本行政区域内发生生产安全事故的情况，并定期向社会公布。

五、施工单位违法行为的处罚规定

《安全生产法》规定了安全生产违法行为的法律责任。包括：行政责任、民事责任和刑事责任。

第四节　劳动法和劳动合同法

一、劳动安全卫生的规定

《劳动法》对劳动安全卫生规定有6条，包括：劳动安全卫生制度、劳动安全卫生设施、劳动防护用品、从业资格、劳动者义务和权益、伤亡事故和职业病统计报告和处理制度。

1. 劳动安全卫生制度

用人单位必须建立健全劳动安全卫生制度，严格执行国家劳动安全卫生规程和标准，对劳动者进行劳动安全卫生教育，防止劳动过程中的事故，减少职业危害。

2. 劳动安全卫生设施

劳动安全卫生设施必须符合国家规定的标准。新建、改建、扩建工程的劳动安全卫生设施必须与主体工程同时设计、同时施工、同时投入生产和使用。

3. 劳动防护用品

用人单位必须为劳动者提供符合国家规定的劳动安全卫生条件和必要的劳动防护用品，对从事有职业危害作业的劳动者应当定期进行健康检查。

4. 从业资格

从事特种作业的劳动者必须经过专门培训并取得特种作业资格。

5. 劳动者义务和权益

劳动者在劳动过程中必须严格遵守安全操作规程。劳动者对用人单位管理人员违章指挥、强令冒险作业，有权拒绝执行；对危害生命安全和身体健康的行为，有权提出批评、检举和控告。

6. 伤亡事故和职业病统计报告和处理制度

国家建立伤亡事故和职业病统计报告和处理制度。县级以上各级人民政府劳动行政部门、有关部门和用人单位应当依法对劳动者在劳动过程中发生的伤亡事故和劳动者的职业病状况，进行统计、报告和处理。

二、劳动合同和集体合同的规定

《劳动合同法》关于劳动合同和集体合同的规定包括：

1. 劳动合同

（1）劳动合同的订立

用人单位自用工之日起即与劳动者建立劳动关系。用人单位应当建立职工名册备查。用人单位招用劳动者时，应当如实告知劳动者工作内容、工作条件、工作地点、职业危害、安全生产状况、劳动报酬，以及劳动者要求了解的其他情况；用人单位有权了解劳动者与劳动合同直接相关的基本情况，劳动者应当如实说明。

用人单位招用劳动者，不得扣押劳动者的居民身份证和其他证件，不得要求劳动者提供担保或者以其他名义向劳动者收取财物。

已建立劳动关系，未同时订立书面劳动合同的，应当自用工之日起一个月内订立书面劳动合同。用人单位与劳动者在用工前订立劳动合同的，劳动关系自用工之日起建立。

用人单位未在用工的同时订立书面劳动合同，与劳动者约定的劳动报酬不明确的，新招用的劳动者的劳动报酬按照集体合同规定的标准执行；没有集体合同或者集体合同未规定的，实行同工同酬。

（2）劳动合同的条款

劳动合同应当具备以下条款：

① 用人单位的名称、住所和法定代表人或者主要负责人；

② 劳动者的姓名、住址和居民身份证或者其他有效身份证件号码；

③ 劳动合同期限；

④ 工作内容和工作地点；

⑤ 工作时间和休息休假；

⑥ 劳动报酬；

⑦ 社会保险；

⑧ 劳动保护、劳动条件和职业危害防护；

⑨ 法律、法规规定应当纳入劳动合同的其他事项。

劳动合同除前款规定的必备条款外，用人单位与劳动者可以约定试用期、培训、保守秘密、补充保险和福利待遇等其他事项。

（3）劳动合同的期限

劳动合同期限 3 个月以上不满 1 年的，试用期不得超过 1 个月；劳动合同期限 1 年以上不满 3 年的，试用期不得超过 2 个月；3 年以上固定期限和无固定期限的劳动合同，试用期不得超过 6 个月。

（4）劳动合同无效情形

下列劳动合同无效或者部分无效：

① 以欺诈、胁迫的手段或者乘人之危，使对方在违背真实意思的情况下订立或者变更劳动合同的；

② 用人单位免除自己的法定责任、排除劳动者权利的；

③ 违反法律、行政法规强制性规定的。

对劳动合同的无效或者部分无效有争议的，由劳动争议仲裁机构或者人民法院确认。

（5）劳动合同的履行和变更

用人单位与劳动者应当按照劳动合同的约定，全面履行各自的义务。用人单位应当按照劳动合同约定和国家规定，向劳动者及时足额支付劳动报酬。用人单位拖欠或者未足额支付劳动报酬的，劳动者可以依法向当地人民法院申请支付令，人民法院应当依法发出支付令。

用人单位应当严格执行劳动定额标准，不得强迫或者变相强迫劳动者加班。用人单位安排加班的，应当按照国家有关规定向劳动者支付加班费。

用人单位与劳动者协商一致，可以变更劳动合同约定的内容。变更劳动合同，应当采用书面形式。变更后的劳动合同文本由用人单位和劳动者各执一份。

（6）劳动合同的解除和阻止

① 时间：劳动者提前30日以书面形式通知用人单位，可以解除劳动合同。劳动者在试用期内提前3日通知用人单位，可以解除劳动合同。

② 用人单位有下列情形之一的，劳动者可以解除劳动合同：未按照劳动合同约定提供劳动保护或者劳动条件的；未及时足额支付劳动报酬的；未依法为劳动者缴纳社会保险费的；用人单位的规章制度违反法律、法规的规定，损害劳动者权益的；因《劳动合同法》第二十六条第一款规定的情形致使劳动合同无效的；法律、行政法规规定劳动者可以解除劳动合同的其他情形。

用人单位以暴力、威胁或者非法限制人身自由的手段强迫劳动者劳动的，或者用人单位违章指挥、强令冒险作业危及劳动者人身安全的，劳动者可以立即解除劳动合同，不需事先告知用人单位。

③ 劳动者有下列情形之一的，用人单位可以解除劳动合同：

在试用期间被证明不符合录用条件的；严重违反用人单位的规章制度的；严重失职，营私舞弊，给用人单位造成重大损害的；劳动者同时与其他用人单位建立劳动关系，对完成本单位的工作任务造成严重影响，或者经用人单位提出，拒不改正的；因《劳动合同法》第二十六条第一款第一项规定的情形致使劳动合同无效的；被依法追究刑事责任的。

（7）不得解除劳动合同的情形：

劳动者有下列情形之一的，用人单位不得解除劳动合同：

① 从事接触职业病危害作业的劳动者未进行离岗前职业健康检查，或者疑似职业病病人在诊断或者医学观察期间的；

② 在本单位患职业病或者因工负伤并被确认丧失或者部分丧失劳动能力的；

③ 患病或者非因工负伤，在规定的医疗期内的；

④ 女职工在孕期、产期、哺乳期的；

⑤ 在本单位连续工作满15年，且距法定退休年龄不足5年的；

⑥ 法律、行政法规规定的其他情形。

（8）有下列情形之一的，劳动合同终止：

① 劳动合同期满的；

② 劳动者开始依法享受基本养老保险待遇的；

③ 劳动者死亡，或者被人民法院宣告死亡或者宣告失踪的；

④ 用人单位被依法宣告破产的；

⑤ 用人单位被吊销营业执照、责令关闭、撤销或者用人单位决定提前解散的；

⑥ 法律、行政法规规定的其他情形。

2. 集体合同

（1）集体合同的概念

企业职工一方与用人单位通过平等协商，可以就劳动报酬、工作时间、休息休假、劳动安全卫生、保险福利等事项订立集体合同。集体合同草案应当提交职工代表大会或者全体职工讨论通过。集体合同由工会代表企业职工一方与用人单位订立；尚未建立工会的用人单位，由上级工会指导劳动者推举的代表与用人单位订立。企业职工一方与用人单位可以订立劳动安全卫生、女职工权益保护、工资调整机制等专项集体合同。在县级以下区域内，建筑业、采矿业、餐饮服务业等行业可以由工会与企业方面代表订立行业性集体合同，或者订立区域性集体合同。

（2）集体合同的订立

集体合同订立后，应当报送劳动行政部门；劳动行政部门自收到集体合同文本之日起 15 日内未提出异议的，集体合同即行生效。

（3）集体合同的效力

依法订立的集体合同对用人单位和劳动者具有约束力。行业性、区域性集体合同对当地本行业、本区域的用人单位和劳动者具有约束力。

（4）集体合同劳动报酬的标准

集体合同中劳动报酬和劳动条件等标准不得低于当地人民政府规定的最低标准；用人单位与劳动者订立的劳动合同中劳动报酬和劳动条件等标准不得低于集体合同规定的标准。

（5）违反处理

用人单位违反集体合同，侵犯职工劳动权益的，工会可以依法要求用人单位承担责任；因履行集体合同发生争议，经协商解决不成的，工会可以依法申请仲裁、提起诉讼。

第五节 消防法

一、建设工程火灾预防及灭火救援的相关规定

1. 建设工程火灾预防的相关规定

（1）建设工程消防质量责任

建设工程的消防设计、施工必须符合国家工程建设消防技术标准。建设、设计、施

工、工程监理等单位依法对建设工程的消防设计、施工质量负责。

（2）消防设计审查和验收

① 对按照国家工程建设消防技术标准需要进行消防设计的建设工程，实行建设工程消防设计审查验收制度。

② 国务院住房和城乡建设主管部门规定的特殊建设工程，建设单位应当将消防设计文件报送住房和城乡建设主管部门审查，住房和城乡建设主管部门依法对审查的结果负责。规定以外的其他建设工程，建设单位申请领取施工许可证或者申请批准开工报告时应当提供满足施工需要的消防设计图纸及技术资料。

③ 特殊建设工程未经消防设计审查或者审查不合格的，建设单位、施工单位不得施工；其他建设工程，建设单位未提供满足施工需要的消防设计图纸及技术资料的，有关部门不得发放施工许可证或者批准开工报告。

④ 国务院住房和城乡建设主管部门规定应当申请消防验收的建设工程竣工，建设单位应当向住房和城乡建设主管部门申请消防验收。规定以外的其他建设工程，建设单位在验收后应当报住房和城乡建设主管部门备案，住房和城乡建设主管部门应当进行抽查。依法应当进行消防验收的建设工程，未经消防验收或者消防验收不合格的，禁止投入使用；其他建设工程经依法抽查不合格的，应当停止使用。

（3）消防产品的使用和监督检查

① 消防产品必须符合国家标准；没有国家标准的，必须符合行业标准。禁止生产、销售或者使用不合格的消防产品以及国家明令淘汰的消防产品。依法实行强制性产品认证的消防产品，由具有法定资质的认证机构按照国家标准、行业标准的强制性要求认证合格后，方可生产、销售、使用。实行强制性产品认证的消防产品目录，由国务院产品质量监督部门会同国务院应急管理部门制定并公布。新研制的尚未制定国家标准、行业标准的消防产品，应当按照国务院产品质量监督部门会同国务院应急管理部门规定的办法，经技术鉴定符合消防安全要求的，方可生产、销售、使用。

② 产品质量监督部门、工商行政管理部门、消防救援机构应当按照各自职责加强对消防产品质量的监督检查。

③ 建筑构件、建筑材料和室内装修、装饰材料的防火性能必须符合国家标准；没有国家标准的，必须符合行业标准。人员密集场所室内装修、装饰，应当按照消防技术标准的要求，使用不燃、难燃材料。

④ 电器产品、燃气用具的产品标准，应当符合消防安全的要求。电器产品、燃气用具的安装、使用及其线路、管路的设计、敷设、维护保养、检测，必须符合消防技术标准和管理规定。

（4）消防安全职责

施工单位的主要负责人是本单位的消防安全责任人。

施工单位应当履行下列消防安全职责：

① 落实消防安全责任制，制定本单位的消防安全制度、消防安全操作规程，制定灭火和应急疏散预案；

② 按照国家标准、行业标准配置消防设施、器材，设置消防安全标志，并定期组织检验、维修，确保完好有效；

③ 对建筑消防设施每年至少进行一次全面检测，确保完好有效，检测记录应当完整准确，存档备查；

④ 保障疏散通道、安全出口、消防车通道畅通，保证防火防烟分区、防火间距符合消防技术标准；

⑤ 组织防火检查，及时消除火灾隐患；

⑥ 组织进行有针对性的消防演练；

⑦ 法律、法规规定的其他消防安全职责。

消防安全重点单位除应当履行以上规定的职责外，还应当履行下列消防安全职责：

① 确定消防安全管理人，组织实施本单位的消防安全管理工作；

② 建立消防档案，确定消防安全重点部位，设置防火标志，实行严格管理；

③ 实行每日防火巡查，并建立巡查记录；

④ 对职工进行岗前消防安全培训，定期组织消防安全培训和消防演练。

同一建筑物由两个以上单位管理或者使用的，应当明确各方的消防安全责任，并确定责任人对共用的疏散通道、安全出口、建筑消防设施和消防车通道进行统一管理。

（5）施工现场消防管理

① 生产、储存、经营易燃易爆危险品的场所不得与居住场所设置在同一建筑物内，并应当与居住场所保持安全距离。生产、储存、经营其他物品的场所与居住场所设置在同一建筑物内的，应当符合国家工程建设消防技术标准。

② 禁止在具有火灾、爆炸危险的场所吸烟、使用明火。因施工等特殊情况需要使用明火作业的，应当按照规定事先办理审批手续，采取相应的消防安全措施；作业人员应当遵守消防安全规定。进行电焊、气焊等具有火灾危险作业的人员和自动消防系统的操作人员，必须持证上岗，并遵守消防安全操作规程。

③ 生产、储存、运输、销售、使用、销毁易燃易爆危险品，必须执行消防技术标准和管理规定。进入生产、储存易燃易爆危险品的场所，必须执行消防安全规定。禁止非法携带易燃易爆危险品进入公共场所或者乘坐公共交通工具。储存可燃物资仓库的管理，必须执行消防技术标准和管理规定。

④ 任何单位、个人不得损坏、挪用或者擅自拆除、停用消防设施、器材，不得埋压、圈占、遮挡消火栓或者占用防火间距，不得占用、堵塞、封闭疏散通道、安全出口、消防车通道。人员密集场所的门窗不得设置影响逃生和灭火救援的障碍物。

⑤ 负责公共消防设施维护管理的单位，应当保持消防供水、消防通信、消防车通道等公共消防设施的完好有效。在修建道路以及停电、停水、截断通信线路时有可能影响

消防队灭火救援的，有关单位必须事先通知当地消防救援机构。

2. 建设工程灭火救援的相关规定

任何人发现火灾都应当立即报警。任何单位、个人都应当无偿为报警提供便利，不得阻拦报警。严禁谎报火警。人员密集场所发生火灾，该场所的现场工作人员应当立即组织、引导在场人员疏散。任何单位发生火灾，必须立即组织力量扑救。邻近单位应当给予支援。消防队接到火警，必须立即赶赴火灾现场，救助遇险人员，排除险情，扑灭火灾。

对因参加扑救火灾或者应急救援受伤、致残或者死亡的人员，按照国家有关规定给予医疗、抚恤。

消防救援机构有权根据需要封闭火灾现场，负责调查火灾原因，统计火灾损失。火灾扑灭后，发生火灾的单位和相关人员应当按照消防救援机构的要求保护现场，接受事故调查，如实提供与火灾有关的情况。消防救援机构根据火灾现场勘验、调查情况和有关的检验、鉴定意见，及时制作火灾事故认定书，作为处理火灾事故的证据。

二、施工单位违法行为的规定

1）违反《消防法》规定，有下列行为之一的，由住房和城乡建设主管部门、消防救援机构按照各自职权责令停止施工、停止使用或者停产停业，并处三万元以上三十万元以下罚款：

① 依法应当进行消防设计审查的建设工程，未经依法审查或者审查不合格，擅自施工的；

② 依法应当进行消防验收的建设工程，未经消防验收或者消防验收不合格，擅自投入使用的。

2）违反《消防法》规定，有下列行为之一的，由住房和城乡建设主管部门责令改正或者停止施工，并处一万元以上十万元以下罚款：

① 建筑施工企业不按照消防设计文件和消防技术标准施工，降低消防施工质量的；

② 工程监理单位与建设单位或者建筑施工企业串通，弄虚作假，降低消防施工质量的。

3）单位违反《消防法》规定，有下列行为之一的，责令改正，处五千元以上五万元以下罚款：

① 消防设施、器材或者消防安全标志的配置、设置不符合国家标准、行业标准，或者未保持完好有效的；

② 损坏、挪用或者擅自拆除、停用消防设施、器材的；

③ 占用、堵塞、封闭疏散通道、安全出口或者有其他妨碍安全疏散行为的；

④ 埋压、圈占、遮挡消火栓或者占用防火间距的；

⑤ 占用、堵塞、封闭消防车通道，妨碍消防车通行的；

⑥ 人员密集场所在门窗上设置影响逃生和灭火救援的障碍物的；

⑦ 对火灾隐患经消防救援机构通知后不及时采取措施消除的。

个人有 3）中第②项、第③项、第④项、第⑤项行为之一的，处警告或者五百元以下罚款。

有 3）中第③项、第④项、第⑤项、第⑥项行为，经责令改正拒不改正的，强制执行，所需费用由违法行为人承担。

4）生产、储存、经营易燃易爆危险品的场所与居住场所设置在同一建筑物内，或者未与居住场所保持安全距离的，责令停产停业，并处五千元以上五万元以下罚款。生产、储存、经营其他物品的场所与居住场所设置在同一建筑物内，不符合消防技术标准的，责令停产停业，并处五千元以上五万元以下罚款。

5）违反《消防法》规定，有下列行为之一的，处警告或者五百元以下罚款；情节严重的，处五日以下拘留：

① 违反消防安全规定进入生产、储存易燃易爆危险品场所的；

② 违反规定使用明火作业或者在具有火灾、爆炸危险的场所吸烟、使用明火的。

6）违反《消防法》规定，有下列行为之一，尚不构成犯罪的，处十日以上十五日以下拘留，可以并处五百元以下罚款；情节较轻的，处警告或者五百元以下罚款：

① 指使或者强令他人违反消防安全规定，冒险作业的；

② 过失引起火灾的；

③ 在火灾发生后阻拦报警，或者负有报告职责的人员不及时报警的；

④ 扰乱火灾现场秩序，或者拒不执行火灾现场指挥员指挥，影响灭火救援的；

⑤ 故意破坏或者伪造火灾现场的；

⑥ 擅自拆封或者使用被消防救援机构查封的场所、部位的。

7）人员密集场所使用不合格的消防产品或者国家明令淘汰的消防产品的，责令限期改正；逾期不改正的，处五千元以上五万元以下罚款，并对其直接负责的主管人员和其他直接责任人员处五百元以上二千元以下罚款；情节严重的，责令停产停业。

8）电器产品、燃气用具的安装、使用及其线路、管路的设计、敷设、维护保养、检测不符合消防技术标准和管理规定的，责令限期改正；逾期不改正的，责令停止使用，可以并处一千元以上五千元以下罚款。

9）机关、团体、企业、事业等单位违反《消防法》第十六条、第十七条、第十八条、第二十一条第二款规定的，责令限期改正；逾期不改正的，对其直接负责的主管人员和其他直接责任人员依法给予处分或者给予警告处罚。

10）人员密集场所发生火灾，该场所的现场工作人员不履行组织、引导在场人员疏散的义务，情节严重，尚不构成犯罪的，处五日以上十日以下拘留。

11）消防设施维护保养检测、消防安全评估等消防技术服务机构，不具备从业条件从事消防技术服务活动或者出具虚假文件的，由消防救援机构责令改正，处五万元以上十万元以下罚款，并对直接负责的主管人员和其他直接责任人员处一万元以上五万元以下罚款；不按照国家标准、行业标准开展消防技术服务活动的，责令改正，处五万元以下罚款，并对直接负责的主管人员和其他直接责任人员处一万元以下罚款；有违法所得的，并处没收违法所得；给他人造成损失的，依法承担赔偿责任；情节严重的，依法责令停止执业或者吊销相应资格；造成重大损失的，由相关部门吊销营业执照，并对有关责任人员采取终身市场禁入措施。

消防设施维护保养检测、消防安全评估等消防技术服务机构出具失实文件，给他人造成损失的，依法承担赔偿责任；造成重大损失的，由消防救援机构依法责令停止执业或者吊销相应资格，由相关部门吊销营业执照，并对有关责任人员采取终身市场禁入措施。

第六节　建设工程安全生产管理条例

一、施工单位安全责任的规定

1. 工程承揽

施工单位从事建设工程的新建、扩建、改建和拆除等活动，应当具备国家规定的注册资本、专业技术人员、技术装备和安全生产等条件，依法取得相应等级的资质证书，并在其资质等级许可的范围内承揽工程。

2. 安全生产责任制度

施工单位主要负责人依法对本单位的安全生产工作全面负责。施工单位应当建立健全安全生产责任制度和安全生产教育培训制度，制定安全生产规章制度和操作规程，保证本单位安全生产条件所需资金的投入，对所承担的建设工程进行定期和专项安全检查，并做好安全检查记录。

施工单位的项目负责人应当由取得相应执业资格的人员担任，对建设工程项目的安全施工负责，落实安全生产责任制度、安全生产规章制度和操作规程，确保安全生产费用的有效使用，并根据工程的特点组织制定安全施工措施，消除安全事故隐患，及时、如实报告生产安全事故。

3. 安全施工费用管理

施工单位对列入建设工程概算的安全作业环境及安全施工措施所需费用，应当用于施工安全防护用具及设施的采购和更新、安全施工措施的落实、安全生产条件的改善，不得挪作他用。

4. 施工现场安全管理

施工单位应当设立安全生产管理机构，配备专职安全生产管理人员。专职安全生产管理人员负责对安全生产进行现场监督检查。发现安全事故隐患，应当及时向项目负责人和安全生产管理机构报告；对违章指挥、违章操作的，应当立即制止。专职安全生产管理人员的配备办法由国务院建设行政主管部门会同国务院其他有关部门制定。建设工程实行施工总承包的，由总承包单位对施工现场的安全生产负总责。总承包单位应当自行完成建设工程主体结构的施工。总承包单位依法将建设工程分包给其他单位的，分包合同中应当明确各自的安全生产方面的权利、义务。总承包单位和分包单位对分包工程的安全生产承担连带责任。分包单位应当服从总承包单位的安全生产管理，分包单位不服从管理导致生产安全事故的，由分包单位承担主要责任。

5. 安全生产教育培训

垂直运输机械作业人员、安装拆卸工、爆破作业人员、起重信号工、登高架设作业人员等特种作业人员，必须按照国家有关规定经过专门的安全作业培训，并取得特种作业操作资格证书后，方可上岗作业。施工单位的主要负责人、项目负责人、专职安全生产管理人员应当经建设行政主管部门或者其他有关部门考核合格后方可任职。施工单位应当对管理人员和作业人员每年至少进行一次安全生产教育培训，其教育培训情况记入个人工作档案。安全生产教育培训考核不合格的人员，不得上岗。

作业人员进入新的岗位或者新的施工现场前，应当接受安全生产教育培训。未经教育培训或者教育培训考核不合格的人员，不得上岗作业。施工单位在采用新技术、新工艺、新设备、新材料时，应当对作业人员进行相应的安全生产教育培训。

6. 安全技术措施和专项方案

施工单位应当在施工组织设计中编制安全技术措施和施工现场临时用电方案，对下列达到一定规模的危险性较大的分部分项工程编制专项施工方案，并附具安全验算结果，经施工单位技术负责人、总监理工程师签字后实施，由专职安全生产管理人员进行现场监督：

① 基坑支护与降水工程；

② 土方开挖工程；

③ 模板工程；

④ 起重吊装工程；

⑤ 脚手架工程；

⑥ 拆除、爆破工程；

⑦ 国务院建设行政主管部门或者其他有关部门规定的其他危险性较大的工程。

对前款所列工程中涉及深基坑、地下暗挖工程、高大模板工程的专项施工方案，施工单位还应当组织专家进行论证、审查。

建设工程施工前，施工单位负责项目管理的技术人员应当对有关安全施工的技术要求向施工作业班组、作业人员作出详细说明，并由双方签字确认。

7. 施工现场安全防护

施工单位应当在施工现场入口处、施工起重机械、临时用电设施、脚手架、出入通道口、楼梯口、电梯井口、孔洞口、桥梁口、隧道口、基坑边沿、爆破物及有害危险气体和液体存放处等危险部位，设置明显的安全警示标志。安全警示标志必须符合国家标准。施工单位应当根据不同施工阶段和周围环境及季节、气候的变化，在施工现场采取相应的安全施工措施。施工现场暂时停止施工的，施工单位应当做好现场防护，所需费用由责任方承担，或者按照合同约定执行。

8. 施工现场卫生、环境与消防安全管理

施工单位应当将施工现场的办公、生活区与作业区分开设置，并保持安全距离；办公、生活区的选址应当符合安全性要求。职工的膳食、饮水、休息场所等应当符合卫生标准。施工单位不得在尚未竣工的建筑物内设置员工集体宿舍。施工现场临时搭建的建筑物应当符合安全使用要求。施工现场使用的装配式活动房屋应当具有产品合格证。

施工单位对因建设工程施工可能造成损害的毗邻建筑物、构筑物和地下管线等，应当采取专项防护措施。施工单位应当遵守有关环境保护法律、法规的规定，在施工现场采取措施，防止或者减少粉尘、废气、废水、固体废物、噪声、振动和施工照明对人和环境的危害和污染。在城市市区内的建设工程，施工单位应当对施工现场实行封闭围挡。

施工单位应当在施工现场建立消防安全责任制度，确定消防安全责任人，制定用火、用电、使用易燃易爆材料等各项消防安全管理制度和操作规程，设置消防通道、消防水源，配备消防设施和灭火器材，并在施工现场入口处设置明显标志。

9. 施工机具设备安全管理

施工单位应当向作业人员提供安全防护用具和安全防护服装，并书面告知危险岗位的操作规程和违章操作的危害。作业人员有权对施工现场的作业条件、作业程序和作业方式中存在的安全问题提出批评、检举和控告，有权拒绝违章指挥和强令冒险作业。在施工中发生危及人身安全的紧急情况时，作业人员有权立即停止作业或者在采取必要的应急措施后撤离危险区域。作业人员应当遵守安全施工的强制性标准、规章制度和操作规程，正确使用安全防护用具、机械设备等。施工单位采购、租赁的安全防护用具、机

械设备、施工机具及配件，应当具有生产（制造）许可证、产品合格证，并在进入施工现场前进行查验。施工现场的安全防护用具、机械设备、施工机具及配件必须由专人管理，定期进行检查、维修和保养，建立相应的资料档案，并按照国家有关规定及时报废。

施工单位在使用施工起重机械和整体提升脚手架、模板等自升式架设设施前，应当组织有关单位进行验收，也可以委托具有相应资质的检验检测机构进行验收；使用承租的机械设备和施工机具及配件的，由施工总承包单位、分包单位、出租单位和安装单位共同进行验收。验收合格的方可使用。《特种设备安全监察条例》规定的施工起重机械，在验收前应当经有相应资质的检验检测机构监督检验合格。

施工单位应当自施工起重机械和整体提升脚手架、模板等自升式架设设施验收合格之日起三十日内，向建设行政主管部门或者其他有关部门登记。登记标志应当置于或者附着于该设备的显著位置。

施工单位应当为施工现场从事危险作业的人员办理意外伤害保险。意外伤害保险费由施工单位支付。实行施工总承包的，由总承包单位支付意外伤害保险费。意外伤害保险期限自建设工程开工之日起至竣工验收合格止。

二、施工单位违法行为的处罚规定

1）违反《建设工程安全生产管理条例》（以下简称本条例）的规定，施工起重机械和整体提升脚手架、模板等自升式架设设施安装、拆卸单位有下列行为之一的，责令限期改正，处五万元以上十万元以下的罚款；情节严重的，责令停业整顿，降低资质等级，直至吊销资质证书；造成损失的，依法承担赔偿责任：

① 未编制拆装方案、制定安全施工措施的；

② 未由专业技术人员现场监督的；

③ 未出具自检合格证明或者出具虚假证明的；

④ 未向施工单位进行安全使用说明，办理移交手续的。

施工起重机械和整体提升脚手架、模板等自升式架设设施安装、拆卸单位有前款规定的第①项、第③项行为，经有关部门或者单位职工提出后，对事故隐患仍不采取措施，因而发生重大伤亡事故或者造成其他严重后果，构成犯罪的，对直接责任人员，依照刑法有关规定追究刑事责任。

2）违反本条例的规定，施工单位有下列行为之一的，责令限期改正；逾期未改正的，责令停业整顿，依照《中华人民共和国安全生产法》的有关规定处以罚款；造成重大安全事故，构成犯罪的，对直接责任人员，依照刑法有关规定追究刑事责任：

① 未设立安全生产管理机构、配备专职安全生产管理人员或者分部分项工程施工时无专职安全生产管理人员现场监督的；

② 施工单位的主要负责人、项目负责人、专职安全生产管理人员、作业人员或者特

种作业人员，未经安全教育培训或者经考核不合格即从事相关工作的；

③ 未在施工现场的危险部位设置明显的安全警示标志，或者未按照国家有关规定在施工现场设置消防通道、消防水源、配备消防设施和灭火器材的；

④ 未向作业人员提供安全防护用具和安全防护服装的；

⑤ 未按照规定在施工起重机械和整体提升脚手架、模板等自升式架设设施验收合格后登记的；

⑥ 使用国家明令淘汰、禁止使用的危及施工安全的工艺、设备、材料的。

3）违反本条例的规定，施工单位挪用列入建设工程概算的安全生产作业环境及安全施工措施所需费用的，责令限期改正，处挪用费用20%以上50%以下的罚款；造成损失的，依法承担赔偿责任。

4）违反本条例的规定，施工单位有下列行为之一的，责令限期改正；逾期未改正的，责令停业整顿，并处五万元以上十万元以下的罚款；造成重大安全事故，构成犯罪的，对直接责任人员，依照刑法有关规定追究刑事责任：

① 施工前未对有关安全施工的技术要求作出详细说明的；

② 未根据不同施工阶段和周围环境及季节、气候的变化，在施工现场采取相应的安全施工措施，或者在城市市区内的建设工程的施工现场未实行封闭围挡的；

③ 在尚未竣工的建筑物内设置员工集体宿舍的；

④ 施工现场临时搭建的建筑物不符合安全使用要求的；

⑤ 未对因建设工程施工可能造成损害的毗邻建筑物、构筑物和地下管线等采取专项防护措施的。

5）违反本条例的规定，施工单位有下列行为之一的，责令限期改正；逾期未改正的，责令停业整顿，并处十万元以上三十万元以下的罚款；情节严重的，降低资质等级，直至吊销资质证书；造成重大安全事故，构成犯罪的，对直接责任人员，依照刑法有关规定追究刑事责任；造成损失的，依法承担赔偿责任：

① 安全防护用具、机械设备、施工机具及配件在进入施工现场前未经查验或者查验不合格即投入使用的；

② 使用未经验收或者验收不合格的施工起重机械和整体提升脚手架、模板等自升式架设设施的；

③ 委托不具有相应资质的单位承担施工现场安装、拆卸施工起重机械和整体提升脚手架、模板等自升式架设设施的；

④ 在施工组织设计中未编制安全技术措施、施工现场临时用电方案或者专项施工方案的。

6）违反本条例的规定，施工单位的主要负责人、项目负责人未履行安全生产管理职责的，责令限期改正；逾期未改正的，责令施工单位停业整顿；造成重大安全事故、重大伤亡事故或者其他严重后果，构成犯罪的，依照《刑法》有关规定追究刑事责任。

作业人员不服管理、违反规章制度和操作规程冒险作业造成重大伤亡事故或者其他严重后果，构成犯罪的，依照刑法有关规定追究刑事责任。

施工单位的主要负责人、项目负责人有前款违法行为，尚不够刑事处罚的，处二万元以上二十万元以下的罚款或者按照管理权限给予撤职处分；自刑罚执行完毕或者受处分之日起，五年内不得担任任何施工单位的主要负责人、项目负责人。

第七节　建设工程质量管理条例

一、施工单位质量责任和义务的规定

1. 建设工程质量管理的基本制度

（1）工程质量监督管理制度

建设工程质量必须实行政府监督管理。政府对工程质量的监督管理主要以保证工程使用安全和环境质量为主要目的，以法律、法规和强制性标准为依据，以地基基础、主体结构、环境质量和与此有关的工程建设各方主体的质量行为为主要内容，以施工许可制度和竣工验收备案制度为主要手段。

（2）工程竣工验收备案制度

《建设工程质量管理条例》确立了建设工程竣工验收备案制度。该项制度是加强政府监督管理，防止不合格工程流向社会的一个重要手段。结合《建设工程质量管理条例》和《房屋建筑工程和市政基础设施工程竣工验收备案管理暂行办法》（建设部令第 78 号）的有关规定，建设单位应当在工程竣工验收合格后的 15 天内到县级以上人民政府建设行政主管部门或其他有关部门备案。建设单位办理工程竣工验收备案应提交以下材料：

① 工程竣工验收备案表；

② 工程竣工验收报告（竣工验收报告应当包括工程报建日期，施工许可证号，施工图设计文件审查意见，勘察、设计、施工、工程监理等单位分别签署的质量合格文件及验收人员签署的竣工验收原始文件，市政基础设施的有关质量检测和功能性试验资料以及备案机关认为需要提供的有关资料）；

③ 法律、行政法规规定应当由规划、公安消防、环保等部门出具的认可文件或者准许使用文件；

④ 施工单位签署的工程质量保修书；

⑤ 法规、规章规定必须提供的其他文件；

⑥ 商品住宅还应当提交《住宅质量保证书》和《住宅使用说明书》。

建设行政主管部门或其他有关部门收到建设单位的竣工验收备案文件后，依据质量监督机构的监督报告，发现建设单位在竣工验收过程中有违反国家有关建设工程质量管理规定行为的，责令停止使用，重新组织竣工验收后再办理竣工验收备案。

（3）工程质量事故报告制度

建设工程发生质量事故后，有关单位应当在24小时内向当地建设行政主管部门和其他有关部门报告。对重大质量事故，事故发生地的建设行政主管部门和其他有关部门应当按照事故类别和等级向当地人民政府和上级建设行政主管部门和其他有关部门报告。

（4）工程质量检举、控告、投诉制度

《建筑法》与《建设工程质量管理条例》均明确，任何单位和个人对建设工程的质量事故、质量缺陷都有权检举、控告、投诉。工程质量检举、控告、投诉制度是为了更好地发挥群众监督和社会舆论监督的作用，是保证建设工程质量的一项有效措施。

2. 施工单位的质量责任和义务

《建设工程质量管理条例》第四章明确了施工单位的质量责任和义务。施工单位应当依法取得相应等级的资质证书，并在其资质等级许可的范围内承揽工程。施工单位不得转包或违法分包工程。总承包单位与分包单位对分包工程的质量承担连带责任。施工单位必须按照工程设计图纸和施工技术标准施工，不得擅自修改工程设计，不得偷工减料。

施工单位必须按照工程设计要求、施工技术标准和合同约定，对建筑材料、建筑构配件、设备和商品混凝土进行检验，未经检验或检验不合格的，不得使用。施工人员对涉及结构安全的试块、试件以及有关材料，应在建设单位或工程监理单位监督下现场取样，并送具有相应资质等级的质量检测单位进行检测。建设工程实行质量保修制度，承包单位应履行保修义务。

3. 建设工程质量保修

建设工程质量保修制度是指建设工程在办理竣工验收手续后，在规定的保修期限内，因勘察、设计、施工、材料等原因造成的质量缺陷，应当由施工承包单位负责维修、返工或更换，由责任单位负责赔偿损失的保修制度。建设工程实行质量保修制度是落实建设工程质量责任的重要措施。

1）建设工程承包单位在向建设单位提交竣工验收报告时，应当向建设单位出具质量保修书。质量保修书中应当明确建设工程的保修范围、保修期限和保修责任等。保修范围和正常使用条件下的最低保修期限如下：

① 基础设施工程、房屋建筑的地基基础工程和主体结构工程，其最低保修期限为设计文件规定的该工程的合理使用年限；

② 屋面防水工程、有防水要求的卫生间、房间和外墙面的防渗漏，其最低保修期限为 五年；

③ 供热与供冷系统，其最低保修期限为两个采暖期、供冷期；

④ 电气管线、给排水管道、设备安装和装修工程，其最低保修年限为两年。

其他项目的保修期限由发包方与承包方约定。建设工程的保修期，自竣工验收合格之日起计算。因使用不当或者第三方造成的质量缺陷，以及不可抗力造成的质量缺陷，不属于法律规定的保修范围。

2）建设工程在保修范围和保修期限内发生质量问题的，施工单位应当履行保修义务，并对造成的损失承担赔偿责任。

对在保修期限内和保修范围内发生的质量问题，一般应先由建设单位组织勘察、设计、施工等单位分析质量问题的原因，确定维修方案，由施工单位负责维修，但当问题较严重、复杂时，不管是什么原因造成的，只要是在保修范围内，均先由施工单位履行保修义务，不得推诿扯皮。对于保修费用，则由质量缺陷的责任方承担。

二、施工单位违法行为的处罚规定

1. 违规承揽工程

1）违反《建设工程质量管理条例》规定，勘察、设计、施工、工程监理单位超越本单位资质等级承揽工程的，责令停止违法行为，对勘察、设计单位或者工程监理单位处合同约定的勘察费、设计费或者监理酬金 1 倍以上 2 倍以下的罚款；对施工单位处工程合同价款 2%以上 4%以下的罚款，可以责令停业整顿，降低资质等级；情节严重的，吊销资质证书；有违法所得的，予以没收。

未取得资质证书承揽工程的，予以取缔，依照前款规定处以罚款；有违法所得的，予以没收。以欺骗手段取得资质证书承揽工程的，吊销资质证书，依照本条规定处以罚款；有违法所得的，予以没收。

2）违反《建设工程质量管理条例》规定，勘察、设计、施工、工程监理单位允许其他单位或者个人以本单位名义承揽工程的，责令改正，没收违法所得，对勘察、设计单位和工程监理单位处合同约定的勘察费、设计费和监理酬金 1 倍以上 2 倍以下的罚款；对施工单位处工程合同价款 2%以上 4%以下的罚款；可以责令停业整顿，降低资质等级；情节严重的，吊销资质证书。

2. 转包和违法分包

（1）转包和违法分包的概念

1）转包是指承包单位承包建设工程后，不履行合同约定的责任和义务，将其承包的全部建设工程转给他人，或者将其承包的全部建设工程肢解以后以分包的名义分别转给其他单位承包的行为。

2）违法分包是指下列行为：

① 总承包单位将建设工程分包给不具备相应资质条件的单位的；

② 建设工程总承包合同中未有约定，又未经建设单位认可，承包单位将其承包的部分建设工程交由其他单位完成的；

③ 施工总承包单位将建设工程主体结构的施工分包给其他单位的；

④ 分包单位将其承包的建设工程再分包的。

（2）处罚规定

违反《建设工程质量管理条例》规定，承包单位将承包的工程转包或者违法分包的，责令改正，没收违法所得，对勘察、设计单位处合同约定的勘察费、设计费25%以上50%以下的罚款；对施工单位处工程合同价款0.5%以上1%以下的罚款；可以责令停业整顿，降低资质等级；情节严重的，吊销资质证书。

3. 偷工减料、质量管理不善

1）施工单位在施工中偷工减料的，使用不合格的建筑材料、建筑构配件和设备的，或者有不按照工程设计图纸或者施工技术标准施工的其他行为的，责令改正，处工程合同价款2%以上4%以下的罚款；造成建设工程质量不符合规定的质量标准的，负责返工、修理，并赔偿因此造成的损失；情节严重的，责令停业整顿，降低资质等级或者吊销资质证书。

2）施工单位未对建筑材料、建筑构配件、设备和商品混凝土进行检验，或者未对涉及结构安全的试块、试件以及有关材料取样检测的，责令改正，处十万元以上二十万元以下的罚款；情节严重的，责令停业整顿，降低资质等级或者吊销资质证书；造成损失的，依法承担赔偿责任。

3）施工单位不履行保修义务或者拖延履行保修义务的，责令改正，处十万元以上二十万元以下的罚款，并对在保修期内因质量缺陷造成的损失承担赔偿责任。

4）发生重大工程质量事故隐瞒不报、谎报或者拖延报告期限的，对直接负责的主管人员和其他责任人员依法给予行政处分。

5）建设单位、设计单位、施工单位、工程监理单位违反国家规定，降低工程质量标准，造成重大安全事故，构成犯罪的，对直接责任人员依法追究刑事责任。

第三章 综合素养

第一节 职业道德

一、职业道德的特点和作用

1. 职业道德的特点

职业道德的概念有广义和狭义之分。广义的职业道德是指从业人员在职业活动中应该遵循的行为准则，涵盖了从业人员与服务对象、职业与职工、职业与职业之间的关系。狭义的职业道德是指在一定职业活动中应遵循的、体现一定职业特征的、调整一定职业关系的职业行为准则和规范。不同的职业人员在特定的职业活动中形成了特殊的职业关系，包括职业主体与职业服务对象之间的关系、职业团体之间的关系、同一职业团体内部之间的关系，以及职业劳动者、职业团体与国家之间的关系。

（1）职业道德具有适用范围的有限性

每种职业都担负着一种特定的责任和义务。由于各种职业的责任和义务不同，因此形成了各自特定的职业道德的具体规范。

（2）职业道德具有发展的继承性

由于职业具有不断发展和世代延续的特征，不仅其技术世代延续，其管理员工的方法、与服务对象交流的方式，也有一定的继承性。

（3）职业道德具有表达形式的多样性

由于各种职业道德的要求都较为具体、细致，因此其表达形式多种多样。

（4）职业道德兼有强烈的纪律性

纪律也是一种行为规范，但它是介于法律和道德之间的一种特殊的规范。它既要求人们能自觉遵守，又带有一定的强制性。因此，它具有道德色彩和法律色彩。一方面，遵守纪律是一种美德；另一方面，遵守纪律又带有强制性，具有法令的要求。

2. 职业道德的作用

职业道德是社会道德体系的重要组成部分，既有社会道德的一般作用，又有自身的特殊作用，具体表现为以下 4 个方面。

（1）调节从业人员之间以及从业人员与服务对象之间的关系

职业道德的基本职能是调节职能。一方面，它可以调节从业人员之间的关系，即运用职业道德规范约束职业人员的行为，促进职业人员的团结与合作，如职业道德规范要求各行各业的从业人员都要团结、互助、爱岗、敬业、齐心协力地为本行业、本职业服务。另一方面，职业道德又可以调节从业人员和服务对象之间的关系。如职业道德规定了制造产品的工人要对用户负责，营销人员要对顾客负责；医生要对病人负责，教师要对学生负责等。

（2）维护和提高本行业的信誉

信誉即形象、信用和声誉，是指企业及其产品与服务在社会公众中的信任程度，提高企业的信誉主要靠产品质量和服务质量，而从业人员职业道德水平高是产品质量和服务质量的有效保障。

（3）促进本行业的发展

一个行业的发展有赖于较高的经济效益，而较高的经济效益基于高素质的员工。员工素质主要包含知识、能力、责任心三个方面，其中责任心是最重要的。而职业道德水平高的从业人员有较高的责任心，因此，职业道德能促进本行业的发展。

（4）有助于提高全社会的道德水平

职业道德是整个社会道德的主要内容。职业道德一方面涉及每个从业者如何对待职业，如何对待工作，同时也是一个从业人员的生活态度、价值观念的表现；职业道德是一个人的道德意识和道德行为成熟的表现，具有较强的稳定性和连续性。另一方面，职业道德也是一个职业集体，甚至一个行业全体人员的行为表现，如果每个行业、每个职业集体都具备优良的道德，则全社会的道德水平也会随之提高。

二、社会主义职业道德规范

社会主义职业道德规范是社会各行各业劳动者在职业活动中必须共同遵守的基本行为准则，它是判断人们职业行为优劣的具体标准，也是社会主义道德在职业生活中的反映。集体主义贯穿于社会主义职业道德规范的始终，是正确处理国家、集体、个人关系的最根本的准则，也是衡量个人职业行为和职业品质的基本准则，是社会主义社会的客观要求，是社会主义职业活动获得成功的保证。

《中共中央关于加强社会主义精神文明建设若干重要问题的决议》中大力倡导职业道德的五项基本规范，即“爱岗敬业、诚实守信、办事公道、服务群众、奉献社会”。其中，服务群众是职业行为的本质，是职业道德建设的核心，它是贯穿于全社会共同的职业道德之中的基本精神。社会主义职业道德的基本原则是集体主义。

1. 爱岗敬业

爱岗敬业是社会主义职业道德最基本的要求，是对人们工作态度的一种普遍要求。爱岗就是热爱自己的工作岗位，热爱本职工作，敬业就是要用一种恭敬严肃的态度对待自己的工作。

2. 诚实守信

诚实守信是做人的基本准则，也是社会道德和职业道德的一个基本规范。诚实就是表里如一，说老实话，办老实事，做老实人。守信就是信守诺言，讲信誉，重信用，忠实履行自己承担的义务。诚实守信是各行各业的行为准则，也是做人做事的基本准则，是社会主义最基本的道德规范之一。

3. 办事公道

办事公道是对人和事的一种态度，也是千百年来人们所称道的职业道德，它要求人们待人处世要公正、公平。

4. 服务群众

服务群众就是为人民群众服务，是社会全体从业者互相服务、促进社会发展、实现共同富裕。服务群众是一种现实的生活方式，也是职业道德要求的一个基本内容。

5. 奉献社会

奉献社会就是积极自觉地为社会做贡献，这是社会主义职业道德的本质特征。奉献社会自始至终体现在爱岗敬业、诚实守信、办事公道和服务群众的各种要求之中。奉献社会并不意味着不要个人的正当利益、不要个人的幸福，恰恰相反，一个自觉奉献社会的人才能真正找到个人幸福的支撑点，奉献和个人利益是辩证统一的关系。

第二节 文明礼仪

作为都市生活新市民，由于生活环境的改变，每个人的行为举止也随之改变。我们有义务遵守社会文明礼仪规范，在公共场所规范自己的言谈举止、注意自己的衣着打扮，做一个讲文明、懂礼仪的新市民。

1. 社会文明礼仪规范

社会文明礼仪规范是人们在公共生活和相互交往中约定俗成、普遍遵循的基本行为规范，涉及个人和人际交往中仪表仪容、言谈举止、待人接物等方面的具体规则和惯用形式。

2. 社会文明礼仪的体现

社会文明礼仪主要体现在：相互尊重、真诚相待；宽容大度、严于律己；把握分寸、尊重差异；身体力行、注重养成。

3. 个人仪容的基本要求

发型要得体，面部要清爽，表情要自然，手部要清洁。

4. 个人体态的基本要求

1）站姿：两眼平视前方，两肩自然放平，两臂自然下垂，挺胸、收腹、提臀。

2）坐姿：保持上身直立，双腿自然并拢，切忌抖动。

3）走姿：抬头、挺胸、收腹，双臂自然摆动，脚步轻盈稳健。

5. 个人着装的基本要求

个人着装应该做到：整洁合体，搭配协调，体现个性，随境而变，遵守常规。佩戴饰物要尊重当地的文化和习俗。

6. 与人交谈时的基本要求

在与人交谈时应该多用敬语和谦词。说话时要注意对象，注意措辞，不能一心二用。

7. 公共场所使用手机的基本要求

在公共场所不宜旁若无人地接打电话；在会场、影院、剧场、音乐厅、图书馆、展览馆等需要保持安静的场所应主动关机或使手机处于振动、静音状态，必须接打电话时，应到不妨碍他人的地方；不在驾驶汽车或乘坐飞机的过程中使用手机；不在加油站使用手机。

随着社会的进步，经济的发展，人们的生活水平也日益提高。但是，伴随社会的发展也出现了很多“负增长”现象，不文明行为的增多就是“负增长”现象的一种。我们要向不文明行为说“不”，提高自身的文明素质，以适应经济社会发展形势的需要。

第三节　安全与生活

（一）安全用电常识

（1）电击

电击是电流通过人体时对人体的外部和内部器官造成的伤害，它可使触电者产生抽搐、神经麻痹等症状，严重时会引起昏迷窒息甚至死亡。

（2）电伤

电伤是电流的热效应、化学效应、机械效应以及电流本身作用下对人体外部造成的伤害，常见的有灼伤、烙伤等。触电事故发生后，现场急救十分重要。实践证明，1 分钟内抢救，90%能救活；1～4 分钟内抢救，60%能救活；10 分钟后抢救，存活的希望很小。

（二）交通安全常识

现代化的交通工具给人们出行带来很多便利，节省了很多时间，但同时也因为人们不注重交通安全知识，引发许多交通事故。

车辆超载是发生交通事故的重要原因之一。车辆超载时，在紧急情况下，刹车或其他措施都难以防范。人人都要树立交通安全的意识，行人更应该遵守交通规则，只有这样才能减少和杜绝交通事故的发生。

（三）安全用气常识

天然气是一种优质、高效、清洁的能源，其主要成分是甲烷（CH_4），具有无色、微臭味、比空气轻、易燃易爆等特性。如果天然气设施、设备发生故障或使用不当，容易引发火灾、爆炸和中毒事故。

一旦发现天然气泄漏，应立即切断气源，开窗通风，禁止开启抽油烟机、排风扇、电灯等用电设备，杜绝火源，也不能在漏气处拨打电话，以免引燃气体，造成爆炸。

（四）消防安全常识

火是一种自然现象。驯服的火是人类的朋友，它给人们带来光明和温暖，推动了人类文明和社会的进步。但火如果失去控制，酿成火灾，就会给人们生命财产造成巨大损失。

发生火灾时，不能乘电梯，因为电梯随时可能发生故障或被火烧坏，应沿防火安全疏散楼梯朝底楼跑，如果中途防火楼梯被堵死，应立即返回屋顶平台，并呼救求援。也可以将楼梯间的窗户玻璃打破，向外高声呼救，让救援人员知道你的确切位置，以便营救。

第四节　卫生常识

健康是我们有效工作和高质量生活的前提，而健康离不开良好的卫生习惯，离不开对常见病的了解和预防。掌握卫生常识有助于培养每个公民良好的卫生习惯和健康文明的生活态度，同时也体现了社会的进步，是保证个人健康的前提和基础。

（一）个人卫生

要保持皮肤清洁，经常洗澡，提倡淋浴和冷水擦澡；要保持头发整洁，定期理发，不蓄胡子。梳子和刮胡刀不要与别人共用；理发和洗头能够清除头发和头皮上的污垢、头屑、病菌，预防头癣、皮肤病，防止生头虱。

要养成饭前便后洗手的习惯，经常修剪指甲并保持干净；经常保持脚的清洁和干燥，尽可能每天洗脚换袜子；要穿大小合适的鞋子；要经常刷牙、漱口，保持口腔卫生。要养成经常洗脸的习惯，以保持脸部卫生；洗漱用具不要与他人共用，冬天提倡用冷水洗脸，用干毛巾擦脸，以提高御寒能力。

（二）公共卫生

不随地吐痰和大小便，不乱扔果皮、烟头、纸屑等废弃物，保持公共场所的清洁和卫生。

第四章　构件装配工岗位基础知识

第一节　施工图识读

一、施工图的基本知识

（一）建筑制图统一标准

1. 图纸幅面

图纸以短边作为垂直边应为横式图纸，以短边作为水平边应为立式图纸。A0～A3 图纸宜横式使用，必要时也可立式使用。图纸幅面及图框尺寸应符合表 4-1 的规定。

表 4-1　幅面及图框尺寸　　单位：mm

尺寸代号	幅面代号				
	A0	A1	A2	A3	A4
$b \times l$	841×1 189	594×841	420×594	297×420	210×297
c	10			5	
a	25				

注：表中 b 为幅面短边尺寸；l 为幅面长边尺寸；c 为图框线与幅面线间宽度；a 为图框线与装订边间的宽度。

2. 标题栏、会签栏

图纸中应有标题栏、图框线、幅面线、装订边线和对中标志。横式图纸、立式图纸的标题栏及装订边的位置如图 4-1 所示。

（二）图线

1. 线宽

图纸的基本线宽 b，宜按图纸比例及图纸性质从 1.4 mm、1.0 mm、0.7 mm、0.5 mm 线宽组中选取。绘图时应根据图样的复杂程度及比例大小，选用表 4-2 所示的线宽组合。

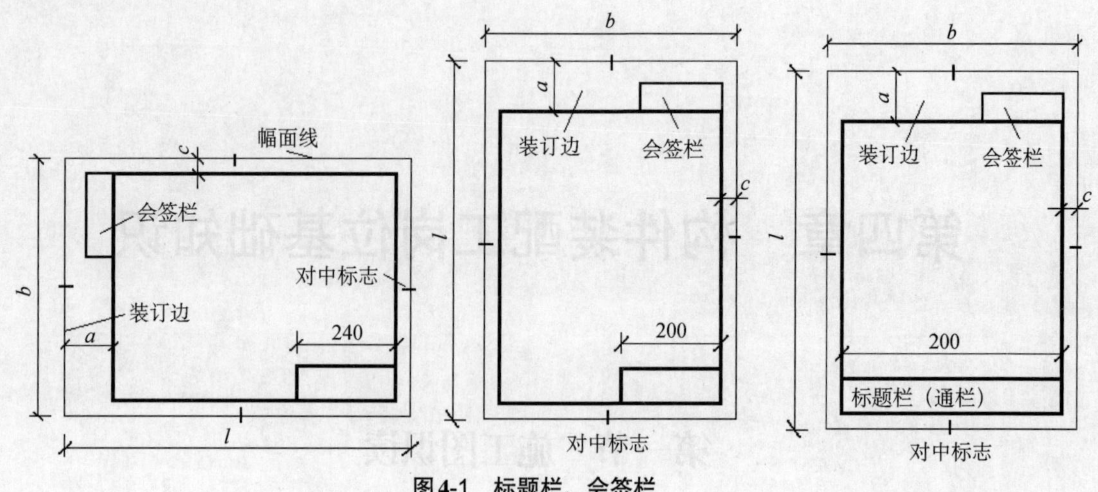

图4-1　标题栏、会签栏

表4-2　线宽组合　　单位：mm

线宽	线宽组			
b	1.4	1.0	0.7	0.5
0.7 b	1.0	0.7	0.5	0.35
0.5 b	0.7	0.5	0.35	0.25
0.25 b	0.35	0.25	0.18	0.13

注：1. 需要微缩的图纸不宜采用0.18 mm 及更细的线宽。

2. 同一张图纸内，各种不同线宽中的细线，可统一采用较细的线宽组的细线。

2. 线型

工程建设制图应选用表 4-3 所示的图线。

表4-3　图线的类型及应用　　单位：mm

名称		线型	线宽	用途
实线	粗	━━━━━━	b	主要可见轮廓线
	中粗	━━━━━━	0.7 b	可见轮廓线、变更云线
	中	──────	0.5 b	可见轮廓线、尺寸线
	细	──────	0.25 b	图例填充线、家具线
虚线	粗	━ ━ ━ ━	b	见各有关专业制图标准
	中粗	- - - - - -	0.7 b	不可见轮廓线
	中	- - - - - -	0.5 b	不可见轮廓线、图例线
	细	------------	0.25 b	图例填充线、家具线
单点长画线	粗	━ · ━ · ━	b	见各有关专业制图标准
	中	— · — · —	0.5 b	见各有关专业制图标准
	细	— · — · —	0.25 b	中心线、对称线、轴线等

续表

名称		线型	线宽	用途
双点长画线	粗	━━ ·· ━━ ·· ━━	b	见各有关专业制图标准
	中	—— ·· —— ·· ——	0.5 b	见各有关专业制图标准
	细	—— ·· —— ·· ——	0.25 b	假想轮廓线、成型前原始轮廓线
折断线	细	—\/—	0.25 b	断开界线
波浪线	细	～～	0.25 b	断开界线

（三）字体

1. 汉字

图纸上所需书写的文字、数字或符号等，均应笔画清晰、字体端正、排列整齐；标点符号应清楚正确。字高大于 10 mm 的文字宜采用 True Type 字体，如需书写更大的字，其高度应按$\sqrt{2}$的倍数递增。

2. 数字和字母

图样及说明中的数字、字母，宜优先采用 True Type 字体中的 Roman 字型。写成斜体字时，应从字的底线向上倾斜 75°，其高度和宽度应与相应的直体字相等。数字、字母的字高不应小于 2.5 mm。

（四）比例

图样的比例为图形与实物相对应的线性尺寸之比，符号为“：”，用阿拉伯数字表示。比例宜注写在图名的右侧，并与字的基准线平齐；比例的字高宜比图名的字高小 1 号或 2 号。

绘图所选用的比例，应根据图样的用途和所绘对象的复杂程度，从表 4-4 中选用，并优先选用表中常用比例。

表 4-4　绘图选用比例

常用比例	1∶1、1∶2、1∶5、1∶10、1∶20、1∶30、1∶50、1∶100、1∶150、1∶200、1∶500、1∶1 000、1∶2 000
可用比例	1∶3、1∶4、1∶6、1∶15、1∶25、1∶40、1∶60、1∶80、1∶250、1∶300、1∶400、1∶600、1∶5 000、1∶10 000、1∶20 000、1∶50 000、1∶100 000、1∶200 000

（五）索引符号与详图符号

（1）索引符号：图样中的某一局部或构件，如需另见详图，应以索引符号索引，如

图 4-2（a）所示。索引符号由直径为 8～10 mm 的圆和水平直径组成，圆及水平直径线宽宜为 0.25 *b*，应按下列规定编写：

① 索引出的详图，如与被索引的详图同在一张图纸内，应在索引符号的上半圆中用阿拉伯数字注明该详图的编号，并在下半圆中间画一段水平细实线如图 4-2（b）所示。

② 索引出的详图，如与被索引的详图不在同一张图纸内，应在索引符号的上半圆中用阿拉伯数字注明该详图的编号，在索引符号的下半圆中用阿拉伯数字注明该详图所在图纸的编号，如图 4-2（c）所示。数字较多时，可加文字标注。

③ 索引出的详图，如采用标准图，应在索引符号水平直径的延长线上加注该标准图册的编号，如图 4-2（d）所示。

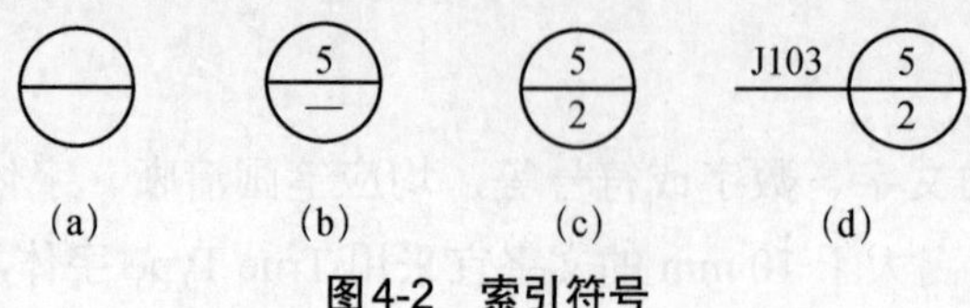

图 4-2　索引符号

（2）索引符号如用于索引剖视详图，应在被剖切的部位绘制剖切位置线，并以引出线引出索引符号，引出线所在的一侧应为剖视方向。索引符号的编写同（1）的规定，如图 4-3 所示。

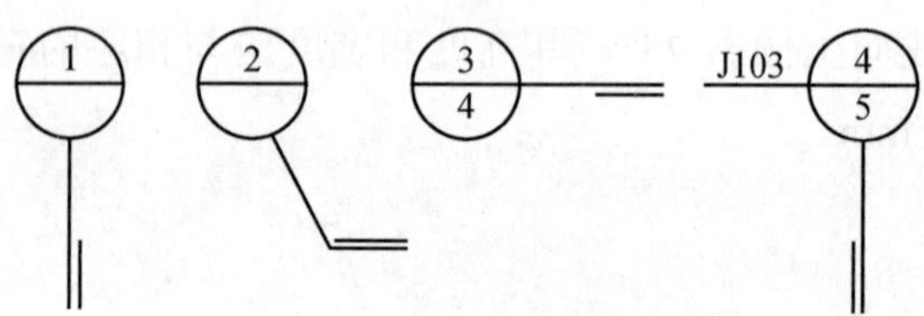

图 4-3　用于索引剖面详图的索引符号

（3）钢筋、杆件、设备等的编号，以直径为 4～6 mm（同一图样应保持一致）的圆表示，图线宽为 0.25 *b*，其编号应用阿拉伯数字按顺序编写。

（4）详图符号。详图的位置和编号，应以详图符号表示。详图符号的圆直径应为 14 mm，线宽为 *b*。详图编号应符合下列规定：

① 详图与被索引的图样同在一张图纸内时，应在详图符号内用阿拉伯数字注明详图的编号。

② 详图与被索引的图样不在同一张图纸内，应用细实线在详图符号内画一水平直径，在上半圆中用阿拉伯数字注明详图编号，在下半圆中用阿拉伯数字注明被索引的图纸的编号。

（5）其他符号：

① 对称符号。对称符号由对称线和两端的两对平行线组成。用单点长画线绘制；线宽宜为 0.25 *b*；平行线用细实线绘制，其长度宜为 6～10 mm，每对的间距宜为 2～3 mm，对称线垂直平分于两对平行线，两端宜超出平行线 2～3 mm。

② 连接符号。连接符号应以折断线表示需要连接的部位。两部分相距过远时，折断线两端靠图样一侧应标注大写拉丁字母表示连接符号。两个被连接的图样必须用相同的字母编号。

③ 指北针的圆直径宜为 24 mm，用细实线绘制，指针尾部的宽度宜为 3 mm，指针头部应标注“北”或“N”字样。需用较大直径绘制指北针时，指针尾部宽度宜为直径的 1/8。

（六）工程制图的基本规定

1. 定位轴线

（1）定位轴线应用 0.25 *b* 线宽的单点长画线绘制。

（2）定位轴线应编号，编号应注写在轴线端部的圆内。圆应用 0.25 *b* 线宽的实线绘制，直径宜为 8～10 mm，详图上可增为 10 mm。定位轴线圆的圆心，应在定位轴线的延长线上或延长线的折线上。

（3）平面图上定位轴线的编号，宜注写在图样的下方与左侧。横向编号应用阿拉伯数字，从左至右顺序编写，竖向编号应用大写拉丁字母，从下至上顺序编写。

（4）附加定位轴线的编号，应以分数的形式表示，并符合下列规定：

① 两根轴线的附加轴线，应以分母表示前一轴线的编号，分子表示附加轴线的编号，编号宜用阿拉伯数字顺序编写。

② 1 号轴线或 A 号轴线之前的附加轴线应以分母 01 或 0 A 表示。

（5）一个详图适用于几根轴线时，应同时注明各有关轴线的编号，如图 4-4 所示。通用详图中的定位轴线，应只画圆，不注写轴线编号。

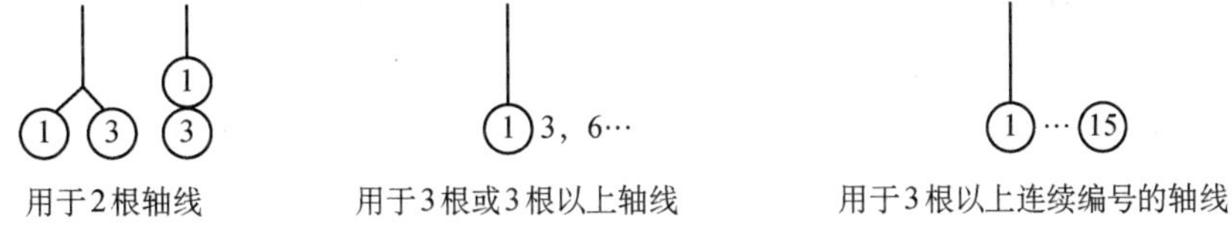

图4-4　详图的轴线编号

2. 引出线

（1）引出线

引出线线宽应为 0.25 *b*，宜采用水平方向的直线或与水平方向成 30°、45°、60°、90° 的直线，并经上述角度再折为水平线，如图 4-5 所示。

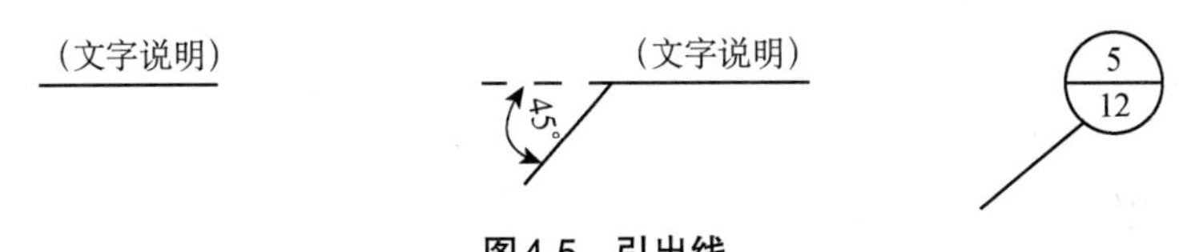

图4-5　引出线

（2）共同引出线、共用引出线

同时引出几个相同部分的引出线，宜互相平行，如图 4-6（a）所示。多层构造或多层管道共用引出线，应通过被引出的各层，并用圆点示意对应各层次。文字说明宜注写在水平线的上方，也可注写在水平线的端部，说明的顺序应由上至下，并应与被说明的层次相互一致；如层次为横向排列，则由上至下的说明顺序应与由左至右的层次相互一致，如图 4-6（b）所示。

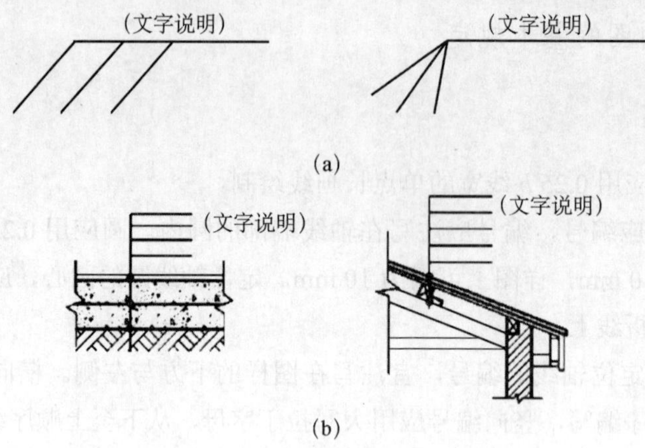

图 4-6　共同引出线、共用引出线

二、投影的基本知识

（一）投影的基本概念

在日常生活中，物体在太阳光或灯光照射下，会在地面或墙壁上产生物体的影子。我们称这一自然现象为投影现象。发生自然投影时，物体的影子是漆黑的，通过自然投影人们只能看到物体外形的轮廓，看不到物体上的一些变化或内部情况。在工程制图上，根据自然投影现象，经过科学的抽象，即假设按规定方向射来的光线能够透过物体照射，形成的影子不但能反映物体的外形，也能反映物体上部和内部的情况，这样形成的影子就称为投影。我们把能够产生光线的光源称为投影中心，光线称为投射线，落影平面称为投影面，用投影表达物体形状和大小的方法称为投影法，用投影法画出的物体的图形称为投影图。

（二）投影法的分类

投影法一般分为中心投影法和平行投影法两种。投射线从投影中心出发的投影法，称为中心投影法，所得到的投影称为中心投影。投射线相互平行的投影法称为平行投影法，所得到的投影称为平行投影。根据投射线与投影面的相对位置，平行投影法又分正投影法和斜投影法两种。投射线垂直于投影面时称为正投影法。在正投影的条件下，使物体的某个面平行于投影面，则该面的正投影反映其实际形状和大小，所以一般工程图样都选用正投影原理绘制。投射线相互平行且倾斜于投影面时称为斜投影法。

（三）三面投影及其对应关系

1. 形体的三面投影

如图 4-7 所示，三面投影体系由 3 个相互垂直的投影面组成。*H* 面称为水平投影面，*V* 面称为正立投影面，*W* 面称为侧立投影面。在三面投影体系中，任意两个投影面的交线称为投影轴，分别用 *X* 轴、*Y* 轴、*Z* 轴表示。3 个投影轴的交点 *O* 称为原点。

2. 三面投影图的形成

如图 4-8 所示，将被投影的物体置于三面投影体系中，并尽可能使物体的几个主要表面平行或垂直于其中的一个或几个投影面（使物体的底面平行于 *H* 面，物体的前、后端面平行于 *V* 面，物体的左、右端面平行于 *W* 面）。保持物体的位置不变，将物体分别向 3 个投影面作投影，得到物体的三面投影图。

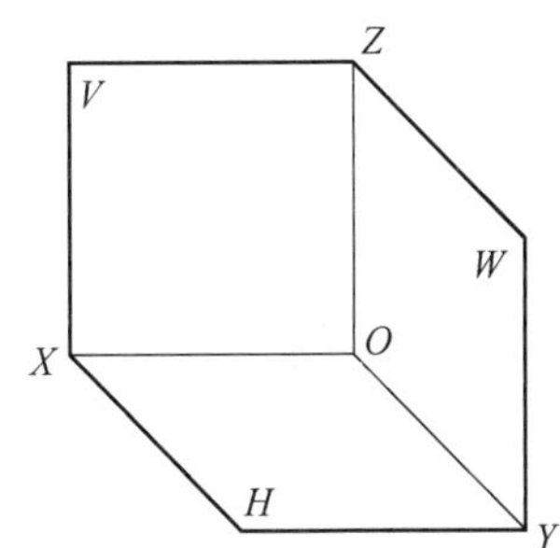

图4-7　三面投影体系

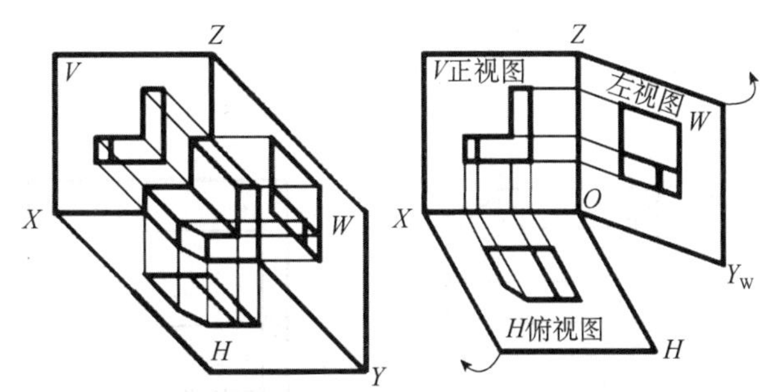

图4-8　物体三面投影图的形成

3. 三面投影的对应关系

（1）三面投影的投影关系

在投影体系中，物体的 *X* 轴方向的尺寸称为长度，*Y* 轴方向的尺寸称为宽度，*Z* 轴方向的尺寸称为高度。如图 4-8 所示，由三面投影图的形成可知，物体的水平投影反映它的长和宽，正面投影反映它的长和高，侧面投影反映它的宽和高。

（2）三面投影图的方位关系

当物体在投影体系中的相对位置确定之后，它就有上、下、左、右、前、后 6 个方位，如图 4-9（a）所示。由三面图的形成可以看出，物体的水平投影反映左、右、前、后 4 个方向；正面投影反映左、右、上、下 4 个方向；侧面投影反映上、下、前、后 4 个方向，如图 4-9（b）所示。

（四）点、直线、平面的投影

1. 点的投影

如图 4-10（a）所示，过 A 点分别向 3 个投影面作垂线，所得 3 个垂足 a、a'、a'' 即为 A 点的 3 个投影。a 表示水平投影，a' 表示正面投影，a'' 表示侧面投影。将投影体系展开所得的图即 A 点的三面投影图，如图 4-10（b）、（c）所示。

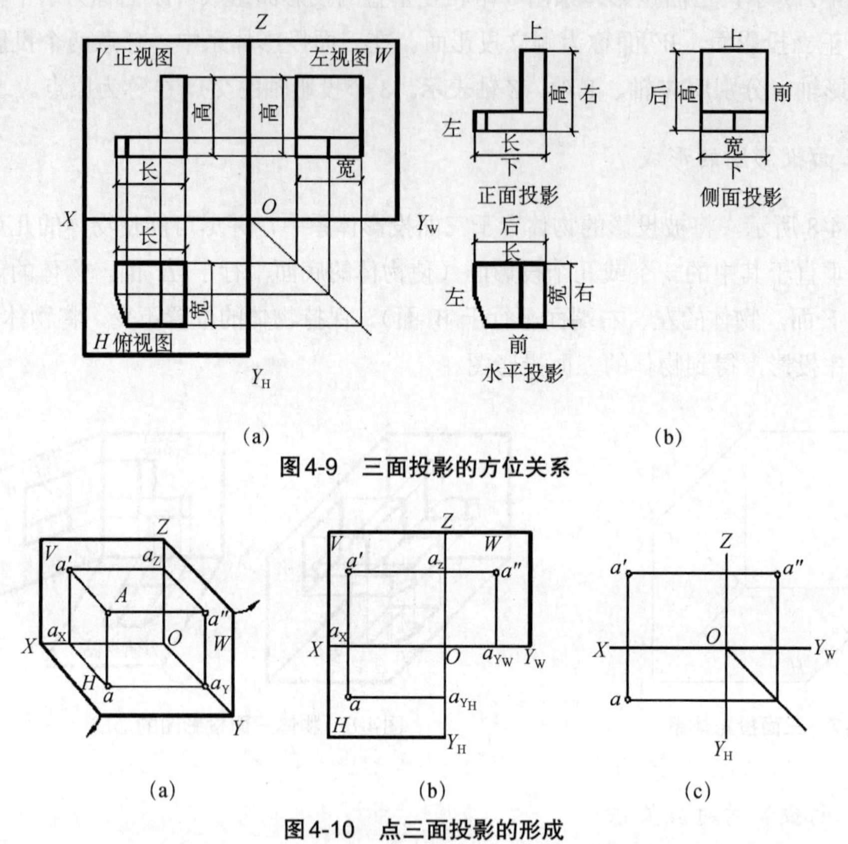

图4-9　三面投影的方位关系

图4-10　点三面投影的形成

2. 直线的投影

由初等几何可知，两点决定一直线。所以要确定直线 AB 的空间位置，只要确定出 A、B 两点的空间位置，连接起来即可确定该直线的空间位置，如图 4-11（a）所示。因此，在作直线 AB 的投影时，只要分别作出 A、B 两点的三面投影 a、a'、a'' 和 b、b'、b''，再分别把两点在同一投影面上的投影连接起来，即得直线 AB 的三面投影 ab、$a'b'$、$a''b''$，如图 4-11（b）所示。

3. 平面的投影

平面可以看作点和直线不同形式的组合，一般常用平面图形来表示，如三角形、四

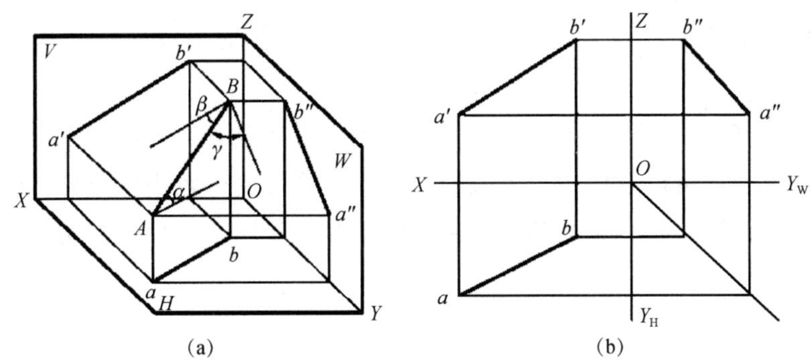

图4-11　直线的三面投影的形成

边形、圆形等。要绘制平面的投影，只需作出表示平面图形轮廓的点和线的投影，依次连接即可得到平面的投影图。根据平面与投影面相对位置不同，平面可以分为一般位置平面、投影面平行面、投影面垂直面 3 类。

4. 平面立体的投影

由于平面立体的表面是由若干个平面所围成，平面立体的投影可归结为平面立体棱线和棱线间交点的投影。因此求解平面立体的投影就是作出组成立体表面的各平面和棱线的投影。最常见的平面立体有棱柱、棱锥和棱台。

5. 曲面立体的投影

常见的曲面立体是回转体，回转体的曲面是母线（直线或曲线）绕一轴做回转运动而形成的。曲面上任意一个位置的母线称为素线，母线上每一个点的运动轨迹都是圆，称为纬圆，纬圆平面垂直于回转直线，主要有圆柱体、圆锥体和圆球。

（五）组合体的投影

组合体是由若干个基本形体组合而成的。一般情况下，形状复杂的工程建筑物可看作由若干个基本几何体经过叠加、切割或相交等形式组合而成的。表达组合体一般画三面投影图。

1. 形体分析

绘制组合体的投影图，需先进行形体分析，选择适当的投影图，再进行画图。形体分析法是指把一个物体分解成若干个形体或简单形体的方法。即绘制和阅读组合体的投影图时，将组合体分解成若干个基本形体或简单形体，分析它们之间的关系，然后逐一解决它们的画图和识图问题。它是画图、读图和标注尺寸的基本方法。

（1）建筑形体间的组合方式

1）叠加式组合体：是由若干个基本形体叠加而成的组合体，如图 4-12 所示。叠加式组合体可以看作由 3 个长方形组合而成。求其投影时可以由几个基本几何体的投影组合而成。

2）切割式组合体：是由一个大的基本形体经过若干次切割而成的组合体，如图 4-13 所示。切割式组合体可以看作由一个大的长方体切割掉两个较小实形体（两个长方体）组合而成。求其投影时，可先画基本几何体的三面投影图，然后根据切割位置，分别在几何体投影上切割。

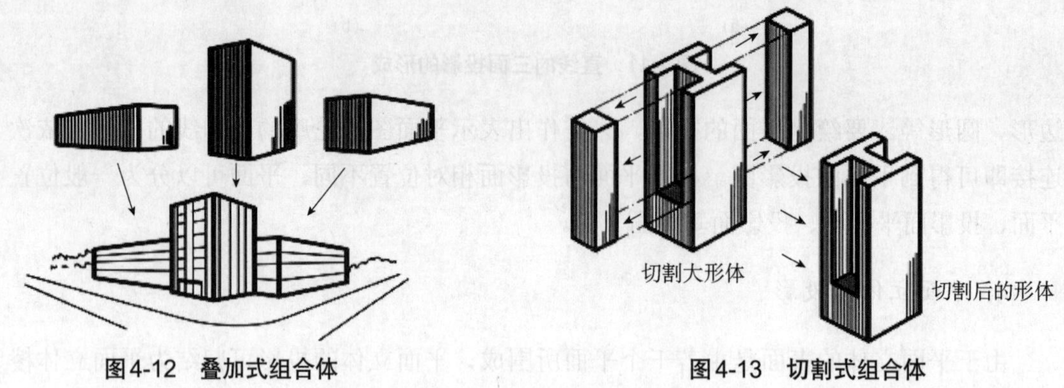

图4-12　叠加式组合体　　图4-13　切割式组合体

3）综合式组合体：是指既有叠加又有切割而成的组合体，如图 4-14 所示。综合式组合体可以看作由 6 个实形体组成，而 6 个实形体又可以看作由更小的实形体组成。

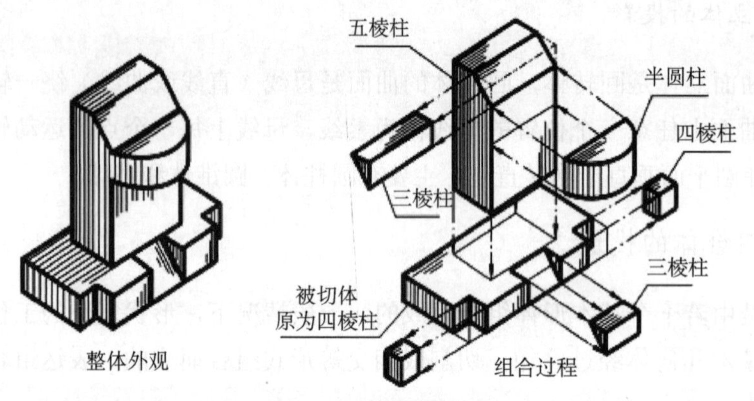

图4-14　综合式组合体

（2）组合体的表面连接

基本形体组合成组合体时，各基本形体表面间真实的相互关系即组合体的表面连接关系。形体经叠加、切割组合后，可形成 3 种表面连接关系：表面平齐（共面）、表面相切、表面相交，如图 4-15 所示。

表面平齐：当两形体邻接表面平齐时，邻接表面处无分界线。

表面相切：当两形体邻接表面相切时，由于相切是光滑过渡，所以一般不画出公切面在 3 个视图中的投影。

表面相交：两形体的邻接表面相交，邻接表面之间一定产生交线，而 3 个视图中一定会有交线的投影。

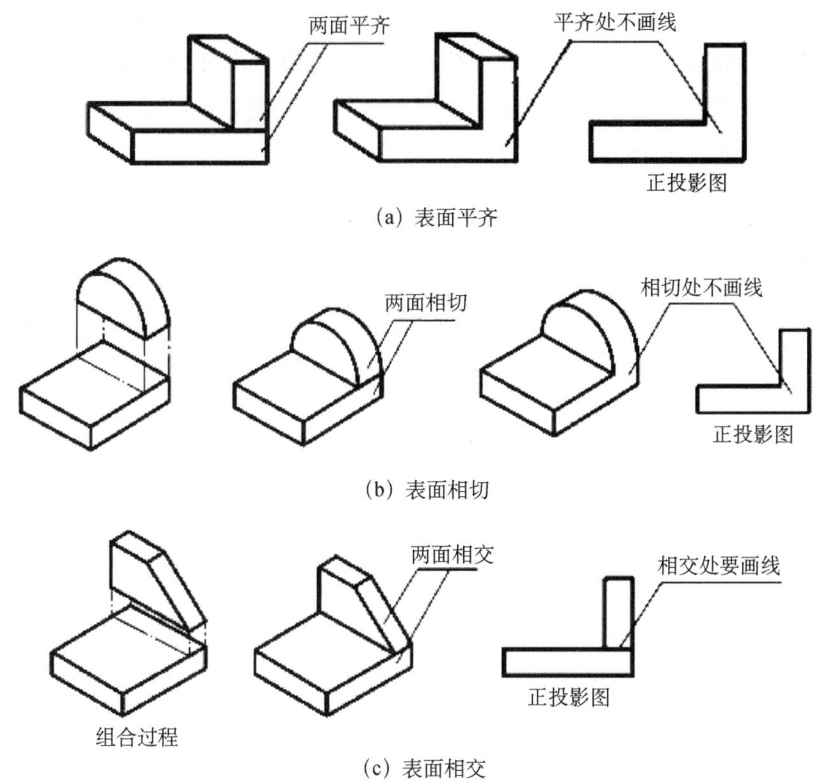

图4-15　组合体的表面连接关系

2. 组合体的尺寸标注

（1）尺寸的种类

1）定形尺寸：用于确定组合体中各基本体自身大小的尺寸。

2）定位尺寸：用于确定组合体中各基本体之间相互位置的尺寸。

3）总体尺寸：确定组合体总长、总宽、总高的外包尺寸。

（2）组合体尺寸应做到的标注

1）组合体尺寸标注前需进行形体分析，弄清反映在投影图上的基本体，注意这些基本形体的尺寸标注要求，做到简洁合理。

2）各基本形体之间的定位尺寸一定要先选好定位基准，再进行标注。

3）由于组合体形状变化多，定形、定位和总体尺寸有时可以相互兼代。

4）组合体各项尺寸一般只标注一次尺寸。

（3）尺寸配置

组合体尺寸标注中应注意的问题：

1）尺寸一般应布置在图形外，以免影响图形清晰。

2）尺寸排列要注意大尺寸在外、小尺寸在内，并在不出现尺寸重复的前提下，使尺寸构成封闭的尺寸链。

3）反映某一形体的尺寸，最好集中标在反映这一基本形体特征轮廓的投影图上。

4）两投影图相关的尺寸，应尽量注在两图之间，以便对照识读。

5）尽量不在虚线图形上标注尺寸。

三、装配式混凝土建筑识图

（一）装配式建筑施工图的特点及编排次序

1. 特点

1）装配式建筑施工图中各图样，除水暖管道系统图是用斜投影法绘制之外，其余图样均采用正投影法绘制。

2）由于房屋的形体较大而图纸的幅面有限，所以装配式建筑施工图均采用缩小的比例绘制。

3）装配式建筑是由多种预制构件、现浇构件、配件和材料建造的。国家标准规定，在装配式工程图中，采用各种图例、符号来表示预制构件、现浇构件、配料和材料，以简化和规划装配式建筑施工图。

4）装配式建筑中许多预制构件和配件已经有标准的定型设计，并配有标准设计图集，如《预制混凝土剪力墙外墙板》（15G365—1）和《桁架钢筋混凝土叠合板（60 mm厚底板）》（15G366—1）等可供参考。为节省设计和制图工作量，凡是有标准定型设计的构件和配件，应尽可能选用标准的构件和配件，采用之处只需在图纸相应位置标注出标准设计图集的名称编号、页数即可。这样可以提高设计效率，提高装配式建筑预制率，实现构配件的工厂化，降低建筑成本。

2. 编排次序

为便于看图、易于查找，装配式混凝土结构房屋建筑施工图一般按以下顺序进行编排：图纸目录→施工总说明→装配式结构专项说明→建筑施工图→结构施工图→给排水施工图→采暖通风施工图→电气施工图。

各类别图纸均将基本图编排在前，详图在后；先施工部分的图纸在前，后施工部分的图纸在后；重要的图纸在前，次要的图纸在后。以某专业为主的工程，应突出该专业的图纸。

1）图纸目录与书本目录的作用类似，方便我们查找所需图纸的具体位置。图纸目录中包含了整套建筑施工图中各图纸的名称、内容、图号等。

2）施工总说明是将图纸中不便用图纸表达的部分内容转化为文字，一般位于建筑施工图的最前面，在图纸目录之后。施工总说明包含工程名称及用途、建设单位、坐落地点、工程规模及面积、房屋层数及高度、设计结构形式、有效使用年限、安全等级、工程所在地设防烈度、设计的目标效果、场地标高等，并按建筑、结构、水、电、设备等专业做进一步的说明。对于较简单的房屋，图纸目录和施工总说明也可放在“建筑施工图”中“总平面图”内。

3）装配式结构专项说明是装配式建筑施工图所特有的，旨在重点说明与装配式结构密切相关的部分，包括所选用的标准设计图集、材料要求、预制构件深化设计、预制构件的生产和检验、预制构件的运输与堆放、现场施工等，且应与结构设计总说明相协调。

（二）装配式建筑常用图例

本书所讲解的装配式建筑识图方法以装配整体式混凝土结构为例，暂不包括装配式钢结构及木结构。与传统现浇混凝土结构相比，装配整体式混凝土结构与大量预制构件、现浇构件、后浇段相互连接形成整体，虽然都为钢筋混凝土材料，但构件节点、施工方案均有较大差异，故在装配整体式混凝土结构中常采用不同图例加以区别，见表4-5。

表4-5　装配整体式混凝土结构常用图例

名称	图例	名称	图例
预制钢筋混凝土（包括内墙、内叶墙、外叶墙）		保温层	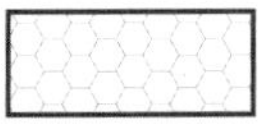
后浇段、边缘构件		无机保温材料	
现浇钢筋混凝土构件		夹心保温外墙	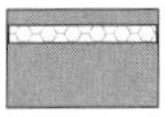
轻质墙体	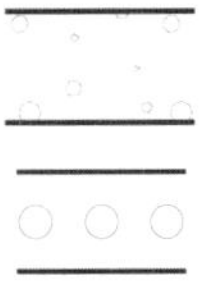	预制外墙模板	
		砌体	

（三）常见构件的编号及含义

1. 预制混凝土剪力墙

预制混凝土剪力墙编号由墙板代号和序号组成。标准设计图集《装配式混凝土结构表示方法及示例（剪力墙结构）》（15G107—1）中剪力墙编号见表4-6。

表4-6 标准设计图集15G107—1中剪力墙编号

构件类型		代号	序号
预制墙体	预制外墙	YWQ	××
	预制内墙	YNQ	××

例如，代号“YWQ1”表示预制外墙，序号为1。代号“YNQ5a”表示该预制混凝土内墙板与已编号的 YNQ5 除线盒位置外，其他参数均相同，为方便起见，将该预制内墙板序号编为5a。

2. 预制混凝土外墙板

预制混凝土剪力墙外墙由内叶墙板、保温层和外叶墙板组成。标准设计图集中的内叶墙板共有5种形式，标准设计图集15G107—1中内叶墙板编号见表4-7，内叶墙板编号识读示例见表4-8。

表4-7 标准设计图集15G107—1中内叶墙板编号

预制内叶墙板类型	示意图	编号
无洞口外墙		WQ-×× ×× 无洞口外墙；标志宽度；层高
一个窗洞、高窗台外墙		WQC1-×× ××-×× ×× 一窗洞外墙（高窗台）；标志宽度；层高；窗宽；窗高
一个窗洞、矮窗台外墙		WQCA-×× ××-×× ×× 一窗洞外墙（矮窗台）；标志宽度；层高；窗宽；窗高
两个窗洞外墙		WQC2-×× ××-×× ××-×× ×× 两窗洞外墙；标志宽度；层高；左窗宽；左窗高；右窗宽；右窗高
一个门洞外墙		WQM-×× ××-×× ×× 一门洞外墙；标志宽度；层高；门宽；门高

表4-8 标准设计图集15G107—1中内叶墙板编号识读示例 单位：mm

预制墙板类型	示意图	墙板编号	标志宽度	层高	门/窗宽	门/窗高	门/窗宽	门/窗高
无洞口外墙		WQ-1828	1 800	2 800	—	—	—	—

续表

预制墙板类型	示意图	墙板编号	标志宽度	层高	门/窗宽	门/窗高	门/窗宽	门/窗高
带一窗洞高窗台		WQC1-3028-1514	3 000	2 800	1 500	1 400	—	—
带一窗洞矮窗台		WQCA-3028-1518	3 000	2 800	1 500	1 800	—	—
带两窗洞外墙		WQC2-4828-0614-1514	4 800	2 800	600	1 400	1 500	1 400
带一门洞外墙		WQM-3628-1823	3 600	2 800	1 800	2 300	—	—

3. 预制混凝土剪力墙内墙板

标准设计图集15G107—1中的预制混凝土内墙板共有4种形式。标准设计图集15G107—1中内墙板编号见表4-9，内墙板编号识读示例见表4-10。

表4-9　标准设计图集15G107—1中内墙板编号

预制内墙板类型	示意图	编号
无洞口内墙		NQ-×× ×× 无洞口内墙；标志宽度；层高
固定门垛内墙		NQM1-×× ××-×× ×× 一门洞内墙（固定门垛）；标志宽度；层高；门宽；门高
中间门洞内墙		NQM2-×× ××-×× ×× 一门洞内墙（中间门洞）；标志宽度；层高；门宽；门高
刀把内墙		NQM3-×× ××-×× ×× 一门洞内墙（刀把内墙）；标志宽度；层高；门宽；门高

表4-10　标准设计图集15G107—1中内墙板编号识读示例　　单位：mm

预制墙板类型	示意图	墙板编号	标志宽度	层高	门宽	门高
无洞口内墙		NQ-2128	2 100	2 800	—	—
固定门垛内墙		NQM1-3028-0921	3 000	2 800	900	2 100

续表

预制墙板类型	示意图	墙板编号	标志宽度	层高	门宽	门高
中间门洞内墙		NQM2-3029-1022	3 000	2 900	1 000	2 200
刀把内墙		NQM3-3329-1022	3 300	2 900	1 000	2 200

4. 后浇段

后浇段编号由后浇段类型代号和序号组成。标准设计图集 15G107—1 中后浇段编号见表 4-11。

表 4-11　标准设计图集 15G107—1 中后浇段编号

后浇段类型	代号	序号
约束边缘构件后浇段	YHJ	××
构造边缘构件后浇段	GHJ	××
非边缘构件后浇段	AHJ	××

例如，代号“YHJ1”表示约束边缘构件后浇段，编号为 1；代号“GHJ5”表示构造边缘构件后浇段，编号为 5；代号“AHJ3”表示非边缘构件后浇段，编号为 3。

5. 预制混凝土叠合梁

预制叠合梁编号由代号和序号组成。标准设计图集 15G107—1 中预制叠合梁编号见表 4-12。

表 4-12　标准设计图集 15G107—1 中预制叠合梁编号

名称	代号	序号
预制叠合梁	DL	××
预制叠合连梁	DLL	××

例如，代号“DL1”表示预制叠合梁，编号为 1；代号“DLL3”表示预制叠合连梁，编号为 3。

6. 预制外墙模板

预制外墙模板编号由类型代号和序号组成。标准设计图集 15G107—1 中预制外墙模板编号见表 4-13。

表 4-13　标准设计图集 15G107—1 中预制外墙模板编号

名称	代号	序号
预制外墙模板	JM	××

例如，代号“JM1”表示预制外墙模板，序号为 1。

7. 桁架钢筋混凝土叠合板（60 mm 厚底板）

叠合板可分为单向叠合板和双向叠合板。标准设计图集 15G366—1 中叠合板底板编号规则见表 4-14。

表 4-14　标准设计图集 15G366—1 中叠合板底板编号规则

类型	编号
单向板	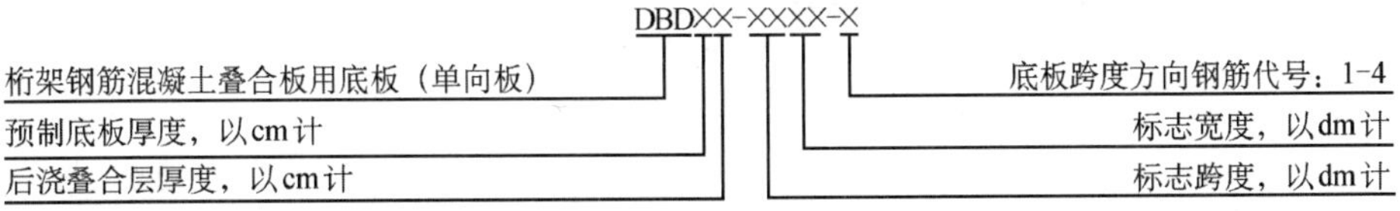 DBD××-××××-× 桁架钢筋混凝土叠合板用底板（单向板） 预制底板厚度，以cm计 后浇叠合层厚度，以cm计 底板跨度方向钢筋代号：1-4 标志宽度，以dm计 标志跨度，以dm计
双向板	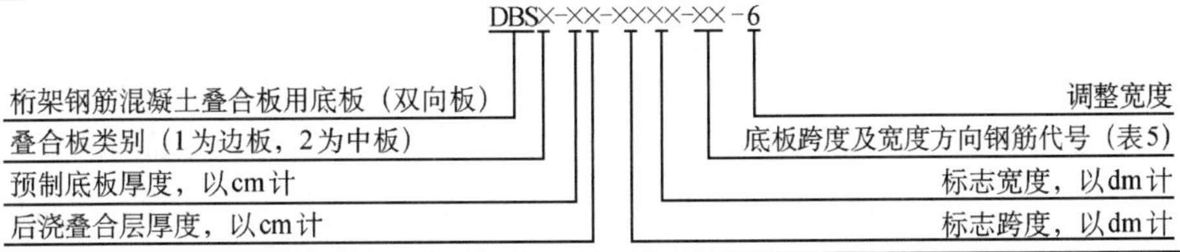 DBS×-××-××××-××-δ 桁架钢筋混凝土叠合板用底板（双向板） 叠合板类别（1为边板，2为中板） 预制底板厚度，以cm计 后浇叠合层厚度，以cm计 调整宽度 底板跨度及宽度方向钢筋代号（表5） 标志宽度，以dm计 标志跨度，以dm计

例如，代号“DBD67-3620-2”表示单向板，预制底板厚度为 60 mm，后浇叠合层厚度为 70 mm，预制底板的标志跨度为 3 600 mm，预制底板的标志宽度为 2 000 mm，底板跨度方向配筋为⌀8@150；代号“DBS1-67-3620-31”表示双向板，叠合板类别为边板，预制底板厚度为 60 mm，后浇叠合层厚度为 70 mm，预制底板的标志跨度为 3 600 mm，预制底板的标志宽度为 2 000 mm，底板跨度方向配筋为⌀10@200，底板宽度方向配筋为⌀8@200。

单向板及双向板编号中包含有底板配筋代号，通过识读代号即可了解叠合底板配筋情况，单向板钢筋代号见表 4-15，双向叠合板钢筋代号组合见表 4-16。

表 4-15　单向板钢筋代号

	1	2	3	4
受力钢筋规格及间距	⌀8@200	⌀8@150	⌀10@200	⌀10@150
分布钢筋规格及间距	⌀6@200	⌀6@200	⌀6@200	⌀6@200

表4-16　双向叠合板钢筋代号组合

板底宽度方向配筋	板底跨度方向配筋			
	Φ8@200	Φ8@150	Φ10@200	Φ10@150
Φ8@200	11	21	31	41
Φ8@150	—	22	32	42
Φ8@100	—	—	—	43

注：表中11、21、22、31、32、41、42、43表示板底跨度方向配筋和板底宽度方向配筋的组合代号。

8. 预制钢筋混凝土板式楼梯

根据《预制钢筋混凝土板式楼梯》（15G367—1）有关规定，预制钢筋混凝土板式楼梯的规格代号由楼梯类型+建筑层高+楼梯间净宽 3 部分组成，其中楼梯类型用汉语拼音的首写字母表示，标准设计图集 15G367—1 中预制钢筋混凝土板式楼梯编号见表 4-17。

表4-17　标准设计图集15G367—1中预制钢筋混凝土板式楼梯编号

楼梯类型	规格代号
双跑楼梯	ST－××－×× 楼梯类型　楼梯间净宽　层高
剪刀楼梯	JT－××－×× 楼梯类型　楼梯间净宽　层高

例如，代号“ST-028-25”表示双跑楼梯，建筑层高 2.8 m、楼梯间净宽 2.5 m 所对应的预制混凝土板式双跑楼梯梯段板；代号“JT-28-25”表示剪刀楼梯，建筑层高 2.8 m、楼梯间净宽 2.5 m 所对应的预制混凝土板式剪刀楼梯梯段板。

（四）装配式建筑图纸识读基本方法及步骤

1. 结构施工图识读方法

整套施工图纸数量较多，每张图纸都包含大量与建筑相关的信息，若没有恰当的识读方法，则抓不住要点，分不清主次，即使了解识读所需的知识，也会收效甚微，无法完全了解图纸所表达的意思。

在识读装配式建筑图纸前，需对装配式建筑有一定的了解。装配式建筑与传统现浇混凝土结构无论是设计还是施工都有很大的区别，只有全面掌握了装配式结构的制作、运输、吊装、施工等知识后，才能更准确地识读装配式结构施工图。

建筑施工图按专业可分为建筑施工图、结构施工图、设备施工图。在实际应用中一定要注意，整套施工图是一个整体，不可将结构施工图单独识读。因为不管是建筑施工图、结构施工图还是设备施工图都是表达的同一幢建筑，只是选取的角度不同，建筑施工图是整套施工图纸的先导，结构施工图和设备施工图都是以建筑施工图为依据进行绘制的。在识读相应的结构施工图前需先阅读建筑施工图，对整体建筑平面布置、层数、功能等有大致印象，且在详细识读结构施工图时，可以配合相应的建筑施工图及设备施工图进行识读。如识读结构施工图中的梁板配筋图，可以配合建筑施工图中对应的平面图，以提高识读效率及效果。

在识读单张结构施工图时，首先需弄清这份图纸表达的主要内容，掌握图纸的特点，且联系上下图纸。在本图纸未表示的信息，譬如配筋、构件尺寸等，将会在其他图纸上予以体现。可根据看图经验顺口溜：从上往下看、从左向右看、由外向里看、由大到小看、由粗到细看、图样与说明对照看、建施与结施结合看、土建与安装结合看，这样看图才能获得较好的效果。

2. 识读步骤

（1）图纸核查与资料准备

1）拿到一套建筑施工图，需先把图纸目录看一遍。了解建筑的类型，是工业厂房还是民用建筑，建筑是单层、多层还是高层；图纸的数量，对这份图纸的建筑有初步的了解。

2）按照图纸目录检查各类图纸是否齐全，图纸编号与图名是否对应，且在装配式建筑中可能会大量采用标准设计图集中已有构件，需了解本套施工图采用了哪些标准设计图集，了解这些标准设计图集所属类别、编号及编制单位等，收集好被采用的标准设计图集，以便识读时可以随时查看。

我国编制的标准设计图集，按其编制的单位和适用范围可分为 3 类：经国家批准的标准设计图集，供全国范围内使用；经各省、自治区、直辖市等地方批准的通用标准设计图集，供本地区使用；各设计单位编制的设计图集，供本单位设计的工程使用。

全国通用的标准设计图集通常采用代号“G”或“结”表示结构标准构件类图集，用“J”或“建”表示建筑标准配件类图集。标准设计图集的查阅方法见表 4-18。

表4-18　标准设计图集的查阅方法

步骤	查阅方法说明
1	根据施工图中注明的标准设计图集名称、编号及编制单位，查找相应的图集
2	阅读标准设计图集的总说明，了解编制该图集的设计依据、使用范围、施工要求及注意事项等
3	了解该图集编号和表示方法，一般标准设计图集都用代号表示，代号表明构件、配件的类别、规格及大小
4	根据图集目录及构件、配件代号在该图集内查找所需详图

（2）图纸识读

1）看图时先看设计总说明，了解建筑的概况、技术要求等。一般按目录的排列顺序逐张看图，先看建筑总平面图，了解建筑物的地理位置、高程、坐标、朝向，以及与建筑相关的其他情况。若是一名施工技术人员，在看建筑总平面图时，应同步思考施工时如何进行施工平面布置、预制构件放置位置、吊装机械的选用等问题。

2）看完建筑总平面图之后，则应先看建筑施工图中的建筑平面图，了解房屋的长度、宽度、轴线尺寸、开间大小、一般布局等。装配式建筑中常通过减少预制构件种类来提高预制构件制作效率及降低建筑成本，因此装配式建筑中会通过一系列标准化部品、模块的多样组合来满足不同空间的功能需求，如图 4-16 所示。

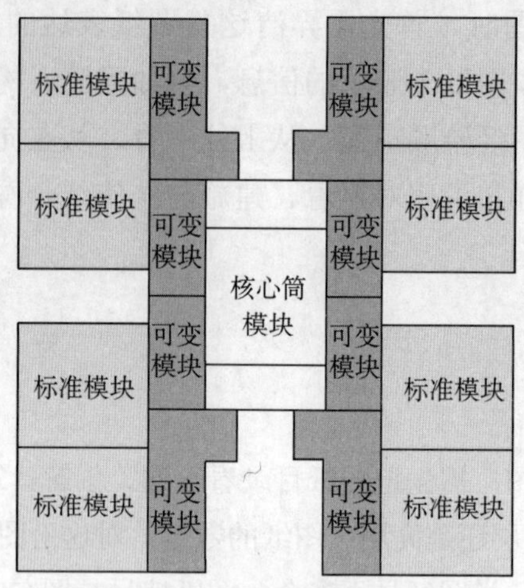

图4-16　装配式建筑套型平面组合

在识读装配式建筑平面图，特别是标准层平面图时应特别注意这部分通用模块、通用构件。且随着目前计算机技术的发展，近年来越来越多的施工图中开始配有三维模型图，与原来二维图纸相比，三维模型图的加入使图纸变得立体起来，特别是对于一些空间形体多变、节点复杂的图纸，使其更富有空间感及立体感，在阅读时更容易理解。某预制模块构件组合如图 4-17 所示。

3）在了解建筑平面布置的基本情况后，再看立面图和剖面图，对整栋建筑有一个初步总体印象，在脑海中逐渐形成该建筑的立体形象，能想象出它的规模和轮廓，如图 4-18 所示。这需要一定的空间想象能力，可以通过平时多读图，多接触实际建筑物，同时在工作中多实践来锻炼自己的能力，也可借助计算机软件尝试边读图边用计算机建立建筑模型来提高自己的能力。

4）识读结构施工图之前，应先读结构设计总说明，了解工程概况、设计依据、主要材料要求、标准图或通用图的使用、构造要求及施工注意事项等。

5）阅读基础平面图详图。基础平面图应与建筑底层平面图结合起来看。装配式建筑所用基础与现浇混凝土结构相同，可采用现浇混凝土独立基础、条形基础等形式，也可以采用预制混凝土桩基础等。

6）阅读柱平面布置图，根据对应的建筑平面图校对柱的布置是否合理，柱网尺寸、柱断面尺寸与轴线的关系尺寸是否有误。与建筑施工图配合，需在识读时明确各柱的编号、数量和位置，根据各柱的编号，查阅图中的截面标注或柱表，明确柱的标高、截面尺寸、配筋情况。再根据抗震等级、设计要求和标准构造详图确定纵向钢筋和箍筋的构造要求，如纵向钢筋连接的方式、位置和搭接长度、弯折要求，箍筋加密区的范围等。

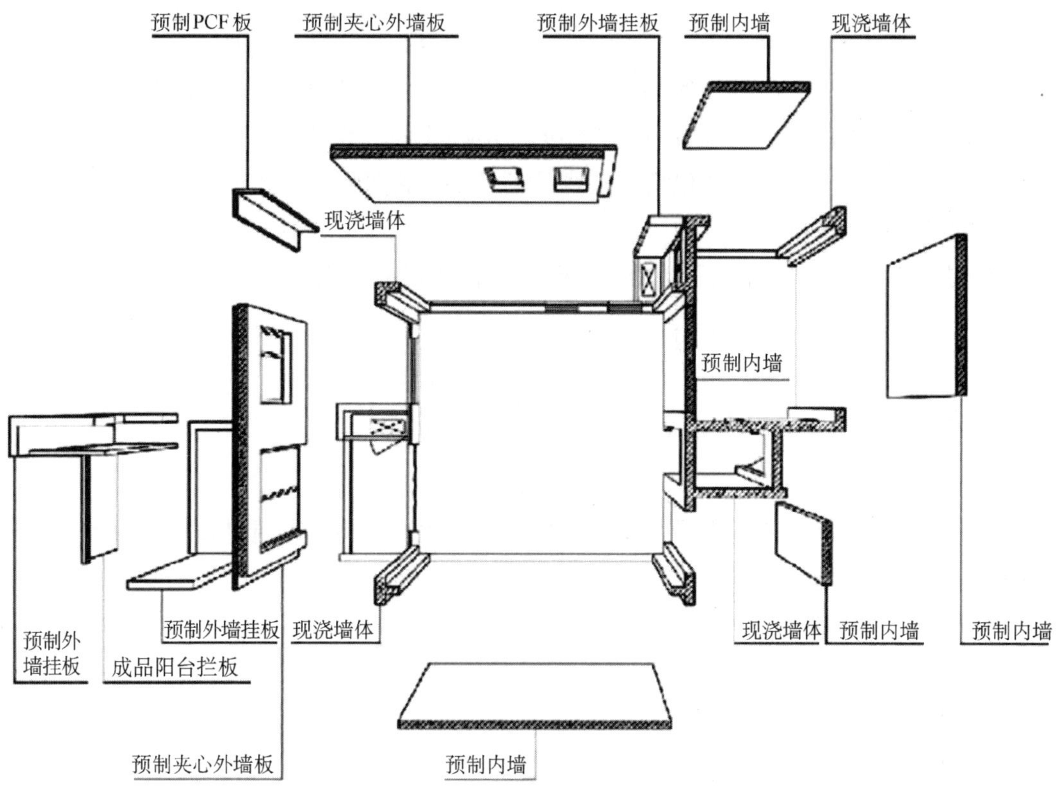

图4-17　某预制模块构件组合

图4-18　某建筑整体示意图

7）阅读梁平面布置图，了解各预制梁、现浇梁及叠合梁的编号、尺寸及位置，查阅图中截面标注或梁表，明确梁的标高、截面尺寸和配筋等情况。

8）阅读剪力墙平面布置图，了解各预制剪力墙身、现浇剪力墙身、剪力墙梁、后浇段的编号及平面位置，校核轴线编号及其间距尺寸，要求必须与建筑图、基础平面图保持一致。与建筑图配合，明确各段剪力墙的后浇段编号、数量及位置、墙身的编号和长度、洞口的定位尺寸。根据各段剪力墙身的编号，查阅剪力墙身表或图中标注，明确剪力墙身的厚度、标高和配筋情况。

9）识图时，若涉及采用标准图集，应详细阅读规定的标准图集。

（五）预制剪力墙施工图的识读

1. 概述

（1）剪力墙的作用

剪力墙结构是高层建筑中最常用的结构形式。建筑结构中会通过设置剪力墙来抵抗结构所承受的风荷载或地震作用引起的水平作用力，防止结构剪切破坏的发生。剪力墙又称为抗风墙、抗震墙或结构墙，一般为钢筋混凝土材料，如图 4-19 所示。

图4-19　剪力墙结构

（2）剪力墙构件的组成

装配式剪力墙墙体结构可视为由预制剪力墙身、后浇段、现浇剪力墙身、现浇剪力墙柱、现浇剪力墙梁等构件构成。

2. 预制剪力墙的平法识读

（1）预制剪力墙的平法表示方式

预制剪力墙在墙平面布置图中通常采用截面注写方式和列表注写方式进行表达，如图 4-20 所示。

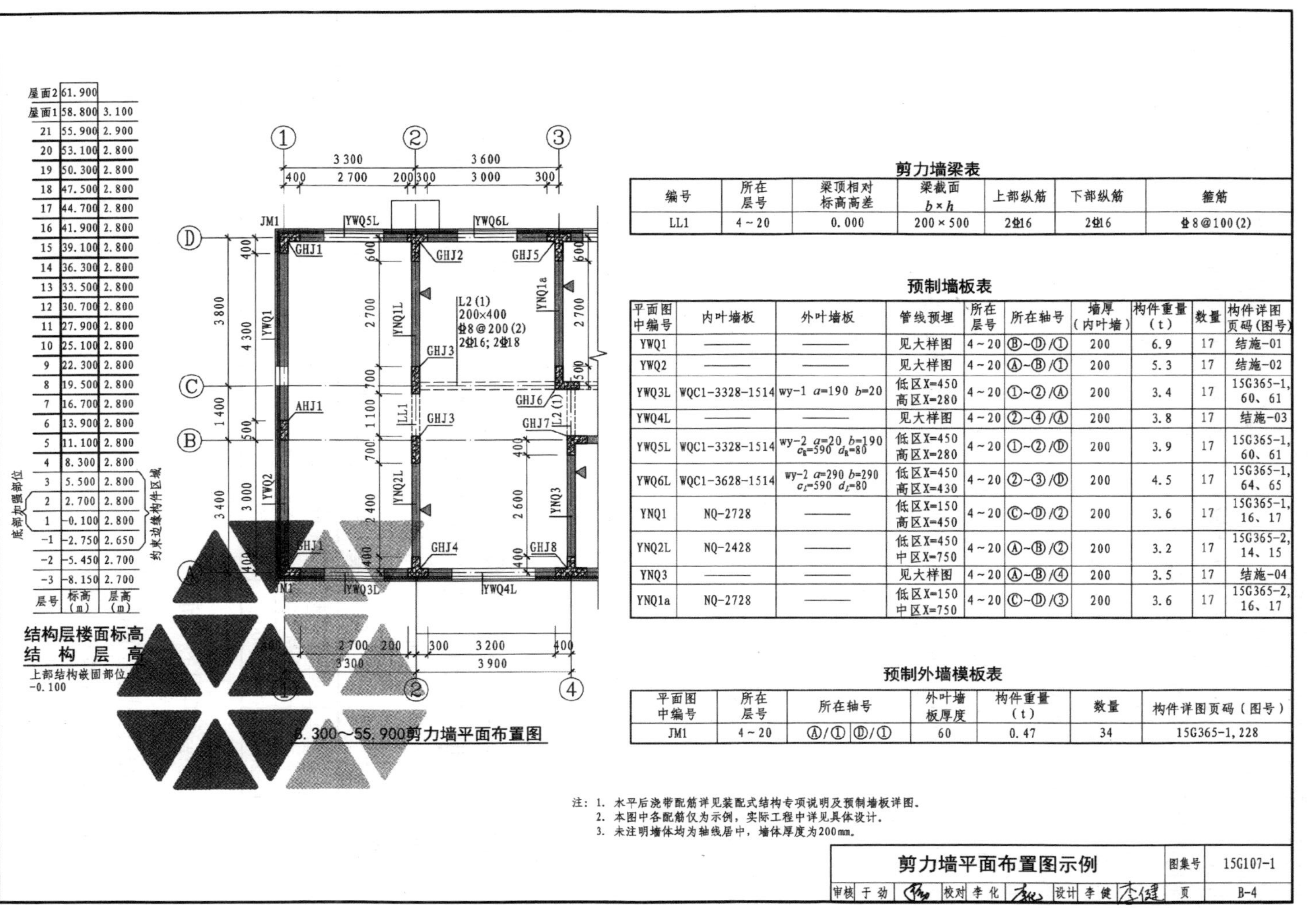

层号	标高（m）	层高（m）
屋面2	61.900	
屋面1	58.800	3.100
21	55.900	2.900
20	53.100	2.800
19	50.300	2.800
18	47.500	2.800
17	44.700	2.800
16	41.900	2.800
15	39.100	2.800
14	36.300	2.800
13	33.500	2.800
12	30.700	2.800
11	27.900	2.800
10	25.100	2.800
9	22.300	2.800
8	19.500	2.800
7	16.700	2.800
6	13.900	2.800
5	11.100	2.800
4	8.300	2.800
3	5.500	2.800
2	2.700	2.800
1	-0.100	2.800
-1	-2.750	2.650
-2	-5.450	2.700
-3	-8.150	2.700

剪力墙梁表

编号	所在层号	梁顶相对标高高差	梁截面 $b \times h$	上部纵筋	下部纵筋	箍筋
LL1	4～20	0.000	200×500	2⌀16	2⌀16	⌀8@100(2)

预制墙板表

平面图中编号	内叶墙板	外叶墙板	管线预埋	所在层号	所在轴号	墙厚（内叶墙）	构件重量（t）	数量	构件详图页码(图号)
YWQ1	——	——	见大样图	4～20	Ⓑ~Ⓓ/①	200	6.9	17	结施-01
YWQ2	——	——	见大样图	4～20	Ⓐ~Ⓑ/①	200	5.3	17	结施-02
YWQ3L	WQC1-3328-1514	wy-1 a=190 b=20	低区X=450 高区X=280	4～20	①~②/Ⓐ	200	3.4	17	15G365-1, 60、61
YWQ4L	——	——	见大样图	4～20	②~④/Ⓐ	200	3.8	17	结施-03
YWQ5L	WQC1-3328-1514	wy-2 a=20 b=190 c_R=590 d_R=80	低区X=450 高区X=280	4～20	①~②/Ⓓ	200	3.9	17	15G365-1, 60、61
YWQ6L	WQC1-3628-1514	wy-2 a=290 b=290 c_L=590 d_L=80	低区X=450 高区X=430	4～20	②~③/Ⓓ	200	4.5	17	15G365-1, 64、65
YNQ1	NQ-2728	——	低区X=150 高区X=450	4～20	Ⓒ~Ⓓ/②	200	3.6	17	15G365-1, 16、17
YNQ2L	NQ-2428	——	低区X=450 中区X=750	4～20	Ⓐ~Ⓑ/②	200	3.2	17	15G365-2, 14、15
YNQ3	——	——	见大样图	4～20	Ⓐ~Ⓑ/④	200	3.5	17	结施-04
YNQ1a	NQ-2728	——	低区X=150 中区X=750	4～20	Ⓒ~Ⓓ/③	200	3.6	17	15G365-2, 16、17

预制外墙模板表

平面图中编号	所在层号	所在轴号	外叶墙板厚度	构件重量（t）	数量	构件详图页码（图号）
JM1	4～20	Ⓐ/① Ⓓ/①	60	0.47	34	15G365-1, 228

注：1. 水平后浇带配筋详见装配式结构专项说明及预制墙板详图。
2. 本图中各配筋仅为示例，实际工程中详见具体设计。
3. 未注明墙体均为轴线居中，墙体厚度为200mm。

剪力墙平面布置图示例						图集号	15G107-1
审核 于劲		校对 李化		设计 李健		页	B-4

图4-20　剪力墙平面布置图示例

截面注写方式，是在剪力墙平面布置图上，直接在墙柱、墙梁、墙身上注写截面尺寸和配筋具体数值，来标明该构件的平法施工图。

列表注写方式，是在剪力墙平面布置图上标注墙柱、墙梁、预制墙板的定位和编号，并在“墙柱表”“墙梁表”“预制墙板表”中对应剪力墙平面布置图上的编号，具体标识各构件的几何尺寸及配筋的具体数值。

（2）预制剪力墙的识读要点

1）预制剪力墙平面布置图的识读。

通过剪力墙平面布置图可以识读出以下内容：

① 图名。

② 结构层层高，需结合对应结构层高表识读。

③ 轴网，轴网由横纵相交的定位轴线组成，用来确定建筑结构中墙体、柱子等构件的位置及尺寸。

④ 预制剪力墙的相关信息，包括预制剪力墙的编号和预制墙板表、预制墙板的图集索引。

读预制剪力墙的编号时应明确装配方向（外墙板以内侧为装配方向，不需特殊标注，内墙板用▲表示装配方向），再结合预制墙板表中对应编号的预制剪力墙，识读出各编号预制墙板的具体信息。

2）预制剪力墙墙板表的识读。

通过识读墙板表，应明确管线预埋的位置，不同编号预制墙板的所在轴线，预制剪力墙板的墙厚、重量、数量等信息。

3）预制剪力墙墙梁表的识读。

通过识读表 4-19，应明确对应编号剪力墙梁的截面尺寸；箍筋配置情况；上、下部钢筋的配置情况。识读时还应特别注意墙梁相对标高高差，若高差为 0.000 m，则表明墙梁与墙身无高度差，属于预制墙梁中的暗梁。

表4-19　剪力墙梁表

编号	所在层号	梁顶相对标高高差	梁截面 $b \times h$	上部纵筋	下部纵筋	箍筋
LL1	4~20	0.000	200×500	2 ⌀16	2 ⌀16	⌀8@100（2）

3. 预制剪力墙施工图的识读

在此根据标准设计图集 15G365 的要求，以预制外墙板为例对预制实心墙体施工图如图 4-21 所示的识读做介绍。标准设计图集 15G365 共有 2 册，标准设计图集 15G365—1 内容为预制剪力墙外墙板，标准设计图集 15G365—2 内容为预制剪力墙内墙板。内墙板与外墙板构造基本类似，外墙板在内墙板构造上设置了保温层，也称为三明治墙板，是一种可以实现围护与保温一体化的保温墙体，墙体由内外叶钢筋混凝土板、中间保温层和连接件组成如图 4-22 所示。

图4-21　预制实心内墙模型

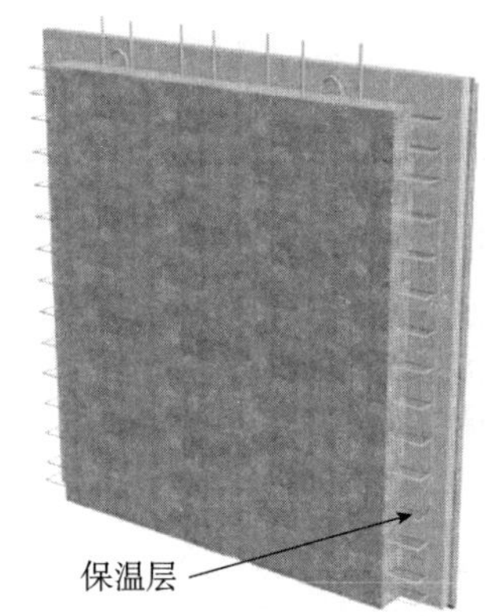

图4-22　预制夹心保温外墙模型

内墙板和外墙板的施工图均由模板图和配筋图组成，图集中又将外墙板按墙体有、无门窗空洞分为5类。

（1）无洞口预制外墙板施工图识读

通过图4-23和图4-24应识读出以下内容：

1）图名，根据图名可以判断出该墙体属于哪类（有、无洞口的）外墙。

2）内叶墙/外叶墙尺寸，通过识读主视图可以清晰地看到组成该墙体的内叶墙和外叶墙，应注意内叶墙在前、外叶墙在后，且内、外叶墙尺寸不相同。

3）内叶墙/外叶墙厚度，除主视图外，各模板图均附有各墙体俯视图、仰视图、右视图，通过识读俯视图可以清晰地看到该预制墙体构造。

4）预埋线盒位置，通过识读主视图获得信息。

5）墙体连接方式，通过识读主视图获得信息。

6）支撑预埋螺母位置，通过识读主视图获得信息。

7）吊点位置，通过识读俯视图获得信息。

8）钢筋的配置情况，通过识读钢筋图中的配筋表和配筋图获得信息。

（2）有洞口预制外墙板施工图识读

通过图4-25和图4-26应识读出以下内容：

1）图名，根据图名可以判断出该墙体属于哪类（有、无洞口的）外墙。

2）预制外墙尺寸，通过图名和模板图获得信息。

3）预制外墙适用范围，通过识读文字说明可以获得信息，图中尺寸用于建筑面层为50 mm的墙板，括号内尺寸用于建筑面层为100 mm的墙板。识读模板图时应仔细阅读文字说明。

4）预埋配件情况，通过识读模板图中的预埋配件明细表并配合模板图获得相关信息。

5）套筒灌浆情况，通过识读灌浆分区示意图和主视图获得相关信息。

6）钢筋配置情况，通过识读配筋图、配筋表获得相关信息。

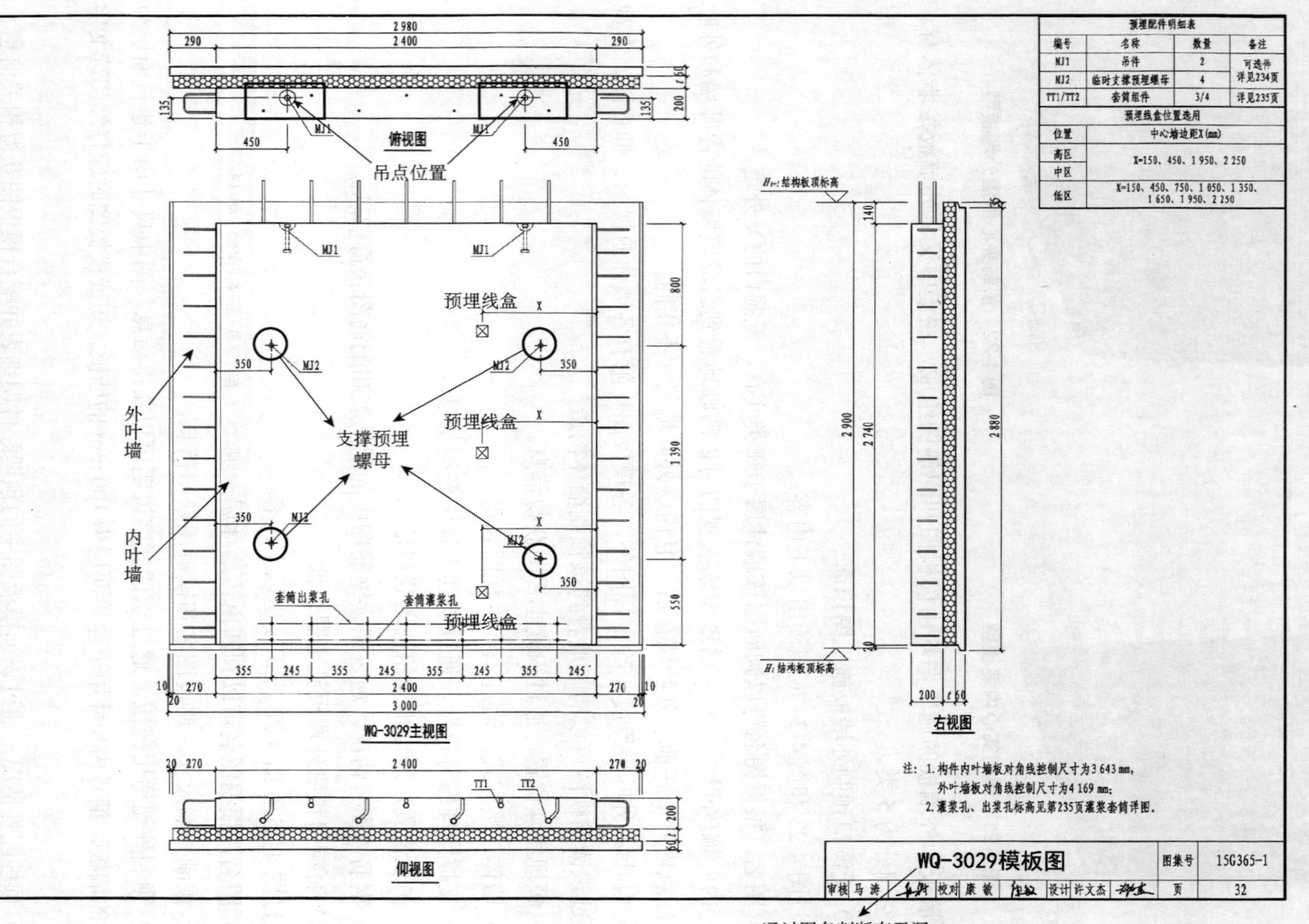

预埋配件明细表			
编号	名称	数量	备注
MJ1	吊件	2	可选件 详见234页
MJ2	临时支撑预埋螺母	4	
TT1/TT2	套筒组件	3/4	详见235页

预埋线盒位置选用	
位置	中心墙边距X(mm)
高区	X=150、450、1 950、2 250
中区	
低区	X=150、450、750、1 050、1 350、1 650、1 950、2 250

图 4-23　无洞口预制外墙板模板图

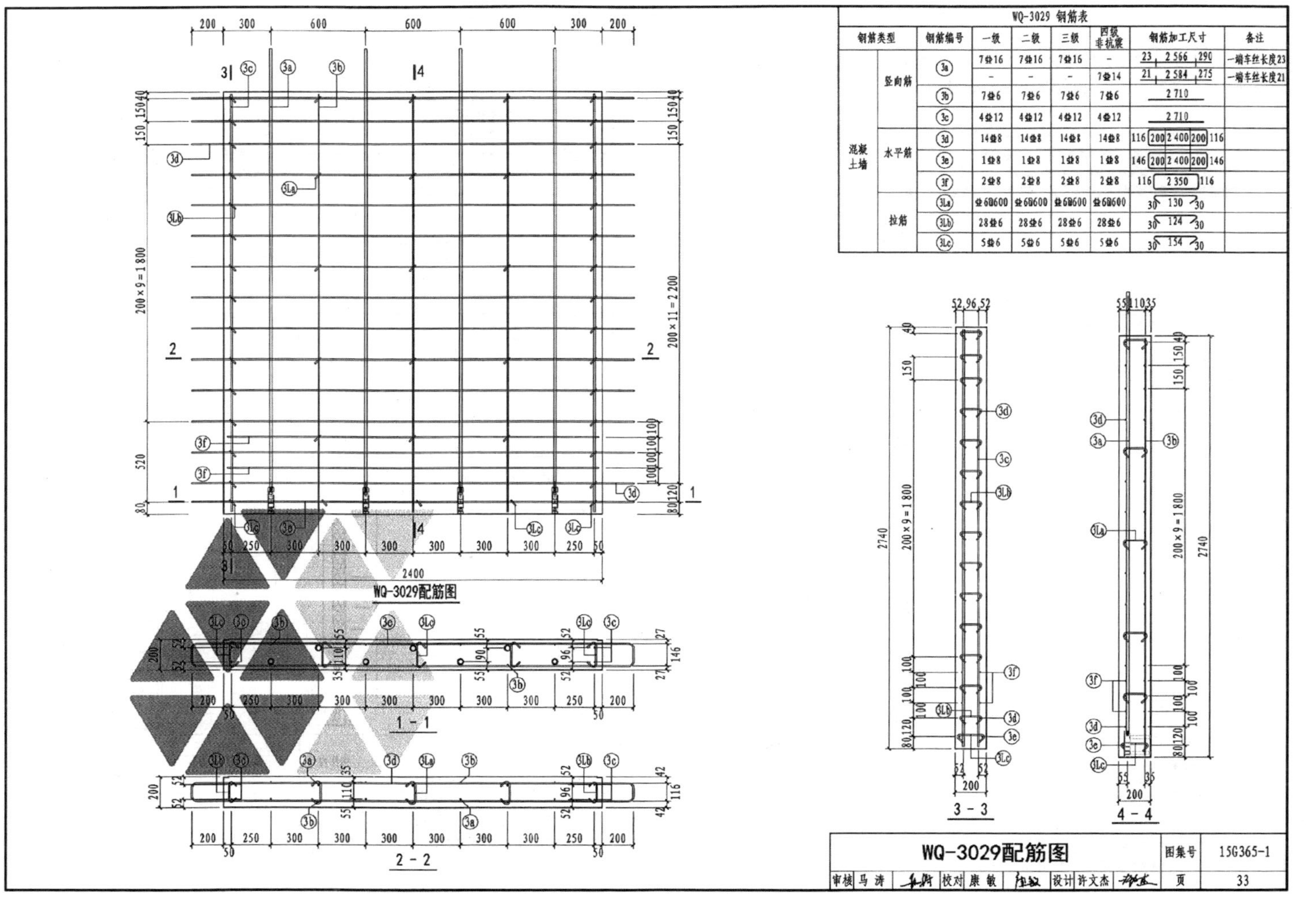

WQ-3029 钢筋表

钢筋类型		钢筋编号	一级	二级	三级	四级非抗震	钢筋加工尺寸	备注
混凝土墙	竖向筋	3a	7⌀16	7⌀16	7⌀16	-	23 2 566 290	一端车丝长度23
			-	-	-	7⌀14	21 2 584 275	一端车丝长度21
		3b	7⌀6	7⌀6	7⌀6	7⌀6	2 710	
		3c	4⌀12	4⌀12	4⌀12	4⌀12	2 710	
	水平筋	3d	14⌀8	14⌀8	14⌀8	14⌀8	116 200 2 400 200 116	
		3e	1⌀8	1⌀8	1⌀8	1⌀8	146 200 2 400 200 146	
		3f	2⌀8	2⌀8	2⌀8	2⌀8	116 2 350 116	
	拉筋	3La	⌀6@600	⌀6@600	⌀6@600	⌀6@600	30 130 30	
		3Lb	28⌀6	28⌀6	28⌀6	28⌀6	30 124 30	
		3Lc	5⌀6	5⌀6	5⌀6	5⌀6	30 154 30	

图4-24　无洞口预制外墙板配筋图示例

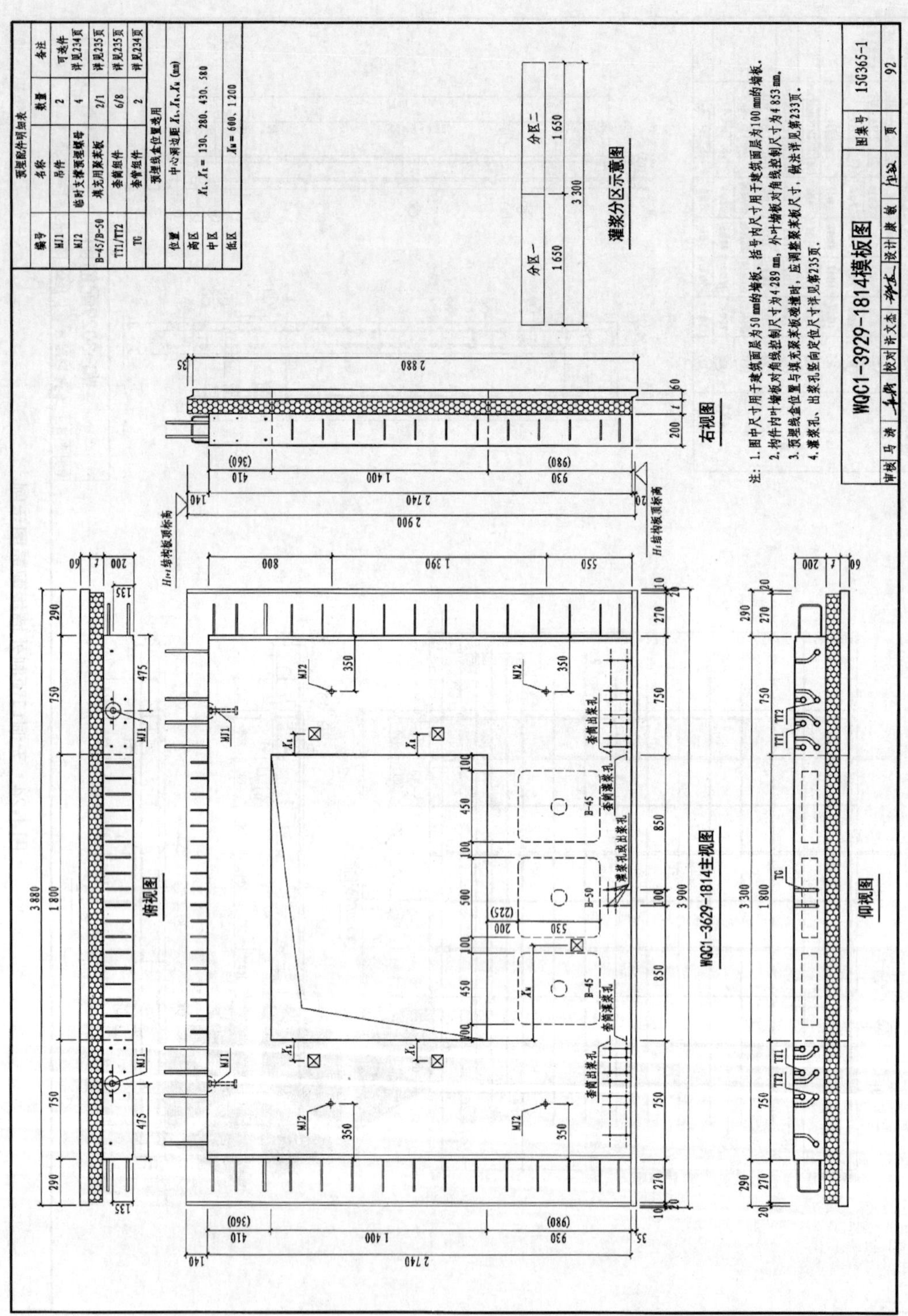

图 4-25 有洞口预制外墙板模板图示例

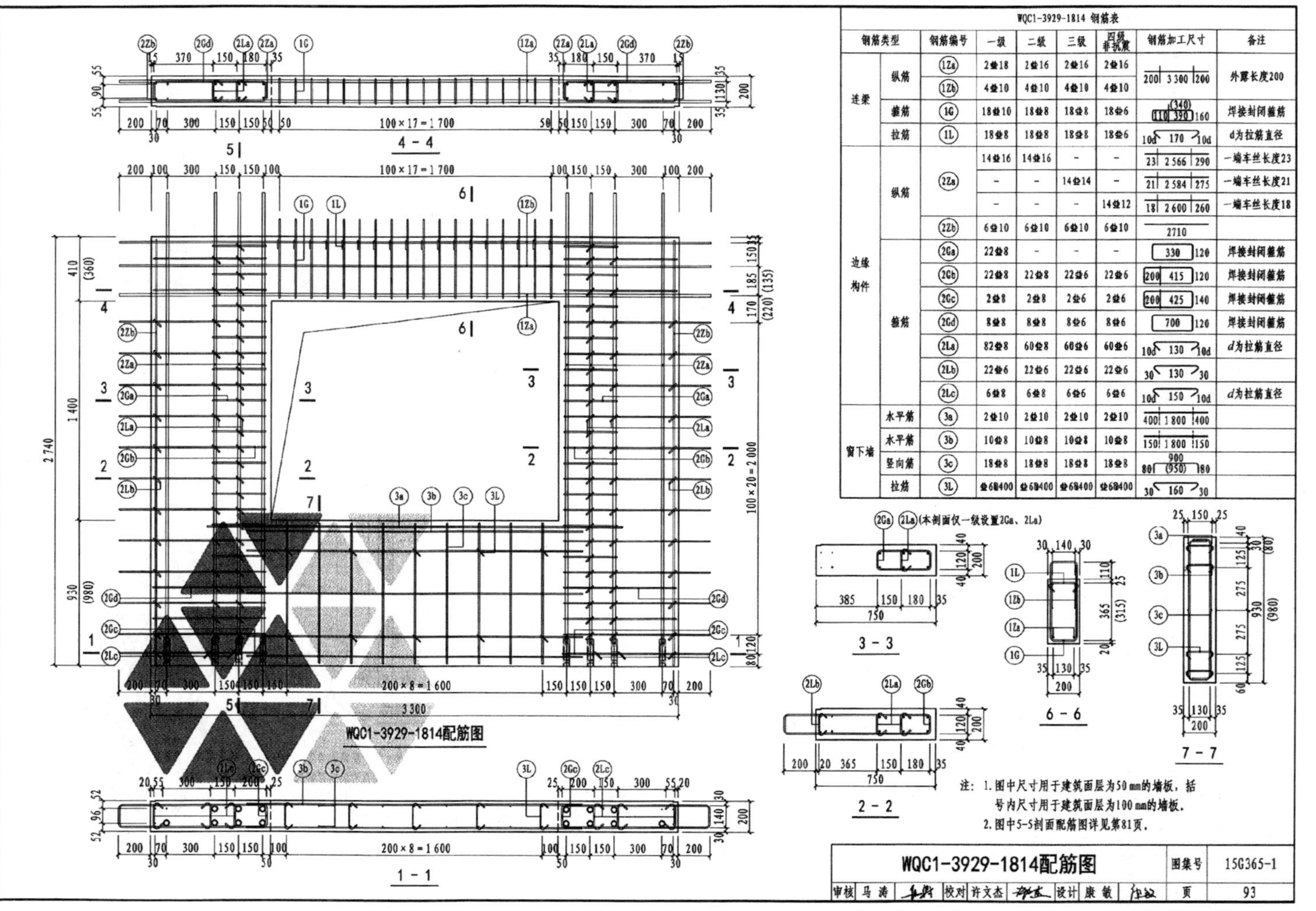

WQC1-3929-1814 钢筋表

钢筋类型		钢筋编号	一级	二级	三级	四级非抗震	钢筋加工尺寸	备注
连梁	纵筋	1Za	2⌀18	2⌀16	2⌀16	2⌀16	200 3 300 200	外露长度200
		1Zb	4⌀10	4⌀10	4⌀10	4⌀10		
	箍筋	1G	18⌀10	18⌀8	18⌀8	18⌀6	(340) 110 390 160	焊接封闭箍筋
	拉筋	1L	18⌀8	18⌀8	18⌀8	18⌀6	10d 170 10d	d为拉筋直径
边缘构件	纵筋	2Za	14⌀16	14⌀16	-	-	23 2 566 290	一端车丝长度23
			-	-	14⌀14	-	21 2 584 275	一端车丝长度21
			-	-	-	14⌀12	18 2 600 260	一端车丝长度18
		2Zb	6⌀10	6⌀10	6⌀10	6⌀10	2710	
	箍筋	2Ga	22⌀8	-	-	-	330 120	焊接封闭箍筋
		2Gb	22⌀8	22⌀8	22⌀6	22⌀6	200 415 120	焊接封闭箍筋
		2Gc	2⌀8	2⌀8	2⌀6	2⌀6	200 425 140	焊接封闭箍筋
		2Gd	8⌀8	8⌀8	8⌀6	8⌀6	700 120	焊接封闭箍筋
		2La	82⌀8	60⌀8	60⌀6	60⌀6	10d 130 10d	d为拉筋直径
		2Lb	22⌀6	22⌀6	22⌀6	22⌀6	30 130 30	
		2Lc	6⌀8	6⌀8	6⌀6	6⌀6	10d 150 10d	d为拉筋直径
窗下墙	水平筋	3a	2⌀10	2⌀10	2⌀10	2⌀10	400 1 800 400	
	水平筋	3b	10⌀8	10⌀8	10⌀8	10⌀8	150 1 800 150	
	竖向筋	3c	18⌀8	18⌀8	18⌀8	18⌀8	80 900 (950) 180	
	拉筋	3L	⌀6@400	⌀6@400	⌀6@400	⌀6@400	30 160 30	

图 4-26　有洞口预制外墙板配筋图示例

（六）桁架钢筋混凝土叠合板施工图的识读

1. 概述

（1）叠合板的定义

预制楼板是建筑最主要的预制水平结构构件，按照施工方式和结构性能的不同，可分为桁架钢筋模板、叠合楼板（简称叠合板）、双 T 板等。叠合板由于整体性能较好，被广泛地用于装配式建筑中，并有配套标准设计图集《桁架钢筋混凝土叠合板（60 mm 厚底板）》（15G366—1）。

叠合板是一种模板、结构混合的楼板形式，属于半预制构件。预制部分既是楼板的组成成分，又是现浇混凝土层的天然模板。在工地安装到位后要进行二次浇筑，从而成为整体实心楼板。二次浇筑完成的混凝土楼板厚度不应小于 60 mm，实际厚度取决于跨度与荷载。伸出预制混凝土层的钢筋桁架和粗糙的混凝土表面保证了叠合板预制部分与现浇部分能有效结合成整体。

（2）叠合板的分类

在建筑结构中，按受力特点和支承情况将板分为单向板和双向板。单向板是指在荷载作用下，只在一个方向或主要在一个方向弯曲的板，如图 4-27（a）所示。而在荷载作用下，在两个方向都发生弯曲变形，且不能忽略任一方向弯曲的板则为双向板，如图 4-27（b）所示。根据《混凝土结构设计规范（2015 年版）》（GB 50010—2010）的规定，对于两边支承的板，称为单向板。对四边支承的板，当$l_2/l_1 \leqslant 2$ 时，为双向板；当 $2 < l_2/l_1 < 3$ 时，可视为双向板，也可视为沿短边方向受力的单向板；当$l_2/l_1 \geqslant 3$ 时，视为沿短边方向受力的单向板。

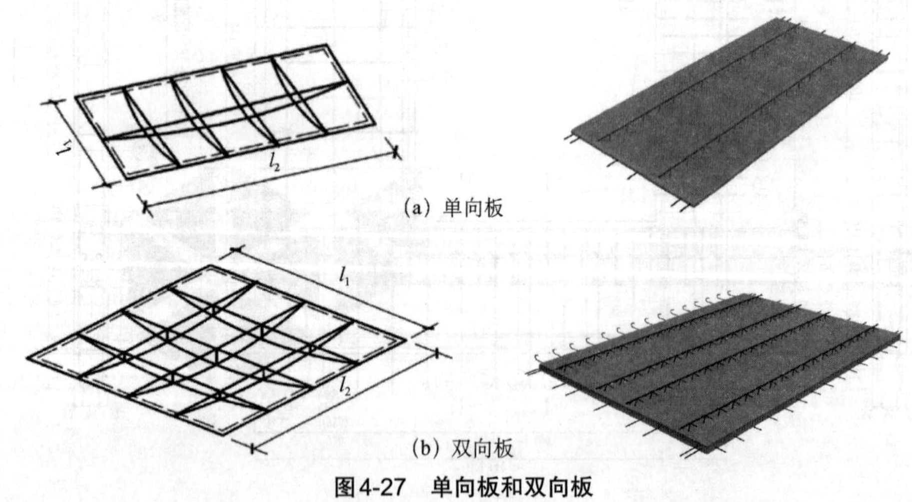

图4-27　单向板和双向板

（3）标准设计图集《桁架钢筋混凝土叠合板（60 mm 厚底板）》（15G366—1）知识体系

标准设计图集《桁架钢筋混凝土叠合板（60 mm 厚底板）》（15G366—1）中混凝土叠

合板底板厚度均为 60 mm，后浇混凝土叠合层厚度为 70 mm、80 mm、90 mm 三种，图集知识体系见表 4-20。

表 4-20　标准设计图集 15G366—1 知识体系

桁架钢筋混凝土叠合板		15G366—1
编制说明		P3～P6
底板类型	双向板	P7～P56
	单向板	P57～P66
吊点	双向板	P67～P75
	单向板	P76～P80
详图		P81～P83

2. 桁架钢筋混凝土叠合板施工图的识读

叠合板（图集中也称“叠合楼盖”）施工图主要包括预制底板平面布置图、现浇层配筋图、水平后浇带或圈梁布置图。通过图 4-28 可以识读以下内容：

1）图名，通常标注在相应图纸下方或图纸标题栏内。

2）平面图适用范围，需结合结构层高表识读。

3）叠合板构件编号，通过编号可识读出构件为单向板还是双向板。

4）预制底板表，结合底板平面布置图，识读叠合板预制底板表，明确各叠合板预制底板在底板平面布置图所在的位置，明确各叠合预制板所应用的楼层、构件重量、数量。

5）现浇层平面配筋情况，通过现浇层平面配筋图识读。

6）水平后浇带情况，配合水平后浇带表识读水平后浇带平面布置图，明确各水平后浇带的编号、位置、配筋情况。

3. 预制叠合底板施工图的识读

（1）双向板施工图的识读

预制叠合双向板底板施工图包含模板图和配筋图，标准设计图集 15G366—1 中所包含的预制底板模板图及配筋图均按照板宽进行绘制，如图 4-29 所示，即标志宽度为 1 200 mm 的双向板底板边板模板及配筋图，长度可为 3 000 mm、3 600 mm、3 900 mm、4 200 mm、4 500 mm、4 800 mm、5 100 mm、5 400 mm、5 700 mm 及 6 000 mm。根据实际底板宽度、长度及现浇层厚度在左侧底板参数表及底板配筋表中查找对应信息。

通过模板图可识读以下内容：

1）结合底板参数表识读板模板图及对应剖面图，明确底板的类型、尺寸、桁架数量、桁架位置、混凝土体积、底板自重等信息，以方便后续编制施工组织方案等。

2）明确叠合底板需要进行粗糙面处理的位置。

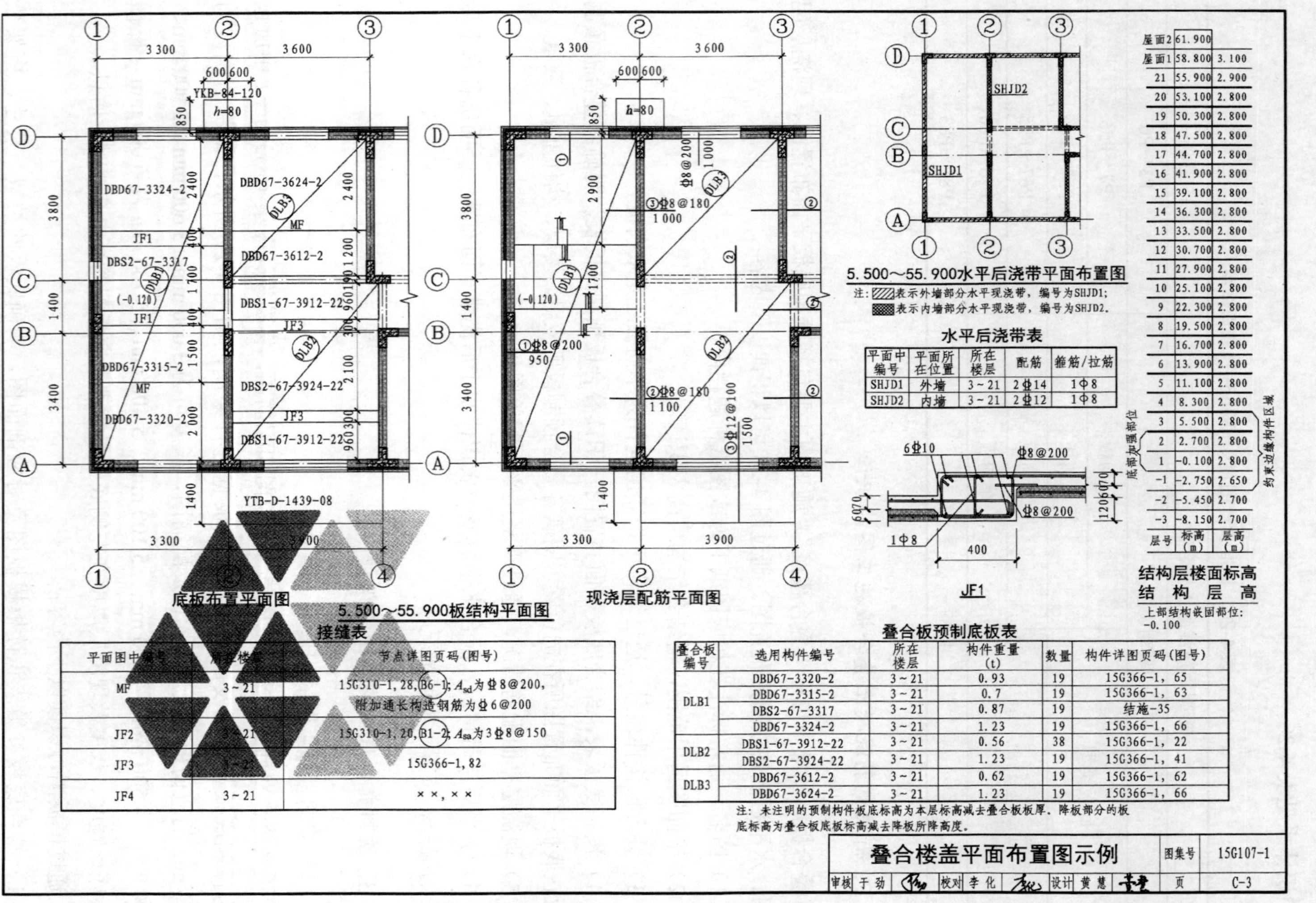

图4-28　叠合板（叠合楼盖）平面布置图示例

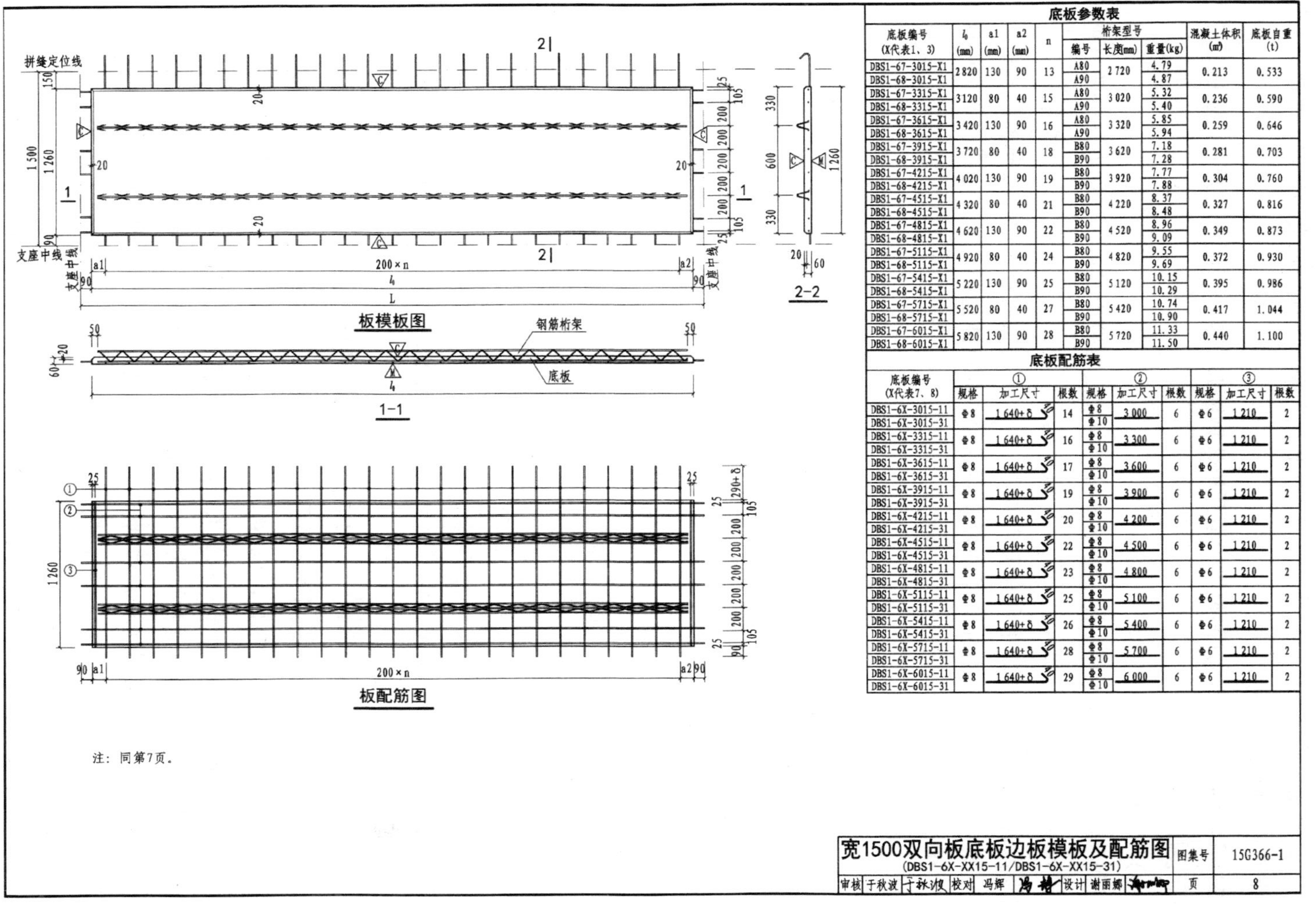

底板参数表

底板编号 (X代表1、3)	l_0 (mm)	a1 (mm)	a2 (mm)	n	桁架型号 编号	长度(mm)	重量(kg)	混凝土体积 (m³)	底板自重 (t)
DBS1-67-3015-X1	2 820	130	90	13	A80	2 720	4.79	0.213	0.533
DBS1-68-3015-X1					A90		4.87		
DBS1-67-3315-X1	3 120	80	40	15	A80	3 020	5.32	0.236	0.590
DBS1-68-3315-X1					A90		5.40		
DBS1-67-3615-X1	3 420	130	90	16	A80	3 320	5.85	0.259	0.646
DBS1-68-3615-X1					A90		5.94		
DBS1-67-3915-X1	3 720	80	40	18	B80	3 620	7.18	0.281	0.703
DBS1-68-3915-X1					B90		7.28		
DBS1-67-4215-X1	4 020	130	90	19	B80	3 920	7.77	0.304	0.760
DBS1-68-4215-X1					B90		7.88		
DBS1-67-4515-X1	4 320	80	40	21	B80	4 220	8.37	0.327	0.816
DBS1-68-4515-X1					B90		8.48		
DBS1-67-4815-X1	4 620	130	90	22	B80	4 520	8.96	0.349	0.873
DBS1-68-4815-X1					B90		9.09		
DBS1-67-5115-X1	4 920	80	40	24	B80	4 820	9.55	0.372	0.930
DBS1-68-5115-X1					B90		9.69		
DBS1-67-5415-X1	5 220	130	90	25	B80	5 120	10.15	0.395	0.986
DBS1-68-5415-X1					B90		10.29		
DBS1-67-5715-X1	5 520	80	40	27	B80	5 420	10.74	0.417	1.044
DBS1-68-5715-X1					B90		10.90		
DBS1-67-6015-X1	5 820	130	90	28	B80	5 720	11.33	0.440	1.100
DBS1-68-6015-X1					B90		11.50		

底板配筋表

底板编号 (X代表7、8)	① 规格	① 加工尺寸	① 根数	② 规格	② 加工尺寸	② 根数	③ 规格	③ 加工尺寸	③ 根数
DBS1-6X-3015-11	⌀8	1 640+δ	14	⌀8	3 000	6	⌀6	1 210	2
DBS1-6X-3015-31				⌀10					
DBS1-6X-3315-11	⌀8	1 640+δ	16	⌀8	3 300	6	⌀6	1 210	2
DBS1-6X-3315-31				⌀10					
DBS1-6X-3615-11	⌀8	1 640+δ	17	⌀8	3 600	6	⌀6	1 210	2
DBS1-6X-3615-31				⌀10					
DBS1-6X-3915-11	⌀8	1 640+δ	19	⌀8	3 900	6	⌀6	1 210	2
DBS1-6X-3915-31				⌀10					
DBS1-6X-4215-11	⌀8	1 640+δ	20	⌀8	4 200	6	⌀6	1 210	2
DBS1-6X-4215-31				⌀10					
DBS1-6X-4515-11	⌀8	1 640+δ	22	⌀8	4 500	6	⌀6	1 210	2
DBS1-6X-4515-31				⌀10					
DBS1-6X-4815-11	⌀8	1 640+δ	23	⌀8	4 800	6	⌀6	1 210	2
DBS1-6X-4815-31				⌀10					
DBS1-6X-5115-11	⌀8	1 640+δ	25	⌀8	5 100	6	⌀6	1 210	2
DBS1-6X-5115-31				⌀10					
DBS1-6X-5415-11	⌀8	1 640+δ	26	⌀8	5 400	6	⌀6	1 210	2
DBS1-6X-5415-31				⌀10					
DBS1-6X-5715-11	⌀8	1 640+δ	28	⌀8	5 700	6	⌀6	1 210	2
DBS1-6X-5715-31				⌀10					
DBS1-6X-6015-11	⌀8	1 640+δ	29	⌀8	6 000	6	⌀6	1 210	2
DBS1-6X-6015-31				⌀10					

图4-29　预制叠合板双向板板底图示例

通过配筋图可识读以下内容：

1）结合底板配筋表，识读叠合双向板底板配筋图，明确纵向受力钢筋、水平分布钢筋、钢筋桁架位置和尺寸。

2）开洞位置的确认，开洞位置应避开桁架钢筋的位置，当无法避开时，应请设计人员另行设计。

（2）单向板施工图的识读

预制叠合单向板底板模板图和配筋图与双向板底板较为类似，识读方法一致。但因单向板为双边支撑，仅在纵向受力变形，故单向板仅在两短边方向延伸出钢筋，两长边方向不再延伸钢筋，除长边不再有延伸钢筋以外，单向板底板截面与双向板截面也略有不同，图 4-30（a）、（b）分别为单向板断面图和双向板断面图。从图中可见双向板底板底部为 90°设计，并无剖口，而单向板底板两底角带有一边长为 10 mm 的剖口，识读单向板施工图时应加以注意。

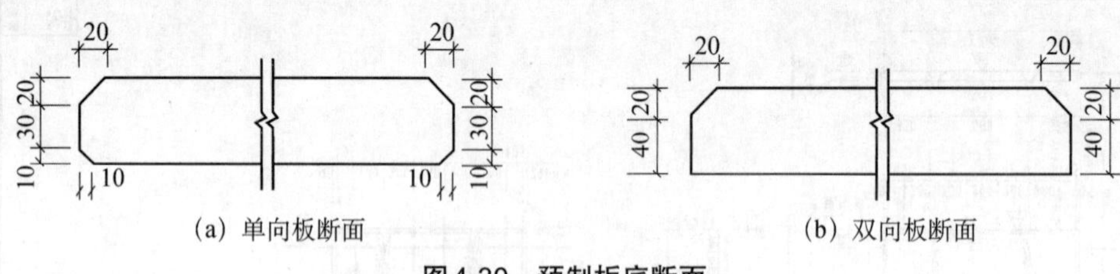

（a）单向板断面　　（b）双向板断面

图 4-30　预制板底断面

（七）预制阳台施工图的识读

1. 概述

（1）预制阳台的布置形式

阳台是住宅建筑设计的重要组成部分，阳台的结构设计，既要满足强度和稳定的要求，又要满足建筑设计的需要。

预制阳台分叠合阳台（半预制）和全预制阳台。预制阳台可以节省工地制模和昂贵的支撑。阳台板一般在预制场制作，在叠合板体系中，可以将预制阳台和叠合楼板以及叠合墙板一次性浇筑成一个整体，或运输到现场安装。预制阳台板较适合用于由多幢住宅组成的住宅小区，在阳台板数量较多的情况下，更能显示出其优越性。

预制阳台板的受力情况同挑梁式阳台板相同，即由悬挑横梁承担阳台的全部荷载，结构安全可靠；另一个显著优点是预制阳台板吊装就位后，板底设立柱支顶即可，没有很大的现场混凝土浇灌的工作量，因而极大地加快了施工速度。

（2）预制阳台板的技术要求

根据《预制钢筋混凝土阳台板、空调板及女儿墙》（15G368—1），对预制钢筋混凝土阳台板、空调板选用原则提出以下技术要求：

1）预制钢筋混凝土阳台板、空调板，宜选用 15G368—1 的做法。选用标准图集，可简化设计过程，便于形成规模化生产，降低工程成本。

2）同一建筑单体，预制阳台板、预制空调板规格均不宜超过两种。限制预制阳台板和预制空调板规格数量，有利于预制构件的规模化生产，降低构件成本。

3）预制阳台板长度，宜采用 2 M（即 200 mm）的整数倍数。

4）预制阳台板宽度，宜采用 3 M（即 300 mm）的整数倍数。

5）预制阳台板封边高度，宜采用 4 M（即 400 mm）的整数倍数。实际工程中，如需要较高的阳台栏板，可另做阳台栏板构件。

2. 预制阳台板的识读

预制阳台板常见的有叠合板式阳台和全预制阳台。本节主要对叠合板式阳台板构造详图和全预制阳台板构造详图的施工图识读进行介绍。

叠合板式阳台构件：

叠合板式阳台指由预制混凝土阳台板和后浇混凝土阳台板叠加合成的、以两阶段成型的整体受力的结构构件。由于阳台部分构件为预制件，减少了工地现场浇筑混凝土的工作量，可以有效提高施工效率。

叠合板式阳台施工图主要分为底板模板图、底板配筋图、底板钢筋图和节点详图，其示例如图 4-31、图 4-32、图 4-33、图 4-34 所示，可从中识读的内容有：

1）图名。

2）通过识读底板模板图，可知阳台在建筑中所处的位置及所在房间开间；阳台的宽度和长度方向的尺寸；阳台排水预留孔、吊点等构造的水平位置及尺寸；叠合板现浇层厚度，预制板厚度、现浇板与预制板的叠合处理及有关尺寸；外叶墙及保温层厚度、阳台板封边厚度。

3）通过识读底板配筋图，可知预制阳台板钢筋（包含加强筋）的编号、规格、数量、形状、尺寸等信息；预制阳台板钢筋（包含加强筋）的排布信息；各节点钢筋的排布信息。

4）通过识读钢筋表，可知预制阳台板钢筋（包含加强筋）的编号、名称、规格、数量、形状、尺寸、重量等信息。

5）通过识读节点详图，可知阳台板与主体结构安装信息；叠合板式阳台与主体结构节点连接信息；封边桁架钢筋信息；阳台板封边预埋件信息；阳台栏杆预埋件信息；滴水线、预埋吊环信息等。

3. 全预制阳台构件的识读

全预制阳台表面的平整度可以做得和模具的表面一样平或者做出凹陷的效果，地面坡度和排水口也在工厂预制完成，可以节省工地制模和昂贵的支撑，更能极大地提高施工效率。

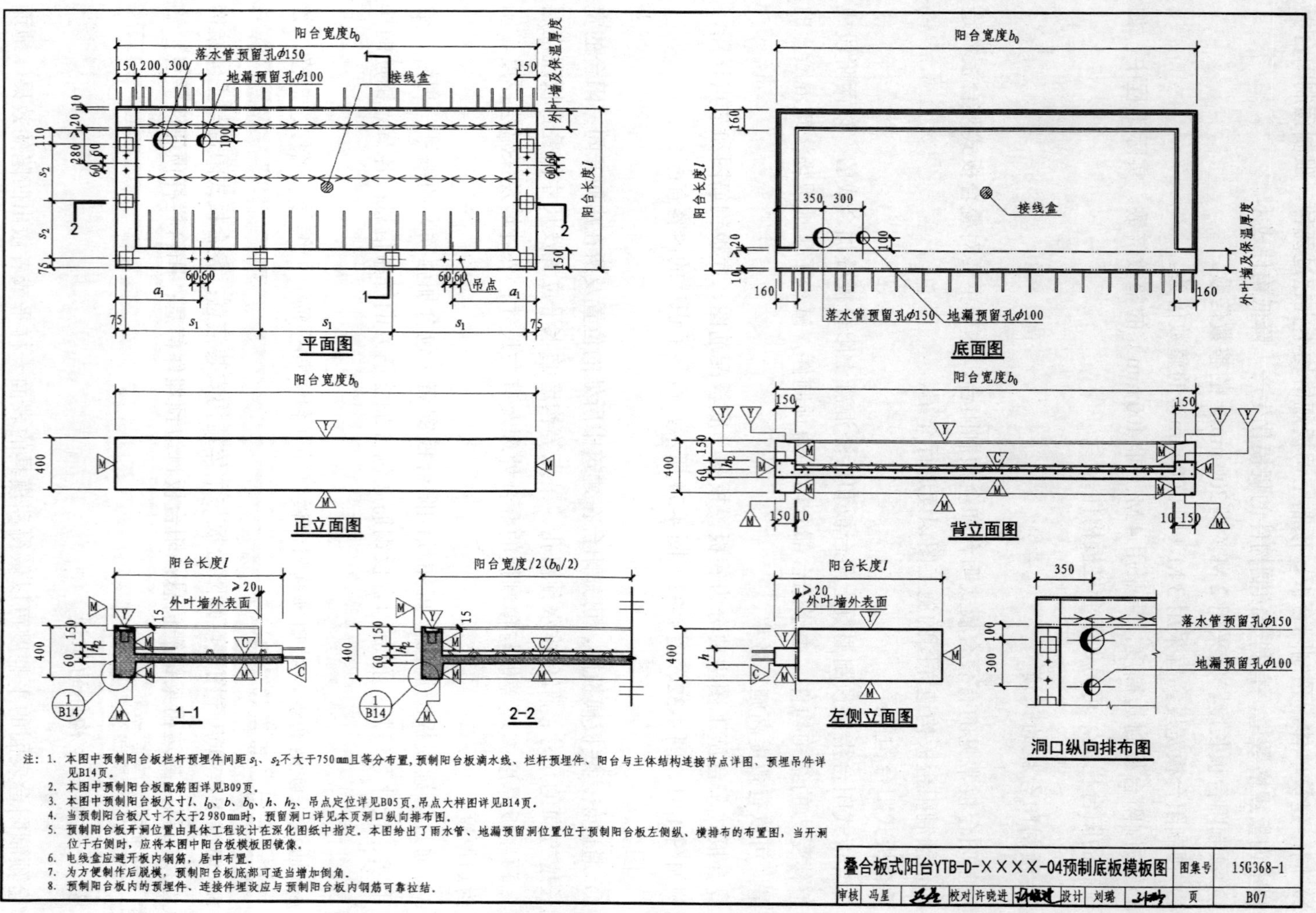

图4-31　底板模板图示例

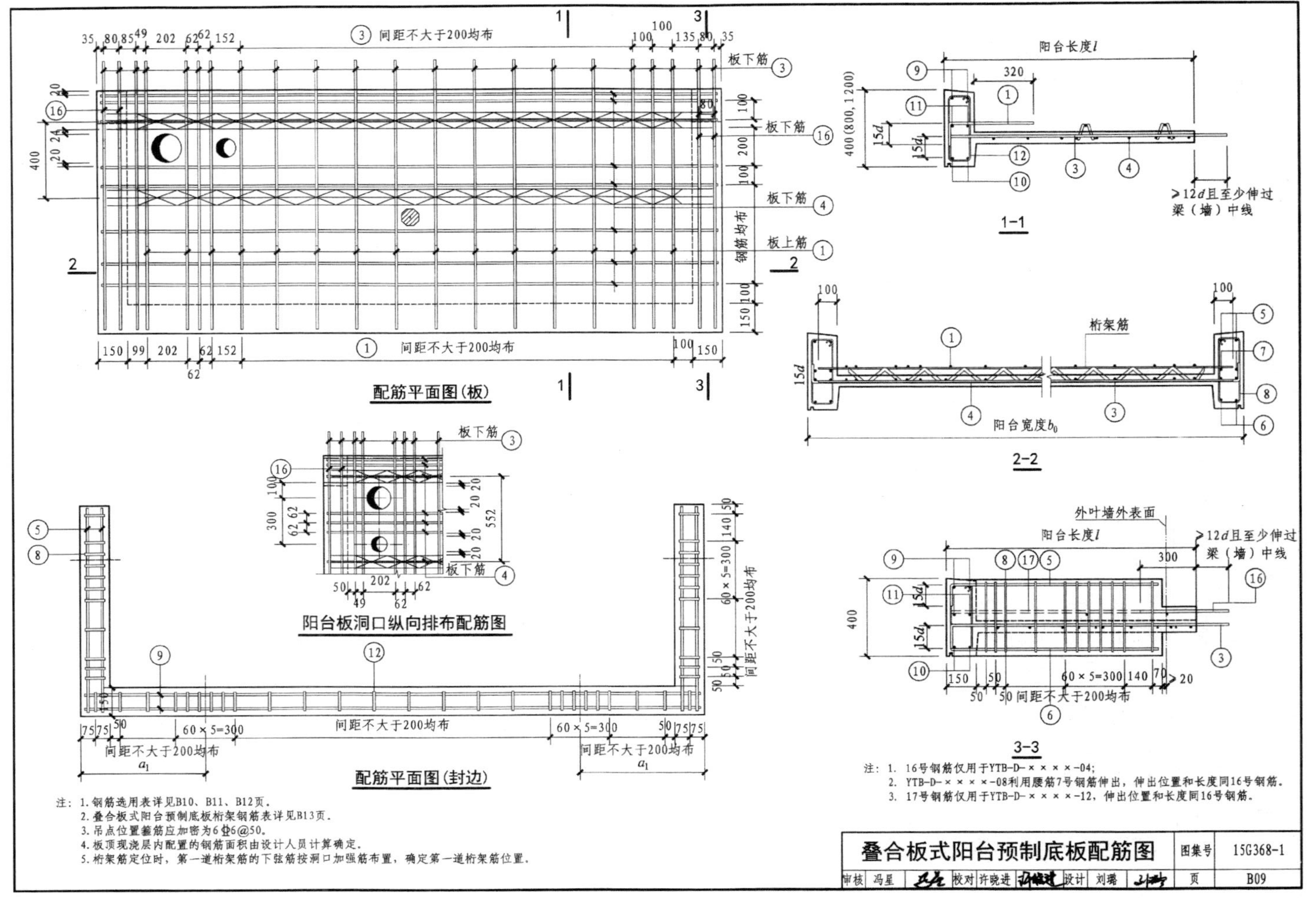

图 4-32　底板配筋图示例

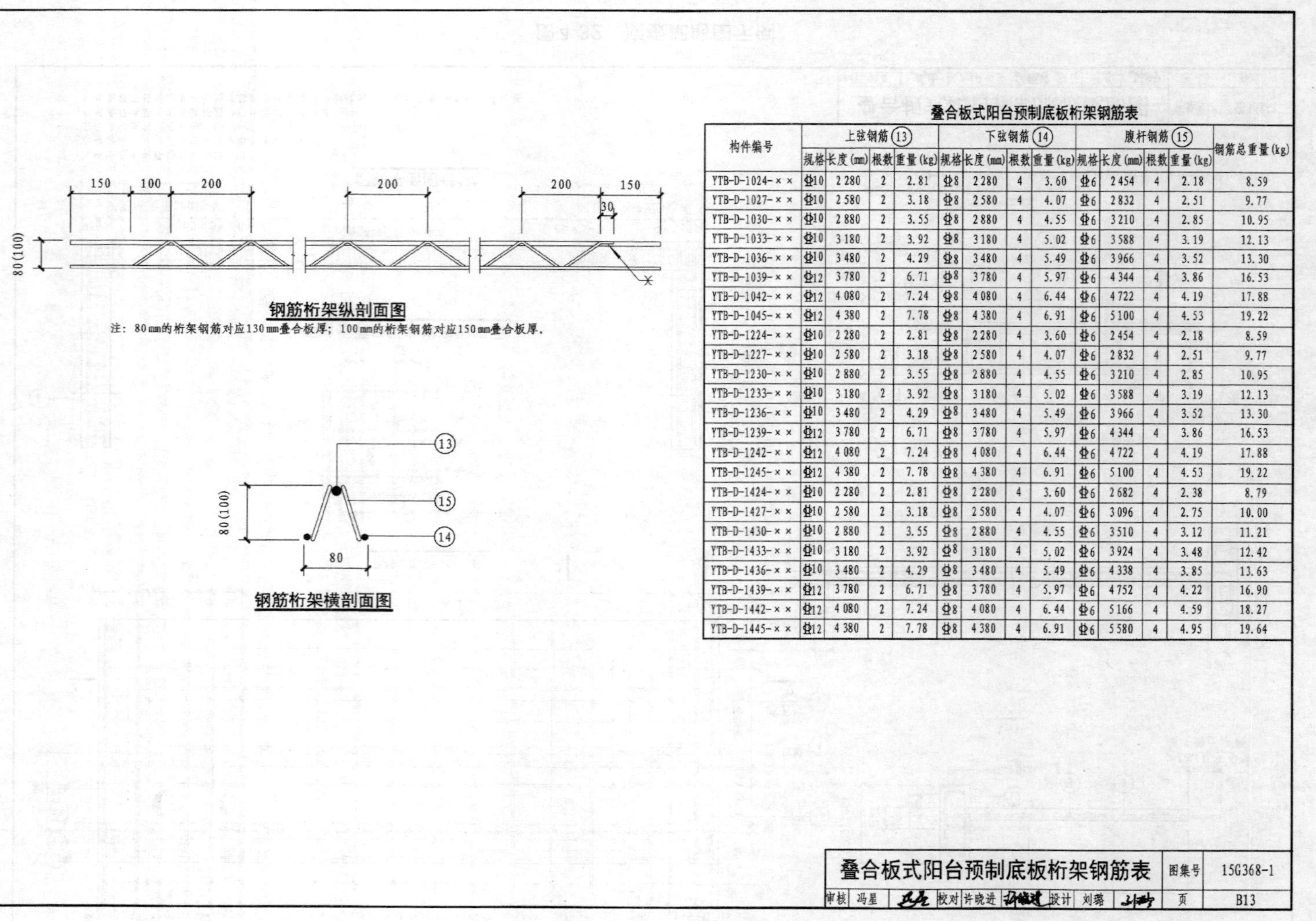

叠合板式阳台预制底板桁架钢筋表

构件编号	上弦钢筋(13)				下弦钢筋(14)				腹杆钢筋(15)				钢筋总重量(kg)
	规格	长度(mm)	根数	重量(kg)	规格	长度(mm)	根数	重量(kg)	规格	长度(mm)	根数	重量(kg)	
YTB-D-1024-××	Φ10	2 280	2	2.81	Φ8	2 280	4	3.60	Φ6	2 454	4	2.18	8.59
YTB-D-1027-××	Φ10	2 580	2	3.18	Φ8	2 580	4	4.07	Φ6	2 832	4	2.51	9.77
YTB-D-1030-××	Φ10	2 880	2	3.55	Φ8	2 880	4	4.55	Φ6	3 210	4	2.85	10.95
YTB-D-1033-××	Φ10	3 180	2	3.92	Φ8	3 180	4	5.02	Φ6	3 588	4	3.19	12.13
YTB-D-1036-××	Φ10	3 480	2	4.29	Φ8	3 480	4	5.49	Φ6	3 966	4	3.52	13.30
YTB-D-1039-××	Φ12	3 780	2	6.71	Φ8	3 780	4	5.97	Φ6	4 344	4	3.86	16.53
YTB-D-1042-××	Φ12	4 080	2	7.24	Φ8	4 080	4	6.44	Φ6	4 722	4	4.19	17.88
YTB-D-1045-××	Φ12	4 380	2	7.78	Φ8	4 380	4	6.91	Φ6	5 100	4	4.53	19.22
YTB-D-1224-××	Φ10	2 280	2	2.81	Φ8	2 280	4	3.60	Φ6	2 454	4	2.18	8.59
YTB-D-1227-××	Φ10	2 580	2	3.18	Φ8	2 580	4	4.07	Φ6	2 832	4	2.51	9.77
YTB-D-1230-××	Φ10	2 880	2	3.55	Φ8	2 880	4	4.55	Φ6	3 210	4	2.85	10.95
YTB-D-1233-××	Φ10	3 180	2	3.92	Φ8	3 180	4	5.02	Φ6	3 588	4	3.19	12.13
YTB-D-1236-××	Φ10	3 480	2	4.29	Φ8	3 480	4	5.49	Φ6	3 966	4	3.52	13.30
YTB-D-1239-××	Φ12	3 780	2	6.71	Φ8	3 780	4	5.97	Φ6	4 344	4	3.86	16.53
YTB-D-1242-××	Φ12	4 080	2	7.24	Φ8	4 080	4	6.44	Φ6	4 722	4	4.19	17.88
YTB-D-1245-××	Φ12	4 380	2	7.78	Φ8	4 380	4	6.91	Φ6	5 100	4	4.53	19.22
YTB-D-1424-××	Φ10	2 280	2	2.81	Φ8	2 280	4	3.60	Φ6	2 682	4	2.38	8.79
YTB-D-1427-××	Φ10	2 580	2	3.18	Φ8	2 580	4	4.07	Φ6	3 096	4	2.75	10.00
YTB-D-1430-××	Φ10	2 880	2	3.55	Φ8	2 880	4	4.55	Φ6	3 510	4	3.12	11.21
YTB-D-1433-××	Φ10	3 180	2	3.92	Φ8	3 180	4	5.02	Φ6	3 924	4	3.48	12.42
YTB-D-1436-××	Φ10	3 480	2	4.29	Φ8	3 480	4	5.49	Φ6	4 338	4	3.85	13.63
YTB-D-1439-××	Φ12	3 780	2	6.71	Φ8	3 780	4	5.97	Φ6	4 752	4	4.22	16.90
YTB-D-1442-××	Φ12	4 080	2	7.24	Φ8	4 080	4	6.44	Φ6	5 166	4	4.59	18.27
YTB-D-1445-××	Φ12	4 380	2	7.78	Φ8	4 380	4	6.91	Φ6	5 580	4	4.95	19.64

图4-33 底板钢筋图示例

叠合板式阳台节点详图
图集号 15G368-1
页 B14
阳台板与主体结构安装平面图
注：图中所示板边附加加强钢筋，一般用于采用夹心保温剪力墙外墙板的情况。
叠合板式阳台与主体结构连接节点详图
内埋式吊杆
预埋吊环
阳台板吊装预埋件详图
封边位置桁架钢筋详图
阳台栏杆埋件详图
滴水线
剪力墙暗柱
叠合板式阳台
阳台宽度b_0
外叶墙板
保温材料
内叶墙板
主体结构标高
阳台结构标高

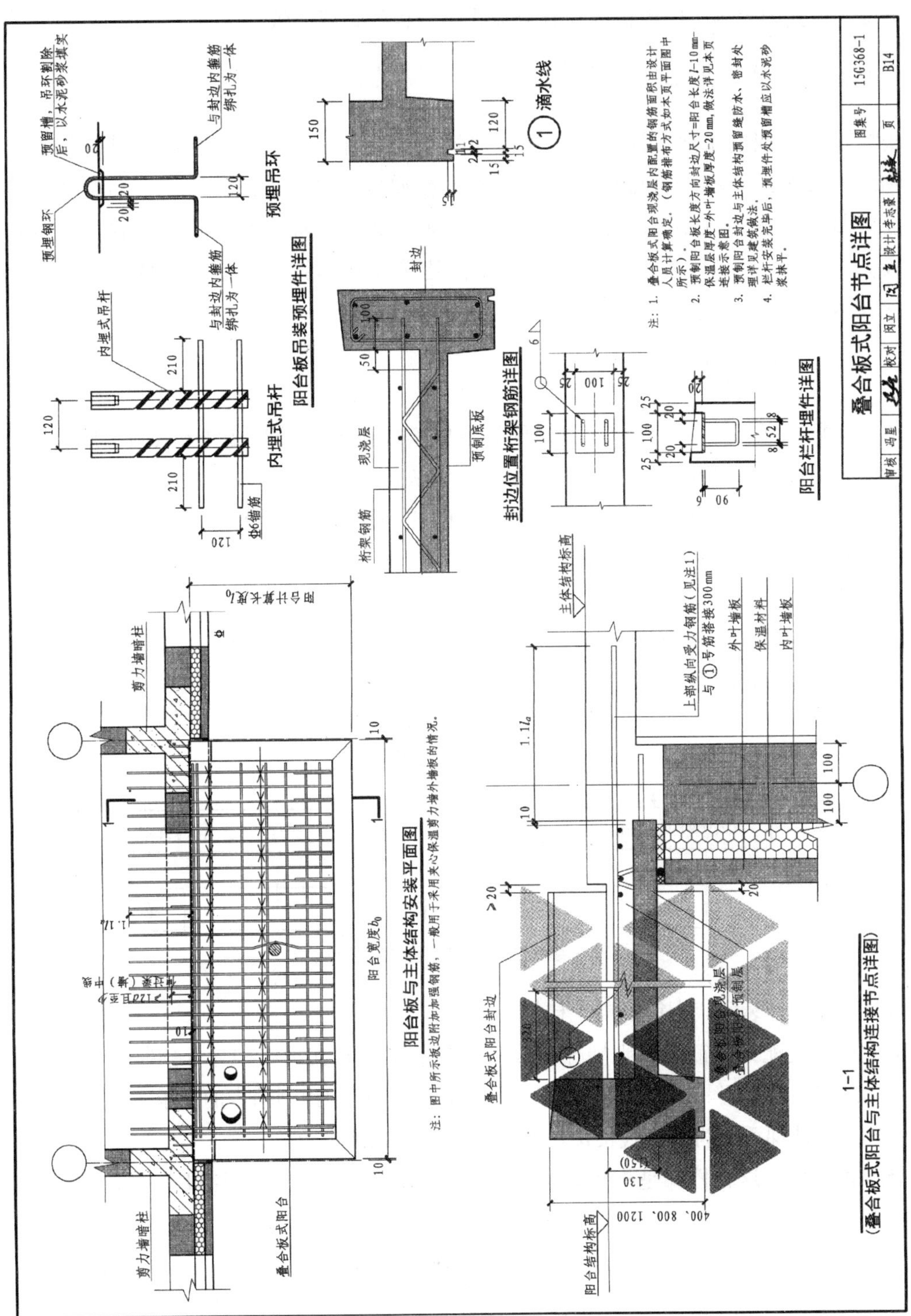

图4-34　节点详图示例

全预制板式阳台施工图主要分为底板模板图、底板配筋图、底板钢筋表和节点详图。全预制板式阳台施工图的识读与叠合板式阳台板的识读一致。

（八）预制楼梯施工图的识读

楼梯是楼层间的主要交通设施，也是建筑主要构件之一。钢筋混凝土楼梯是目前建筑物运用最为广泛的一种楼梯。钢筋混凝土楼梯按照施工方法的不同，可分为现浇式钢筋混凝土楼梯和预制装配式钢筋混凝土楼梯。钢筋混凝土楼梯通常由楼梯段（简称梯段）、平台、栏杆（板）和扶手组成，在建筑设计和施工中通常用楼梯详图的形式进行表达。

1. 预制楼梯的特点和分类

预制装配式钢筋混凝土楼梯是将楼梯的组成构件在工厂或工地现场预制，然后在施工现场拼装而成的一种楼梯。这种楼梯施工进度快，节省模板，现场湿作业少，施工不受季节限制，有利于提高施工质量。但预制装配式钢筋混凝土楼梯的整体性、抗震性能以及设计灵活性差，故应用受到一定限制。

预制装配式钢筋混凝土楼梯根据生产、运输、吊装和建筑体系的不同，有许多不同的构造形式。根据组成楼梯的构件尺寸及装配的程度，大致可分为小型构件装配式和中型、大型构件装配式两大类，如图 4-35 所示。

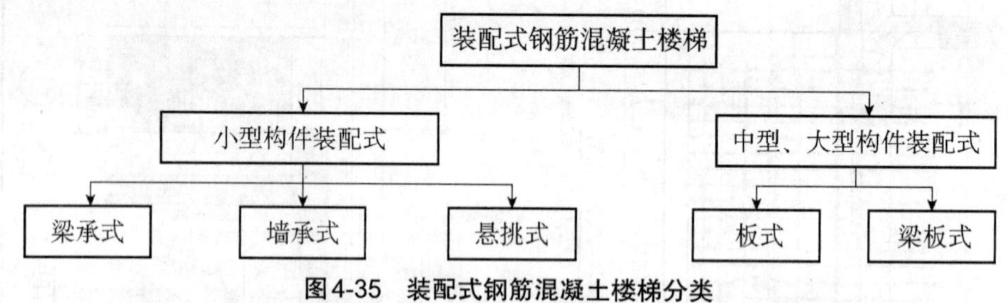

图4-35 装配式钢筋混凝土楼梯分类

（1）小型构件装配式钢筋混凝土楼梯

小型构件装配式钢筋混凝土楼梯一般将楼梯的踏步和支承结构分开预制。预制踏步的断面形式多为一字形、L 形和三角形。根据梯段的构造和预制踏步的支承方式不同，小型构件装配式楼梯可分为墙承式楼梯、梁承式楼梯和悬挑式楼梯。

墙承式楼梯：这种楼梯是把预制踏步搁置在两面墙上，而省去梯段上的斜梁的一种楼梯构造形式。

梁承式楼梯：这种楼梯是指梯段由平台梁支承的楼梯构造方式。

悬挑式楼梯：这种楼梯是指预制钢筋混凝土踏步板一端嵌固于楼梯间侧墙上，另一端临空悬挑的楼梯形式。

（2）中型、大型构件装配式楼梯

中型构件装配式钢筋混凝土楼梯：这种楼梯是将楼梯分成梯段板、平台板、平台梁三类构件预制拼装而成。梯段按结构形式不同，有板式梯段和梁板式梯段。

大型构件装配式钢筋混凝土楼梯：这种楼梯是将梯段板和平台板预制成一个构件，梯段板可以连接一面平台，也可以连接两面平台。按结构形式不同，大型构件装配式钢筋混凝土楼梯分为板式楼梯和梁板式楼梯两种。

2. 预制钢筋混凝土楼梯施工图的识读

预制钢筋混凝土楼梯施工图主要有安装图、模板图、配筋图和节点详图，预制钢筋混凝土楼梯的安装图、模板图和配筋图所表达的重点各不相同，但都是从平面布置图、剖面图和节点详图 3 个角度表达。本节选用标准设计图集 15G367—1 中的 ST 28-24 为识读范例。

（1）安装图的识读

由图 4-36 可知，预制钢筋混凝土板式楼梯安装图由平面布置图和 1-1 剖面图组成，表达的主要内容如下：

1）梯段板的平面位置、竖向位置和梯段编号。

2）楼梯间尺寸、标高，梯段板（包括踏步信息）尺寸及梯板厚度。

3）梯段板与梯梁连接节点索引。

4）相关注意事项。

（2）模板图的识读

由图 4-37 可知，预制钢筋混凝土板式楼梯模板图由平面图、底面图（梯板仰视）、1-1 剖视图（横剖）、2-2 剖视图（横剖）、3-3 剖视图（纵剖）组成，表达的主要内容如下：

1）预制梯段板的平面、立面、剖面图及详细尺寸。

2）预埋件定位及索引号。

3）预留孔洞尺寸和定位。

4）相关注意事项。

（3）配筋图的识读

由图 4-38 可知，预制钢筋混凝土板式楼梯配筋图包括平面图、底面图（梯板仰视）、1-1 剖视图（横剖）、2-2 剖视图（横剖）、3-3 剖视图（横剖）和钢筋表，表达的主要内容如下：

1）预制梯段板钢筋（包含加强筋）的编号、名称、规格、数量、形状、尺寸、重量等信息。

2）预制梯段板钢筋（包含加强筋）的排布信息。

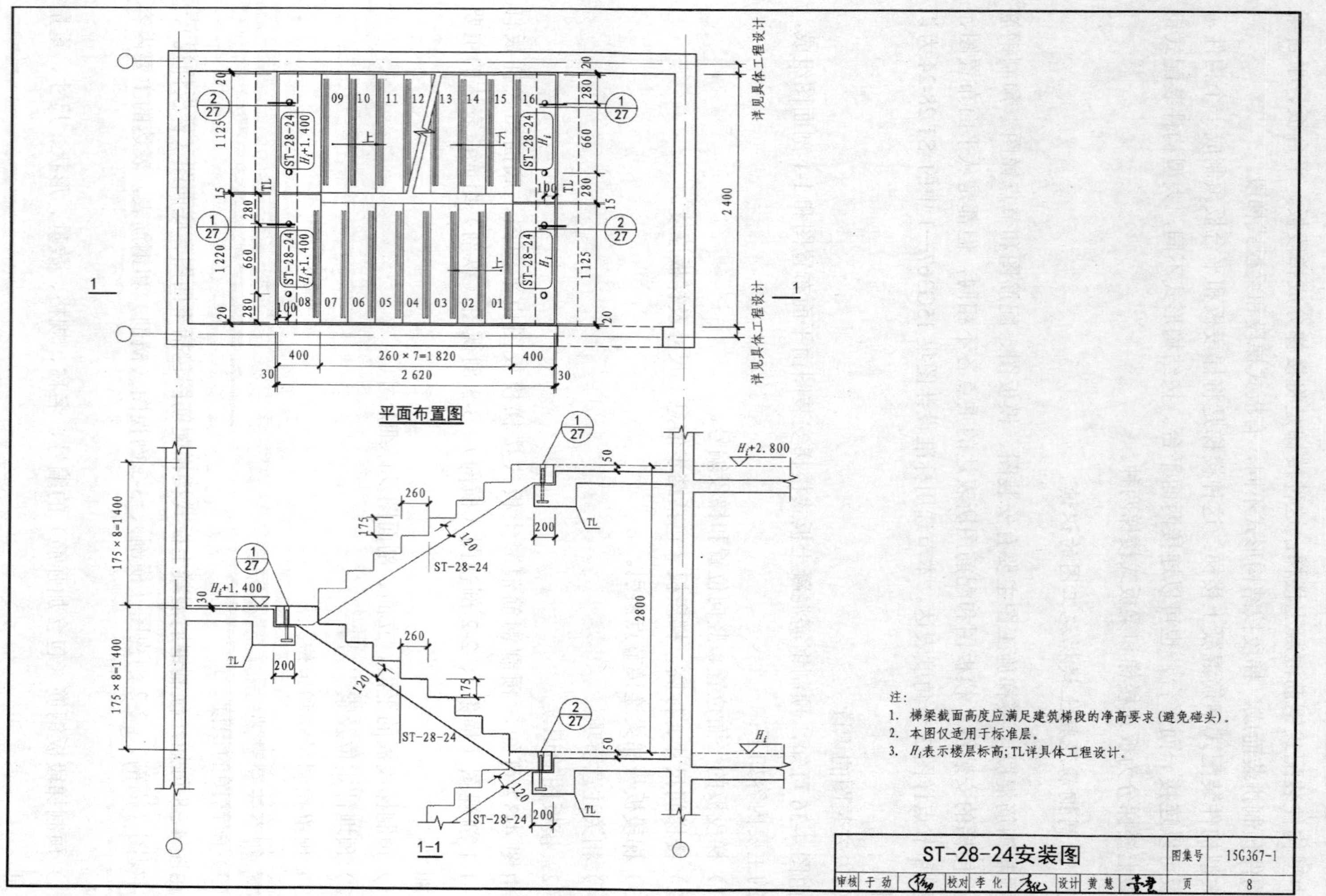

图4-36 预制混凝土板式楼梯安装图示例

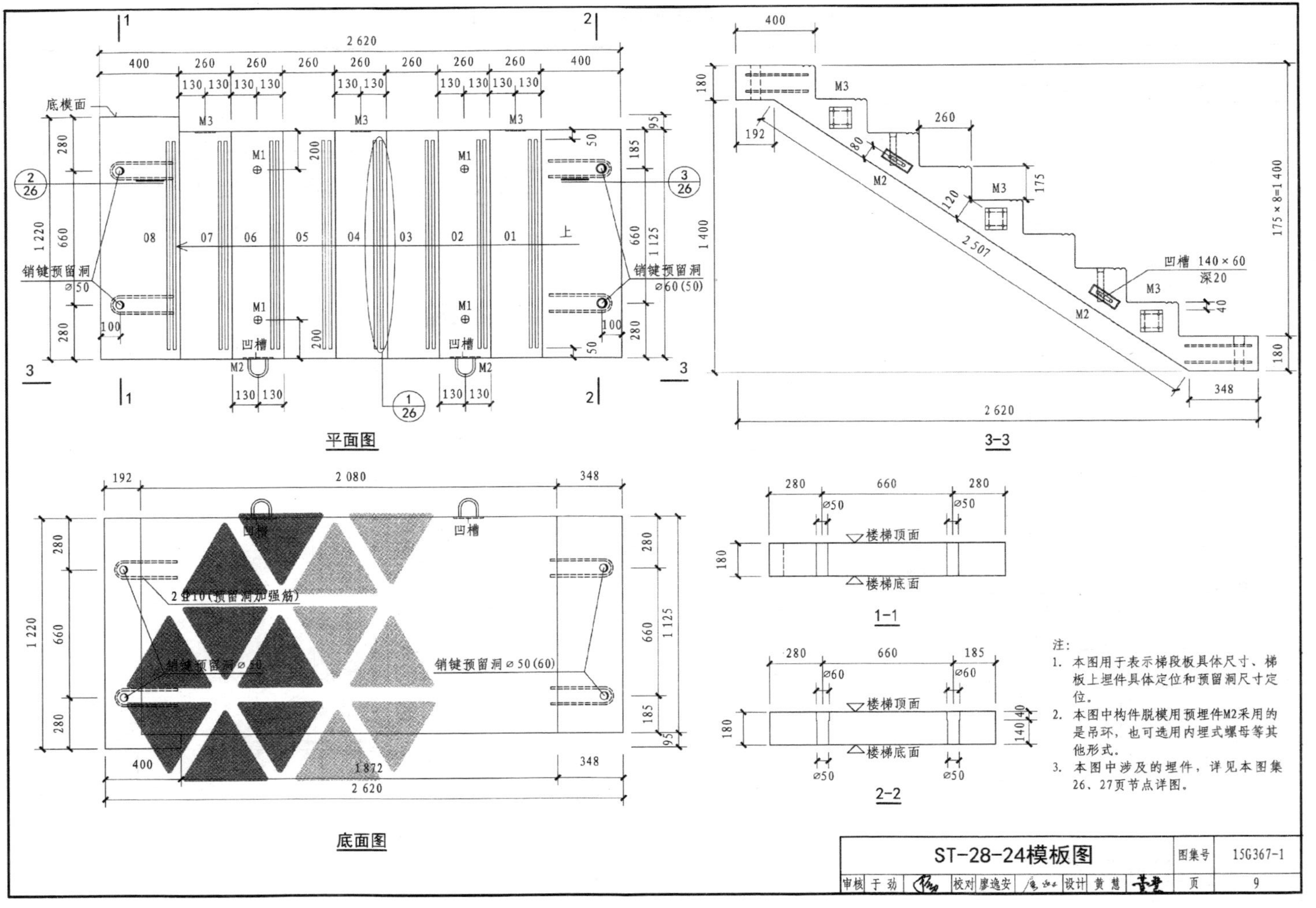

图 4-37　预制混凝土板式楼梯模板图示例

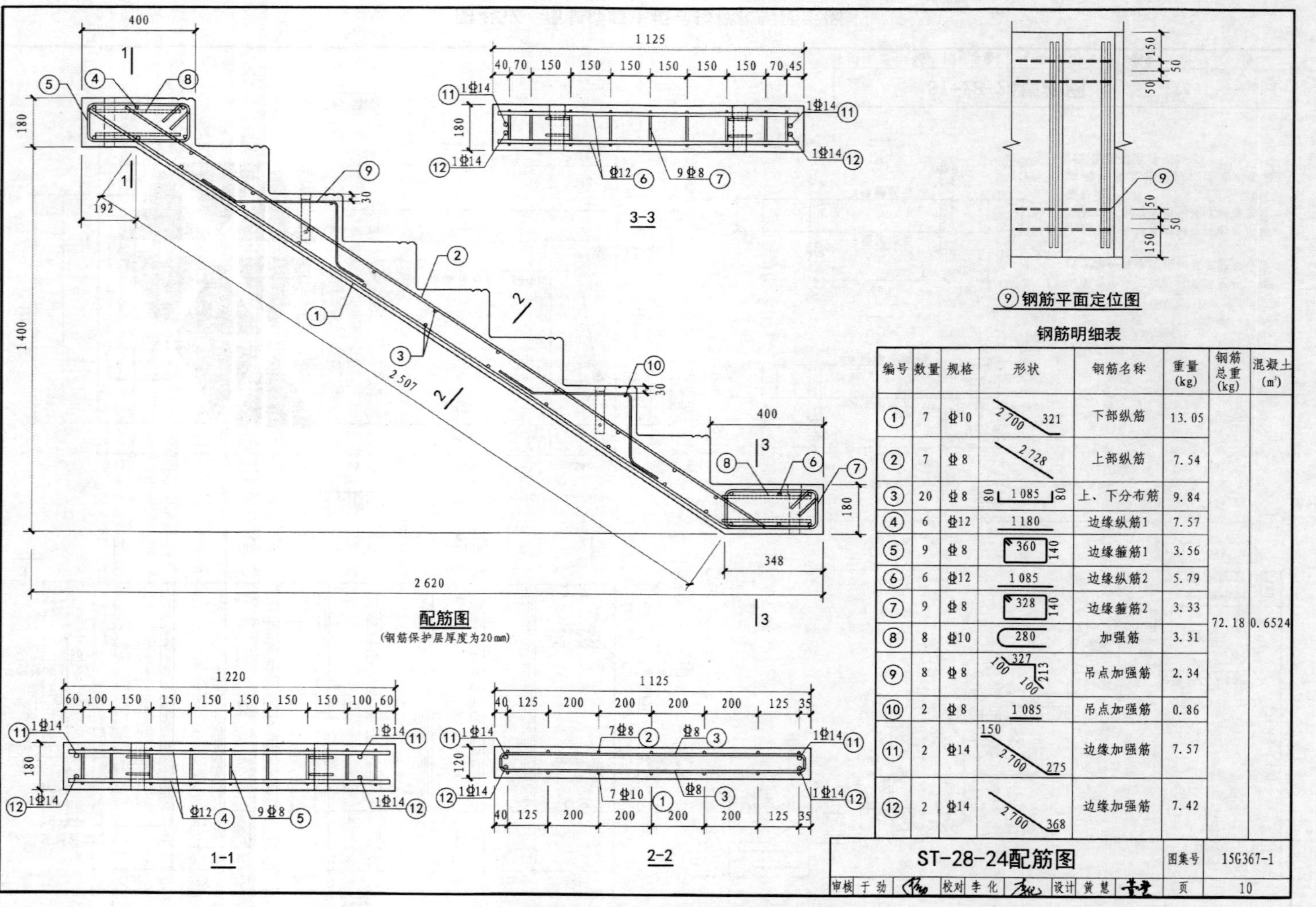

编号	数量	规格	形状	钢筋名称	重量(kg)	钢筋总重(kg)	混凝土(m³)
①	7	Φ10	2 700 321	下部纵筋	13.05	72.18	0.6524
②	7	Φ8	2 728	上部纵筋	7.54		
③	20	Φ8	80 1 085 80	上、下分布筋	9.84		
④	6	Φ12	1 180	边缘纵筋1	7.57		
⑤	9	Φ8	360 140	边缘箍筋1	3.56		
⑥	6	Φ12	1 085	边缘纵筋2	5.79		
⑦	9	Φ8	328 140	边缘箍筋2	3.33		
⑧	8	Φ10	280	加强筋	3.31		
⑨	8	Φ8	100 327 100 213	吊点加强筋	2.34		
⑩	2	Φ8	1 085	吊点加强筋	0.86		
⑪	2	Φ14	150 2 700 275	边缘加强筋	7.57		
⑫	2	Φ14	2 700 368	边缘加强筋	7.42		

图4-38　预制混凝土板式楼梯配筋图示例

（九）钢筋加工配料图中钢筋表示方法

1. 普通钢筋一般表示方法

普通钢筋的一般表示方法见表4-21。

表4-21　普通钢筋

序号	名称	图例	说明
1	钢筋横断面	•	—
2	无弯钩的钢筋端部	———	表示长、短钢筋投影重叠时，短钢筋的端部用45°斜划线表示
3	带半圆形弯钩的钢筋端部	⊂———	—
4	带直钩的钢筋端部	└———	—
5	带丝扣的钢筋端部	///———	—
6	无弯钩的钢筋搭接		—
7	带半圆弯钩的钢筋搭接		—
8	带直钩的钢筋搭接		—
9	花篮螺丝钢筋接头		—
10	机械连接的钢筋接头		用文字说明机械连接的方式（或冷挤压或锥螺纹等）

2. 预应力钢筋表示方法

预应力钢筋的表示方法见表4-22。

表4-22　预应力钢筋

序号	名称	图例
1	预应力钢筋或钢绞线	——··——··——
2	后张法预应力钢筋断面 无黏结预应力钢筋断面	⊕
3	预应力钢筋断面	+
4	张拉端锚具	
5	固定端锚具	
6	锚具的端视图	
7	可动连接件	
8	固定连接件	

3. 钢筋网片表示方法

钢筋网片的表示方法见表4-23。

表 4-23 钢筋网片

序号	名称	图例
1	一片钢筋网平面图	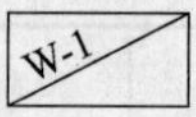 W-1
2	一行相同的钢筋网平面图	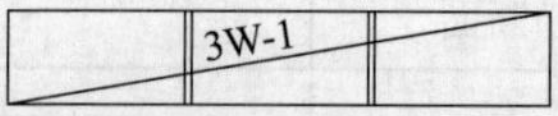 3W-1

注：用文字注明焊接网或绑扎网片。

4. 钢筋焊接接头表示方法

钢筋焊接接头的表示方法见表4-24。

表 4-24 钢筋焊接接头

序号	名称	接头型式	标注方法
1	单面焊接的钢筋接头	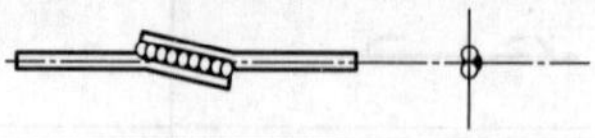	
2	双面焊接的钢筋接头	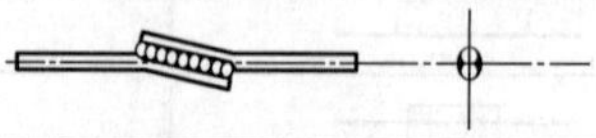	
3	用帮条单面焊接的钢筋接头	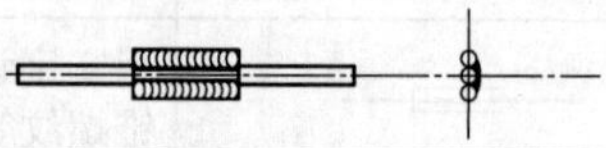	
4	用帮条双面焊接的钢筋接头	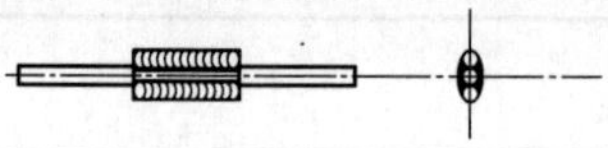	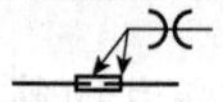
5	接触对焊的钢筋接头（闪光焊、压力焊）	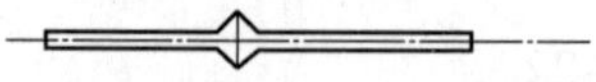	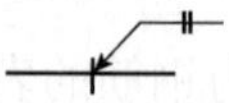
6	坡口平焊的钢筋接头	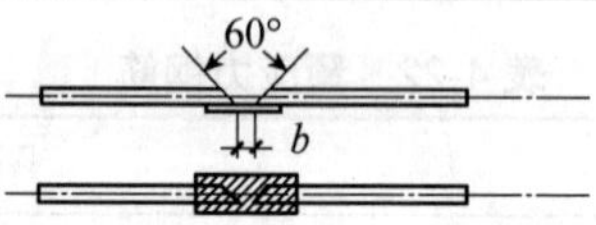 60° b	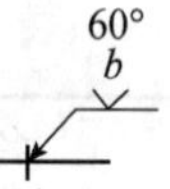 60° b
7	坡口立焊的钢筋接头	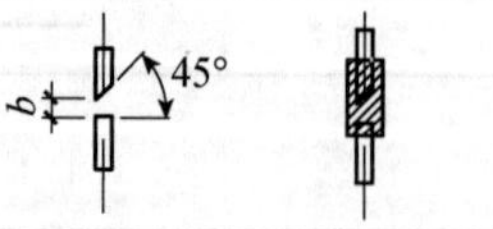 b 45°	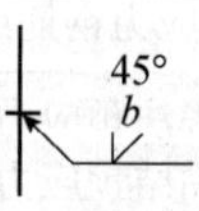 45° b
8	用角钢或扁钢做连接板焊接的钢筋接头	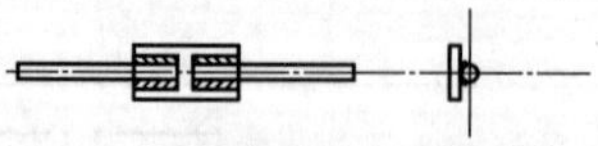	
9	钢筋或螺（锚）栓与钢板穿孔塞焊的接头	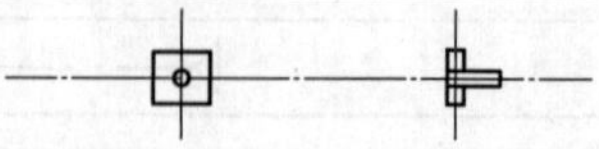	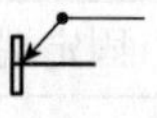

5. 钢筋的画法

钢筋的画法见表4-25。

表 4-25　钢筋的画法

序号	说明	图例
1	在结构楼板中配置双层钢筋时，底层钢筋的弯钩应向上或向左，顶层钢筋的弯钩应向下或向右	（底层）（顶层）
2	钢筋在混凝土墙体配双层钢筋时，在配筋立面图中，远面钢筋的弯钩应向上或向左，而近面钢筋的弯钩应向下或向右（JM 近面，YM 远面）	JM YM JM YM JM YM JM YM
3	若在断面图中不能表达清楚的钢筋布置，应在断面图外增加钢筋大样图（如：钢筋混凝土墙、楼梯等）	
4	图中所表示的箍筋、环筋等若布置复杂时，可加画钢筋大样及说明	
5	每组相同的钢筋、箍筋或环筋，可用一根粗实线表示，同时用一两端带斜短划线的横穿细线，表示其钢筋及起止范围	

第二节　工程测量

一、工程测量内容

工程测量是在工程施工阶段进行的测量工作，它是直接为工程施工服务的，从场地平整、建（构）筑物定位、基础施工、主体施工、构件安装，到后期的检查、验收，建筑的变形监测都离不开工程测量。

工程测量的主要内容：

（1）工程测量的准备工作；

（2）建立施工控制网；

（3）建（构）筑物放样；

（4）复核、交底，施工控制；

（5）竣工验收测量；

（6）变形观测。

二、装配式建筑安装施工测量

预制装配式建筑结构的定位测量与标高控制是一项重要的施工内容，测量内容包括装配式建筑物定位、安装、标高的控制。

（一）柱安装定位测量及控制

（1）根据工程自身的形状和结构布置情况确定最佳的控制线，然后在控制线上选择最合理的控制点位置，并利用测量仪器放出控制点位置。选择控制点时要避开竖向构件和其他影响通视的不利因素。确保点位之间有良好的通视条件。随着施工的进展，控制点应逐层引测，每楼层轴线控制点不应少于4 个。

（2）预制柱弹线，清除预埋件及主筋上的水泥浆、铁锈等杂物。在构件上弹好轴线或中线（即安装定位控制线），注明方向、轴线号及标高线，柱子应四面弹好定位控制线，首层柱子除弹好轴线外还要三面标注±0.00 m水平线。

（3）控制楼层安装标高，构件连接锚固的结构部位施工完毕，测放出楼层柱网轴位线、标高控制线及构件安装控制线，抹好上、下柱子接头部位的叠合层，预埋、找平定位钢板并校准其标高。

（4）预制柱安装施工前，通过激光扫平仪和钢尺检查楼板面平整度，柱四角放置金属垫块使楼层的平整度控制在允许偏差范围内，以利于预制柱的垂直度校正；按照设计标高，对柱子长度偏差进行复核。

（二）梁定位测量及控制

（1）根据引入施工作业区的标高控制点，用水准仪测设出叠合梁安装位置处的水平（标高）控制线，水平控制线宜设置在作业区1m处的外墙板上，同一作业区域内的水平控制线应重合，根据水平控制线弹出叠合梁底的位置线。

（2）根据轴线、外墙板线，将梁端控制线用线锤、靠尺、全站仪（或经纬仪）等测量工具引至外墙板上，构件起吊前对照图纸校核构件的尺寸和编号。

（三）墙安装定位测量及控制

在楼板上根据图纸及定位轴线放出预制墙体定位边线及50 mm控制线，同时在预制墙体吊装前，在预制墙体上放出1 m水平控制线，便于墙体构件在安装过程中精确定位。使用水准仪和塔尺对墙体安装位置进行抄平，根据抄平结果放置标高调整垫片或调整装置，每片墙体根据宽度设置2～4 个抄平点。当墙体安装定位线弹完后，开始垫片位置测量工作，外墙板垫片放置位置为外墙板轴线上，内墙板垫片靠边线放置，同一墙板下2组垫片对称错开放置。外挂墙板安装定位放线如图4-39所示。

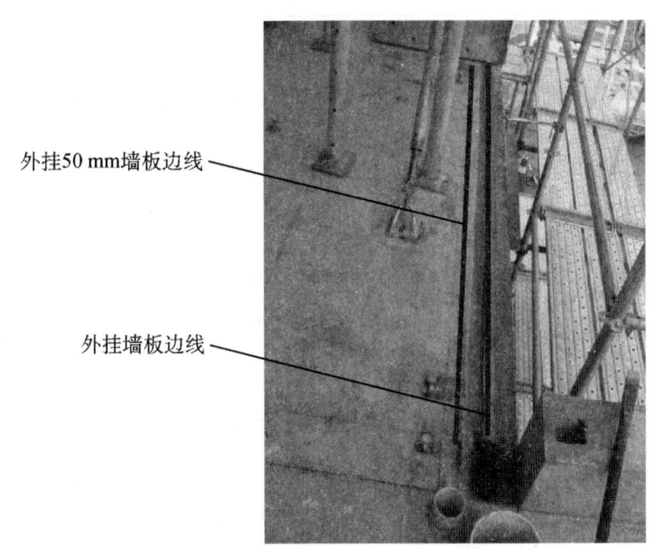

图 4-39　外挂墙板安装定位放线示意

（四）楼板安装定位测量及控制

（1）控制点引测，上层楼面对应下层控制点处，在楼板上预留150 mm的圆形或方形空洞，使用垂准仪在下层控制点处向上投射激光束，上层用激光接收靶进行接收，每层楼面轴线控制点不应少于4个，高程控制点不应少于2个。

（2）楼板安装测量，以控制点为基准，利用全站仪（或经纬仪）进行放线，在已经浇筑完毕的构件上标注出叠合构件底标高及边线控制线的位置。并根据临时支撑平面图，在楼面上弹出临时支撑点的位置，确保上、下层临时支撑处在同一垂直线上。

（五）楼梯安装定位测量及控制

（1）定位测量控制，楼梯间周边梁板叠合层混凝土浇筑完工后，测量并弹出相应楼梯构件端部和侧边的控制线，轴线放线偏差不得超过±2 mm，放线有连续偏差时，应考虑从建筑物一条轴线向两侧调整。

（2）高程利用水准仪进行控制。水准仪根据主体结构控制标高确定楼梯支座处标高，并按测量结果在现浇梁相应的位置固定放置好垫片。

第三节　装配式建筑常用材料

一、混凝土

混凝土是指由胶凝材料将集料胶结成整体的工程复合材料的统称。通常讲的混凝土一词是指用水泥作胶凝材料，碎石或卵石作粗骨料，砂作细骨料，与水、外加剂和掺合料等按一定比例配合，经搅拌而得的水泥混凝土，也称人造石。

（一）混凝土的分类

混凝土可按多种方式分类：

（1）按混凝土表观密度分类可分为重混凝土、普通混凝土与轻混凝土。

1）重混凝土：重混凝土主要是在核能工程中用于屏蔽辐射的结构材料，又可以叫作防辐射混凝土。其表观密度一般大于2 600 kg/m^3。

2）普通混凝土：普通混凝土就是土木工程中最常用到的水泥混凝土，其表观密度为2 000～2 600 kg/m^3。

3）轻混凝土：轻混凝土可以根据性能与用途的不同分为结构用轻混凝土、保温用轻混凝土和结构保温轻混凝土等，其表观密度小于1 950 kg/m^3。

（2）按混凝土抗压强度分类可分为低强混凝土、中强混凝土、高强混凝土及超高强混凝土等。

（3）按混凝土在工程中的用途不同可分为结构混凝土、水工混凝土、海洋混凝土、道路混凝上、防水混凝土、补偿收缩混凝土、装饰混凝土、耐热混凝土、耐酸混凝土、防辐射混凝土等。

（4）按混凝土的生产和施工方法不同可分为预拌混凝土、泵送混凝土、喷射混凝土、压力灌浆混凝土（预填骨料混凝土）、挤压混凝土、离心混凝土、真空吸水混凝土、碾压混凝土等。

（二）混凝土的质量要求

（1）混凝土应搅拌均匀、颜色一致，具有良好的和易性。混凝土的坍落度应符合相关要求。冬期施工时，水、骨料加热温度及混凝土拌合物出机温度应符合国家相关规定的要求。

（2）混凝土中氧化物和碱的总含量应符合国家相关规范的要求，以保证构件受力性能和耐久性。

（3）混凝土应具有足够的耐久性，在荷载或温、湿度的作用下混凝土会产生变形，主要包括：弹性变形、塑性变形、收缩和温度变形等。耐久性是指在使用过程中抵抗各种破坏因素作用的能力。主要包括：抗冻性、抗渗性、抗侵蚀性。

（三）混凝土的性能指标

（1）配合比：配合比即水泥、粗细集料和水的配合比例，即水泥、砂、石及用水量的重量之比。

（2）和易性：和易性是指新拌混凝土易于各工序施工操作（搅拌、运输、浇注、捣实等）并能变得质量均匀、成型密实的性能。混凝土的和易性是流动性、黏聚性和保水性的综合体现，流动性、黏聚性和保水性之间既互相联系，又常存在矛盾。

（3）强度：混凝土的强度即混凝土硬化后的力学性能指标，主要是指混凝土抗压、抗拉、抗弯、抗剪等荷载的能力。

混凝土标号是以混凝土标准抗压强度（以边长为150mm的立方体为标准试件，在标准养护条件下养护28 d，按照标准试验方法测得的具有95%保证率的立方体抗压强度）为指标划分的强度等级，分为C15、C20、C25、C30、C35、C40、C45、C50、C55、C60、C65、C70、C75、C80、C85、C90、C95、C100共18个等级。

（四）装配式混凝土的要求

（1）装配式建筑结构中，预制构件的混凝土强度等级不宜低于C30；现浇混凝土的强度等级不应低于C25；预制预应力构件混凝土的强度等级不宜低于C40，且不应低于C30。

（2）有抗震设防要求的装配式结构的混凝土强度等级要求：剪力墙不宜超过C60；其他构件不宜超过C70；一级抗震等级的框架梁、柱及节点不应低于C30；其他各类结构构件不应低于C20。

（3）装配整体式建筑结构预制构件后浇节带处的混凝土宜采用普通硅酸盐水泥配制，其强度等级应比预制构件强度等级提高一级，且不应低于30MPa。

二、钢筋

（一）钢筋的分类及牌号

1. 钢筋的分类

钢筋的种类很多，可按生产工艺、轧制外形、直径大小等进行分类。

（1）钢筋按生产工艺分类

钢筋按其生产工艺分为热轧钢筋、冷拉钢筋、热处理钢筋、冷轧带肋钢筋、冷轧扭钢筋、钢丝及钢绞线等。

根据热轧工艺的不同，可分为以下三种：

HPB钢筋为Hot-rolled Plain Steel Bar的英文缩写，即热轧光圆型钢筋。

HRB钢筋为Hot-rolled Ribbed Steel Bar的英文缩写，即热轧带肋钢筋，所谓带肋钢筋指钢筋表面通过热轧工艺轧制出变形以增加与混凝土之间的咬合力，包括表面带肋钢筋、螺旋纹钢筋、人字纹钢筋、月牙纹钢筋等。

RRB钢筋为Remained-heat-treatment Ribbed Steel Bar的英文缩写，即余热处理带肋钢筋，是在热轧后立即穿水，进行表面控制冷却，然后利用芯部余热自身完成回火处理所得的成品钢筋。这种钢筋也属于热轧钢筋，其焊接性能与HRB钢筋相比，有一定的差异，延性和强屈比稍低。

（2）按轧制外形分类

钢筋按轧制外形可分为光圆钢筋、带肋钢筋、钢丝及钢绞线、冷轧扭钢筋等。

1）光圆钢筋。光圆钢筋为光面圆形截面，供应形式有盘圆及线材两种，盘圆直径不大于10 mm，线材长度为6～12 m。光圆钢筋如图4-40所示。

2）带肋钢筋。带肋钢筋有螺旋形、人字形和月牙形三种，带肋钢筋如图4-41所示。

图4-40　光圆钢筋

图4-41　带肋钢筋

3）钢丝及钢绞线。钢丝是直径在5 mm以下的钢筋，分为碳素钢丝和冷拔低碳钢丝。钢绞线是将7根直径为2.5～5 mm的碳素钢丝放在绞线机上进行螺纹形绞绕而成的钢丝束，再经过热处理成型。钢丝及钢绞线常用于预应力混凝土构件中。钢丝如图4-42所示，钢绞线如图4-43所示。

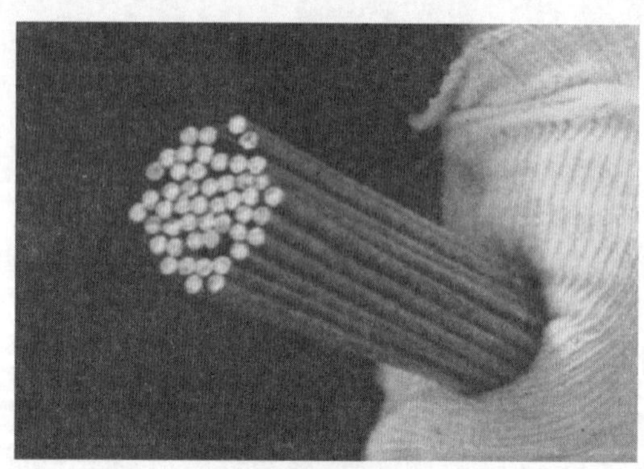

图4-42　钢丝

图4-43　钢绞线

4）冷轧扭钢筋。冷轧扭钢筋是经冷轧并冷扭成型的钢筋。

（3）按直径大小分类

钢筋按直径大小可分为钢丝、细钢筋、普通钢筋、粗钢筋。

1）钢丝（直径3～5 mm）：主要用于钢筋绑扎、固定钢筋位置。

2）细钢筋（直径6～10 mm）：主要用于箍筋、板钢筋。

3）普通钢筋（直径14～22 mm）：主要用于板钢筋，常见结构梁、柱、剪力墙钢筋。

4）粗钢筋（直径大于22 mm）：主要用于具有一定受力要求、尺寸截面较大、较复杂的结构。

2. 钢筋牌号及其含义

钢筋牌号及其含义见表4-26。

表4-26　钢筋牌号及其含义

类别	牌号	牌号构成	英文字母含义
热轧光圆钢筋	HPB300	由 HPB+屈服强度特征值构成	HPB——热轧光圆钢筋的英文（Hot rolled Plain Bars）缩写
普通热轧钢筋	HRB400	由 HRB+屈服强度特征值构成	HRB——热轧带肋钢筋的英文（Hot rolled Ribbed Bars）缩写 E——“地震”的英文（Earthquake）首位字母
	HRB500		
	HRB600		
	HRB400E	由 HRB+屈服强度特征值+E 构成	
	HRB500E		
细晶粒热轧钢筋	HRBF400	由 HRBF+屈服强度特征值构成	HRBF——在热轧带肋钢筋的英文缩写后加“细”的英文（Fine）首位字母 E——“地震”的英文（Earthquake）首位字母
	HRBF500		
	HRBF400E	由 HRBF+屈服强度特征值+E 构成	
	HRBF500E		

（二）热轧光圆钢筋

钢筋的抗拉性能（下屈服强度R_{eL}、抗拉强度R_m、断后伸长率A）、弯曲性能等特征值应符合表4-27的规定。

表4-27　钢筋的力学性能特征值

牌号	下屈服强度 R_{eL}/MPa	抗拉强度 R_m/MPa	断后伸长率 A/%	最大力总伸长率 A_{gt}/%	冷弯试验 180°
	不小于				
HPB300	300	420	25	10.0	$d=a$

注：d—弯芯直径；a—钢筋公称直径。

（三）热轧带肋钢筋

1. 力学性能

（1）钢筋的抗拉性能（下屈服强度R_{eL}、抗拉强度R_m、断后伸长率A）、弯曲性能等特征值应符合表4-28的规定。

表 4-28　钢筋的力学性能特征值

<table>
<tr><th rowspan="2">牌号</th><th>下屈服强度
R_{eL}/MPa</th><th>抗拉强度
R_m/MPa</th><th>断后伸长率
A/%</th><th>最大力总伸长率
A_{gt}/%</th><th>R°_m/R°_{eL}</th><th>R°_{eL}/R_{eL}</th></tr>
<tr><th colspan="5">不小于</th><th>不大于</th></tr>
<tr><td>HRB400
HRBF400</td><td rowspan="2">400</td><td rowspan="2">540</td><td>16</td><td>7.5</td><td>—</td><td>—</td></tr>
<tr><td>HRB400E
HRBF400E</td><td>—</td><td>9.0</td><td>1.25</td><td>1.30</td></tr>
<tr><td>HRB500
HRBF500</td><td rowspan="2">500</td><td rowspan="2">630</td><td>15</td><td>7.5</td><td>—</td><td>—</td></tr>
<tr><td>HRB500E
HRBF500E</td><td>—</td><td>9.0</td><td>1.25</td><td>1.30</td></tr>
<tr><td>HRB600</td><td>600</td><td>730</td><td>14</td><td>7.5</td><td>—</td><td>—</td></tr>
</table>

注：R°_m为钢筋实测抗拉强度；R°_{eL}为钢筋实测下屈服强度。

（2）公称直径 28～40 mm 各牌号钢筋的断后伸长率 A 可降低 1%；公称直径大于 40 mm 各牌号钢筋的断后伸长率 A 可降低 2%。

2. 工艺性能

（1）弯曲性能

钢筋应进行弯曲试验。按表 4-29 规定的弯曲压头直径弯曲 180°后，钢筋受弯曲部位表面不得产生裂纹。

表 4-29　弯曲压头直径表　　单位：mm

<table>
<tr><th>牌号</th><th>公称直径 d</th><th>弯曲压头直径</th></tr>
<tr><td rowspan="3">HRB400
HRBF400
HRB400E
HRBF400E</td><td>6～25</td><td>4d</td></tr>
<tr><td>28～40</td><td>5d</td></tr>
<tr><td>>40～50</td><td>6d</td></tr>
<tr><td rowspan="3">HRB500
HRBF500
HRB500E
HRBF500E</td><td>6～25</td><td>6d</td></tr>
<tr><td>28～40</td><td>7d</td></tr>
<tr><td>>40～50</td><td>8d</td></tr>
<tr><td rowspan="3">HRB600</td><td>6～25</td><td>6d</td></tr>
<tr><td>28～40</td><td>7d</td></tr>
<tr><td>>40～50</td><td>8d</td></tr>
</table>

（2）反向弯曲性能

1）对牌号带 E 的钢筋应进行反向弯曲试验。经反向弯曲试验后，钢筋受弯曲部位表面不得产生裂纹。

2）根据需方要求，其他牌号钢筋也可进行反向弯曲试验。

3）可用反向弯曲试验代替弯曲试验。

4）反向弯曲试验的弯曲压头直径比弯曲试验相应增加一个钢筋公称直径。

（3）连接性能

1）钢筋的焊接、机械连接工艺及接头的质量检验与验收应符合相关标准的规定。

2）HRBF500、HRBF500E钢筋的焊接工艺应经试验确定。

3）HRB600钢筋推荐采用机械连接的方式进行连接。

3. 表面质量

钢筋应无锈蚀等表面缺陷。

三、常用模板

装配式建筑结构模板应具备足够的强度、刚度和稳定性，能可靠地承受施工过程中的各种荷载，保证结构物的形状、尺寸准确。装配式建筑常用模板有木模板、钢模板及铝模板等。

（1）木模板：木模板为12 mm或15 mm厚竹、木胶板，木模板支撑木方的含水率不大于20%，有霉变、虫蛀、腐朽、劈裂等不符合一等材质的木方不得使用。

（2）钢模板：钢材应符合《碳素结构钢》（GB/T 700—2006）中的相关标准。一般采用Q235钢材加工。

（3）铝模板：定型铝模板可周转多次使用，既保证结构实体尺寸，又可降低建设成本。

四、支撑

装配式建筑构件安装施工时，水平构件及竖向构件均需设置临时支撑，装配式建筑现浇带模板也需要设置临时支撑。装配式建筑临时支撑包括：支撑钢管、U型可调托撑及独立钢支柱支撑系统等。

1. 支撑钢管

（1）采用 ϕ48.3 mm×3.6 mm焊接钢管，用于立杆、横杆、剪刀撑和斜杆的长度为4.0～6.0 m。

（2）安全色：防护栏杆为红白相间色。

2. U型可调托撑

U型可调托撑受压承载力设计值不小于40 kN，支托板厚度不小于5 mm。螺杆外径不得小于36 mm。螺杆与支托板焊接应牢固，焊缝高度不得小于6 mm，螺杆与螺母旋合长度不得少于5扣，螺母厚度不得小于30 mm。

3. 独立钢支柱支撑系统

1）独立钢支柱支撑系统由独立钢支柱支撑、连接杆或三脚架组成。独立钢支柱支撑由插管、套管和支撑头组成，分为外螺纹钢支柱和内螺纹钢支柱，如图4-44所示。插管由开有销孔的钢管和销栓组成；套管由底座、套管、调节螺管和调节螺母组成；支撑头可采用板式顶托或U型支撑。

2）连接杆宜采用普通钢管，钢管应有足够刚度。三脚架宜采用可折叠的普通钢管制作，应具有足够的稳定性。

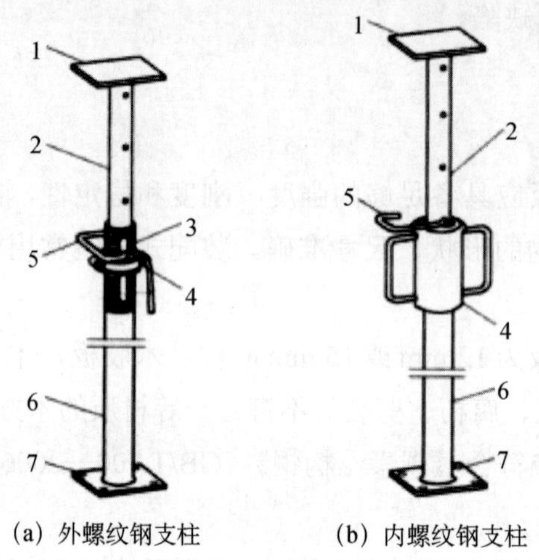

(a) 外螺纹钢支柱　　(b) 内螺纹钢支柱

1—支撑头；2—插管；3—调节螺管；4—调节螺母；5—销栓；6—套管；7—底座。

图4-44　钢支柱

五、钢筋连接套筒及灌浆料

1. 钢筋连接套筒

装配式混凝土建筑结构中构件连接使用的钢筋连接套筒一般分为全灌浆连接套筒和半灌浆连接套筒，还有异型灌浆连接套筒，全灌浆连接套筒上下两端均需插入钢筋灌浆连接；半灌浆连接套筒一端为直螺纹套丝连接，一端为插入钢筋灌浆连接。全灌浆连接套筒如图4-45所示、半灌浆连接套筒如图4-46所示。

2. 灌浆料

灌浆料是以水泥为基本材料，配以适当的细骨料，以及混凝土外加剂和其他材料组成的干混料，加水搅拌后具有良好的流动性、早强性、高强性、微膨胀性等。灌浆料填充于套筒和带肋钢筋间隙之间，起到握裹连接钢筋、传递受力的作用。

图 4-45　全灌浆连接套筒

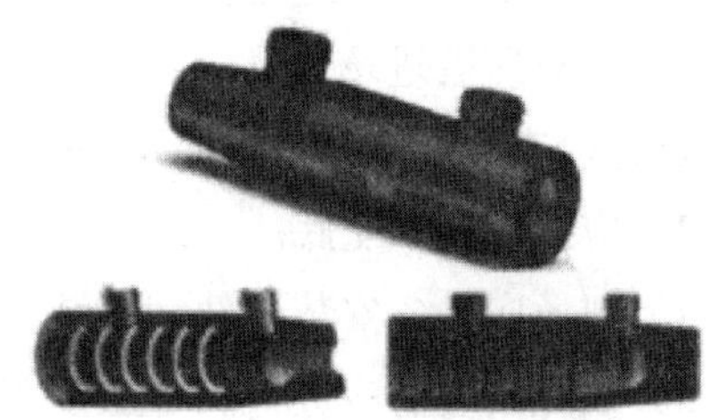
图 4-46　半灌浆连接套筒

第四节　施工管理

一、装配式建筑构件安装方案

装配式建筑施工方案主要内容包括工程概况、施工安排、施工进度计划、施工准备与资源配置计划、施工方法及工艺等。

（1）工程概况

工程概况内容包括工程主要情况、设计简介和工程施工条件等。

（2）施工安排

施工安排中应确定施工顺序，以及流水段的划分情况等。

（3）施工方法以及工艺

施工方案中应明确分部（分项）工程或专项工程施工方法并进行必要的验算，明确主要分项工程（工序）的施工工艺要求。对易发生质量通病、易出现安全问题、施工难度大、技术含量高的分项工程（工序）等应做出重点说明。对开发和使用的新技术、新工艺以及采用的新材料、新设备应通过必要的试验或论证并制定详细计划，并提出详细的季节性施工安排。

二、技术管理

施工前，应根据装配式混凝土结构工程的管理和施工技术特点，对管理人员及作业人员分级进行专项培训，作业人员未经培训或培训不合格者严禁上岗。

应根据装配式混凝土建筑结构工程的施工要求，合理选择并配备吊装设备，应根据预制构件存放、安装和连接等要求，确定安装使用的工器具方案。

（一）装配式建筑施工技术管理工作要求

1）装配式建筑施工前应编制施工组织设计和专项施工方案，包括安全、质量、环境保护方案及施工进度计划等内容。

2）应对所有进场部品、零配件及辅助材料按设计规定的品种、规格、尺寸和外观的要求进行检查。

3）应进行技术交底。

4）现场应具备安装条件，安装部位应清理干净。

5）装配安装前应进行测量放线工作。

（二）专项方案

1. 装配式建筑工程专项施工方案

装配式建筑工程专项施工方案内容应包括以下6点：

1）塔式起重机械设备安装、使用、拆卸；

2）支撑架及脚手架；

3）预制构件吊装；

4）预制构件接缝防水；

5）套筒灌浆作业；

6）采用新技术、新工艺、新材料、新设备及尚无相关技术标准的危险性较大的分部（分项）工程。

2. 需专家论证的专项施工方案

1）起重吊装及安装拆卸工程。

① 采用非常规起重设备、方法，且单件起吊重量在100 kN及以上的起重吊装工程。

② 起重量在300 kN及以上的起重设备安装工程，高度在200 m及以上的内爬起重设备的拆除工程。

2）支撑架及脚手架。

3）采用新技术、新工艺、新材料、新设备及尚无相关技术标准的危险性较大的分部（分项）工程。

3. 装配式结构工程常见专项施工方案的内容

1）起重设备安装、使用、拆卸方案，应包括安装、拆卸施工的作业环境、安装条件、安装拆卸作业前交底、检查和拆装制度、安装工艺流程及施工要点、升降及锚固作业工艺、安装后的检验内容和试验方法、拆卸工艺流程及拆卸要点、相关安全措施、群吊作业防碰撞措施、安装和拆卸安全注意事项、拆装人员的组织分工等内容。

2）起重吊装专项施工方案，应包括现场环境、施工工艺、起重机械的选型依据、起重臂的设计计算、钢丝绳及索具的设计选用、地面承载力及道路的要求、预制构件堆放布置图、吊装安全防护措施等内容。

3）支撑架及脚手架方案，应包括编制依据、现场环境、脚手架选定及范围、脚手架材料要求、脚手架搭设流程及要求、脚手架的劳动力安排、脚手架的检查与验收、脚手架搭设安全技术措施、脚手架拆除安全技术措施等内容。

4）预制构件吊装方案应包括现场作业环境、施工工艺、施工物资、设备准备、施工顺序、施工方案、施工质量保证措施及安全施工管理、施工要点、吊装工程安全保证措施及应急预案等内容。

5）预制构件接缝防水方案，应包括现场环境、施工工艺、施工方案、施工质量保证措施、防水材料要求、施工要点等内容。

6）套筒灌浆作业施工方案，应包括现场作业环境、施工组织机构及施工人员配置、施工准备、材料搅拌要求、质量保证措施、灌浆机的安全使用、现场安全文明施工要求等内容。

（三）技术交底

技术交底是一项极为重要的技术工作，其目的是使参与装配式建筑工程施工的作业人员熟悉和了解所承担的工程项目的特点、设计意图、技术要求、施工工艺及应注意的问题。

装配式建筑工程施工技术交底的注意事项：

1）装配式建筑工程施工技术交底应侧重于传统现浇结构施工的不同点，特别是对一些特殊的关键部位、技术施工难度大的预制构件，应认真做技术交底。

2）装配式建筑工程在施工过程中，对塔吊等起重设备的要求较高，应重点对起重设备的选型、吊运、施工、起重量、起重半径、吊点、吊具等进行技术交底。

3）装配式建筑的连接形式通常采用半灌浆套筒或全灌浆套筒连接方式，灌浆施工作业质量将直接影响到整个装配式建筑的施工质量，因此应针对灌浆作业环境及操作要求单独进行技术交底。

4）对于下层插筋位置和灌浆套筒位置的连接精度单独进行技术交底。

5）对叠合受弯构件（叠合梁、叠合板）与搁置点的安装精度及板缝之间的处理重点进行技术交底。

6）技术交底必须以书面形式，交底内容字迹要清楚、完整，并应有交底人、接收人的签字。

7）技术交底必须在工程施工前进行，作为整个工程和分部（分项）工程施工前准备工作的一部分。

三、质量管理

（一）建筑材料质量控制

1. 建筑材料复试

工程所用的原材料、半成品或成品构件等应有出厂合格证和材质报告单。对进场材料要作材质复试的，项目试验员应按照规定的取样方法进行取样并填写复验内容委托单，在监理工程师的见证下由试验员送往有资质的试验单位进行检验，检验合格的材料方能使用。

1）复试材料的取样。为了有效控制材料质量，在抽取样品时应按相关规定进行，也可选取有疑问的样品；必要时也可以由承发包双方商定增加抽样数量。

建筑材料复试的取样原则：

① 同一厂家生产的同一品种、同一类型、同一生产批次的进场材料应根据相应材料质量标准与管理规程以及规范要求的数量确定取样批次，抽取样品进行复试，当合同另有约定时应按合同执行。

② 项目应实行见证取样和送检制度，即在建设单位或监理工程师的见证下，由项目试验员在现场取样后送至试验室进行试验，见证取样和送检次数应按相关规定进行。

③ 送检的检测试样，必须从进场材料中随机抽取，严禁在现场外抽取。试样应有唯一性标识，试样交接时，应对试样外观、数量等检查确认。

④ 工程的取样送检见证人，应由该工程建设单位书面确认，并委派在工程现场的建设或监理单位人员1～2名担任。见证人应具备与检测工作相适应的专业知识。见证人及送检单位对试样的代表性及真实性负有法定责任。

试验室在接受委托试验任务时，须由送检单位填写委托单。

2）材料检测单位应符合以下规定：

①确定检测单位。根据现行有关行政法规，确定检测单位的基本原则是：当行政法规、国家现行标准或合同对检测单位的资质有明确要求时，应遵守其规定；当没有明确要求时，可由具备资质的施工企业试验室进行检测，也可委托具备相应资质的检测机构进行检测。

②建筑施工企业试验室出具的试验报告，是工程竣工资料的重要组成部分，当建设单位、监理单位对建筑施工企业试验室出具的试验报告有争议时，应委托被争议各方认可的、具备相应资质的检测机构重新检测。

3）主要材料复试内容及要求。

① 钢筋：钢筋的复试内容有屈服强度、抗拉强度、伸长率和冷弯。有抗震设防要求的框架结构的纵向受力钢筋抗拉强度实测值与屈服强度实测值之比不应小于1.25，钢筋屈服强度实测值与屈服强度标准值之比不应大于1.30，钢筋的最大力总伸长率不应小于9%。

② 水泥：水泥的复试内容有抗压强度、抗折强度、安定性、凝结时间。钢筋混凝土结构、预应力混凝土结构中严禁使用含氯化物的水泥。同一生产厂家、同一等级、同一品种、同一批号且连续进场的水泥，袋装的不超过200 t为一批检验，散装的不超过500 t为一批检验。

③ 混凝土外加剂：检验报告中应有碱含量指标，预应力混凝土结构中严禁使用含氧化物的外加剂，混凝土结构中使用含氧化物的外加剂时，混凝土的氧化物总含量应符合

相关规定。

④ 石子：复试内容有筛分析、含泥量、泥块含量、含水率、吸水率及石子的非活性骨料检验。

⑤ 砂：复试内容有筛分析、泥块含量、含水率、吸水率及非活性骨料检验。

⑥ 建筑外墙金属窗、塑料窗：复试内容有气密性、水密性、抗风压性能检验。

⑦ 装饰装修用人造木板及胶黏剂：复试内容有甲醛含量检验。

⑧ 饰面板（砖）：复试内容有室内用花岗石的放射性，粘贴用水泥的凝结时间、安定性、抗压强度，外墙陶瓷面砖的吸水率及抗冻性能复验。

⑨ 混凝土小型空心砌块：同一部位使用的小型空心砌块应持有同一厂家生产的产品合格证书和进场复试报告，小型空心砌块在厂内的养护龄期及其后停放期总时间必须确保不少于28 d。

⑩ 预拌混凝土：检查预拌混凝土出场合格证书及配套的水泥、砂、石子、外加剂。

2. 建筑材料质量管理

（1）建筑材料质量管理总体要求

1）建筑材料的规格、品种、型号和质量等，必须满足设计和有关规范、标准的要求。

2）建筑材料应符合现行国家法律、法规、规范及设计要求，同时还应符合经业主批准材料样板的要求，并应根据材料的特性、使用部位来进行选择。

（2）建筑材料质量控制的主要过程

建筑材料质量控制主要体现在以下 4 个环节：材料采购的控制、材料进场试验检验，材料保管和材料使用。

1）材料采购的控制。

① 掌握建筑材料方面有关的法规及条文。在我国，政府对大部分建筑材料的采购和使用都有文件规定，各省（区、市）及地方建设行政管理部门对钢材、水泥、预拌混凝土、砂石、砌体材料、石材、胶合板实行备案证明管理。

② 通过市场调研和对生产经营厂商的考察，选择供货质量稳定、履约能力强、信誉高、价格有竞争力的供货单位。

③ 对于诸如瓷砖、釉面砖等建筑装饰材料，由于不同批次间会不可避免地存在色差，为了保证质量和效果，在订货时要充分考虑施工损耗和日后维修使用等因素。

④ 在确定供货商后，应对供货商提供的质量文件内容、文件格式、份数做出明确要求，对材料技术指标应在合同中明确，这些文件将在工程竣工后成为竣工文件的重要组成部分。

2）材料进场试验检验。

① 材料进场时，应提供材料和产品合格证，并根据供料计划和有关标准进行现场质量验证和记录。质量验证包括材料品种、型号、规格、数量、外观检查和见证取样。验

证结果记录后报监理工程师审批备案。

② 现场验证不合格的材料不得使用，也可经相关方协商后按有关标准规定降级使用。

③ 对于项目采购的物资，业主的验证不能代替项目对所采购物资的质量责任，而业主采购的物资，项目的验证也不能取代业主对其采购物资的质量责任。

④ 物资进场验证资料不齐或对其质量有怀疑时，要单独存放该部分物资，待资料齐全和复验合格后，方可使用。

⑤ 严禁以次充好，偷工减料。

3）材料保管和材料使用。

① 项目应安排专人管理材料并建立材料管理台账，进行收、发、储、运等环节的技术管理，避免混料和将不合格的材料使用到工程中。

② 要严格按照施工平面布置图的要求进行材料堆放。检验或未检验的物资应标明并分开码放，所有进场材料都应有明确标识。

③ 应做好各类物资的保管、保养工作，定期检查，做好记录，确保其质量完好。

（二）建设工程质量管控

1. 地基基础工程质量管控

（1）土方工程

1）土方开挖前，应检查定位放线、排水和降低地下水位系统。

2）开挖过程中，应检查平面位置、水平标高、边坡坡度、压实度、排水和降低地下水位系统，并随时观测周围的环境变化。

3）基坑（槽）开挖后，应检验以下内容：

① 核对基坑（槽）的位置、平面尺寸，坑底标高是否符合设计的要求，并检查边坡稳定状况，确保边坡安全。

② 核对基坑（槽）土质和地下水情况是否满足地质勘察报告和设计要求；有无破坏地质结构或发生较大土质扰动的现象。

③ 用钎探法或轻型动力触探等方法检查基坑（槽）是否存在软弱下卧层及古墓、古井、防空掩体、地下埋设物等并确定其位置、深度及性状。

4）基坑（槽）验槽，应重点观察柱基、墙角、承重墙下或其他受力较大部位，如有异常部位，要会同勘察、设计等有关单位进行处理。

5）土方回填，应查验以下内容：

① 回填土的材料要符合设计和规范的规定。

② 填土施工过程中应检查排水措施、每层填筑厚度、回填土的含水量控制（回填土体的最优含水量，砂土：8%～12%；黏土：19%～23%；粉质黏土：12%～15%；粉土：16%～22%）和压实程度。

③ 基坑（槽）的填方，在夯实或压实之后，要对每层回填土的质量进行检验，应满足设计和规范的要求。

④ 填方施工结束后应检查标高、边坡坡度、压实程度等是否满足设计和规范的要求。

（2）灰土、砂和砂石地基工程

1）检查原材料及配合比是否符合设计和规范的要求。

2）施工过程中应检查分层铺设的厚度、分段施工时上下两层的搭接长度、夯实时的加水量、夯压遍数、压实系数。

3）施工结束后，应检验灰土、砂和砂石地基的承载力。

（3）重锤夯实或强夯地基工程

施工前应检查夯锤质量、尺寸，落距控制手段、排水设施及被夯地基的土质。施工中应检查落距、夯击遍数、夯点位置、夯击范围。施工结束后，应检查被夯地基的强度并进行承载力检验。

（4）打（压）预制桩工程

检查预制桩的出厂合格证及进场质量、桩位、打桩顺序、桩身垂直度、接桩、打（压）桩的标高或贯入度等是否符合设计和规范的要求。桩竣工位置偏差、桩身完整性和承载力必须符合设计要求和规范规定。

（5）混凝土灌注桩基础

检查位偏差、桩顶标高、桩底沉渣厚度、桩身完整性、承载力、垂直度、桩径、原材料、混凝土配合比及强度、泥浆配合比及性能指标、无渣厚度、桩身完整性、钢筋笼制作及安装、混凝土浇筑等是否符合设计和规范的要求。

2. 主体结构工程质量管控

（1）钢筋混凝土工程

1）模板工程。

模板工程质量控制应包括模板的设计、制作、安装和拆除。模板工程施工前应编制施工方案，并应经过审批或论证。施工过程应重点检查施工方案是否可行及落实情况，模板的强度、刚度、稳定性、支承面积、平整度、几何尺寸、拼缝隔离剂涂刷、平面位置及垂直度、梁底模起拱、预埋件及预留孔洞、施工缝及后浇带处的模板支撑安装等是否符合设计和规范的要求，严格控制拆模时混凝土的强度和拆模时混凝土的强度及拆模顺序。

2）钢筋工程。

钢筋工程质量控制应包括钢筋进场检验、钢筋加工、钢筋连接、钢筋安装等。施工过程应重点检查原材料进场合格证和复试报告，加工质量，钢筋连接试验报告及操作者合格证，钢筋安装质量（纵向钢筋、横向钢筋的品种、规格、数量、位置、保护层厚度和连接方式、接头位置、接头数量、接头面积百分率及箍筋、横向钢筋的品种、规格、数量、间距等），预埋件的规格、数量、位置。

3）混凝土工程。

混凝土工程的检查内容主要包括组成材料的合格证及复验报告、配合比、坍落度、冬施浇筑时入模温度、现场混凝土试块（制作、数量、养护及其强度试验等）、现场混凝土浇筑工艺及方法（预铺砂浆的质量、浇筑的顺序和方向、分层浇筑的高度、施工缝的留置、浇筑时的振捣方法及对模板和其支架的观察等）、大体积混凝土测温措施、养护方法及时间，后浇带的留置和处理等是否符合设计和规范的要求；混凝土的实体检测：检测混凝土的强度、钢筋保护层厚度等，检测方法主要有破损法检测和非破损法检测两类。

4）钢筋混凝土构件安装工程。

钢筋混凝土构件安装工程质量控制主要是预制构件和连接质量控制。预制构件和连接质量控制主要检查：构件的合格证（生产单位、构件型号、生产日期、质量验收标志）、构件的外观质量（构件上的预埋件、插筋和预留孔洞的规格、位置和数量）、标志标识（位置、标高、构件中心线位置、吊点）、尺寸偏差、结构性能、临时堆放方式、临时加固措施、起吊方式及角度、垂直度、接头焊接及接缝，灌浆用细石混凝土原材料合格证及复试报告、配合比、坍落度、现场留置试块强度，灌浆的密实度等是否符合设计和规范的要求。

（2）预制柱安装质量控制要点

1）预测柱安装前应将安装位置表面清理干净，不得有垃圾。

2）柱子落位时应缓慢进行，确保钢筋准确地插入预留孔中。钢筋位置不对时应进行调整，严禁切断。

3）柱子安装时应根据安装方向、预留预埋位置正确安装，确保安装后预留预埋线盒、线管等位置准确。

4）预制柱安装前应校核轴线、标高，以及连接钢筋的数量、规格、位置，吊装时控制好预制柱标高、水平位置，安装完成后对柱体垂直度进行检查调整。

5）预制柱的临时支撑，应在套筒连接器内的灌浆料强度达到设计要求后拆除；当设计无具体要求时，混凝土或灌浆料达到设计强度的75%以上方可拆除。

（3）预制墙板安全质量控制要点

1）预制墙板安装顺序以及连接方式应保证在施工过程中结构构件具有足够的承载力和刚度，并应保证结构整体的稳固性。

2）预制墙板安装过程中用的临时支撑和拉结应具有足够的承载力和刚度；其拆除应在装配式混凝土剪力墙结构能够达到后续施工承载力的要求后进行。

3）预制墙板安装前应将结合面清理干净。

4）墙体落位时应缓慢进行，确保钢筋准确地插入预留孔中。当钢筋位置有偏差时，应进行调整，严禁切断。

5）墙体安装时应根据安装方向、预留预埋位置正确安装，确保安装后预留预埋线盒、线管等位置准确。

6）吊装时控制好墙体标高、水平位置，安装完成后对墙体垂直度进行检查调整。

7）安装完成的预制构件应有成品防护措施，防止后续施工造成破坏或者污染。

（4）预制梁安装质量控制要点

1）上下楼层钢支柱应在同一中心线上，独立钢支柱水平横纵向应与梁底脚手架承重支撑的水平横纵杆连接。

2）调节钢支柱的高度时应留出浇筑荷载所形成的变形量，跨度大于4 m时中间的位置要适当起拱。

3）支架立杆应竖直设置，2 m高度的垂直度允许偏差为15 mm。

4）当梁支架立杆采用单根立杆时，立杆应设置在梁模板中心线处，其偏心距不应大于15 mm。

（5）预制叠合楼板安装质量控制要点

1）预制叠合楼板安装应根据安装方向、预留预埋等进行，确保安装后水电等预埋管（孔）位置准确。

2）应调整预制叠合楼板锚固钢筋与梁钢筋位置，不得随意弯折或切断钢筋。

3）钢筋绑扎时穿入预制叠合楼板上的桁架，钢筋上的弯钩朝向要严格控制，不得平躺。

4）预制叠合楼板毛面在浇筑混凝土前应清理、湿润，不得有油污等污染。

5）房间进深方向预制叠合楼板间距控制以平面位置线为基准，在已固定好的墙柱类构件上画出叠合楼板房间进深方向的位置线，利用位置线控制叠合楼板的位置与间距。

6）控制好房间开间、进深方向预制叠合楼板的入墙位置：在安装好的墙柱上弹出入墙位置线，通过入墙位置线控制叠合楼板的入墙位置。

7）控制好预制叠合楼板标高：利用建筑1 m控制线，通过可调节独立支撑体系及支撑横梁来调整控制叠合楼板的标高。

8）当预制叠合楼板叠合层混凝土强度达到设计要求时，方可拆除底模及支撑。拆除模板时，不应对楼层形成冲击荷载。拆除的模板和支架宜分散堆放并及时清运。多个楼层间连续支模的底层支架拆除时间，应根据连续支模的楼层间荷载分配和混凝土强度的增长情况来确定。

（6）预制楼梯安装质量控制要点

1）楼梯段安装位置的梁板施工面应清理干净，坐浆厚度要大于垫片高度。

2）预制楼梯吊装钢丝绳与吊装梁应垂直。

3）采用水平吊装时，应使踏步平面呈水平状态，便于就位。

4）楼梯安装就位后用撬棍微调楼梯直到位置正确，搁置平实，标高确认无误，校正后再脱钩。

5）在楼梯预埋孔封闭前对楼梯段板进行验收。

四、安全管理

（一）建设工程安全管理

建设工程安全管理是一个系统性、综合性的管理，其管理的内容涉及建筑生产的各个环节。建设工程安全管理的主要内容包括制订安全管理办法、建立健全安全管理组织体系、安全生产管理计划和实施、安全生产管理业绩考核及安全生产管理业绩总结。

（二）施工安全危险源辨识

1. 危险源

根据安全事故发生过程的机理分析，将危险源分为两大类，即第一类危险源和第二类危险源。

1）第一类危险源是指在生产过程中存在的，可能发生意外释放的能量或危险物质。

2）第二类危险源是指造成约束、限制能量和危险物质的措施失控的各种不安全因素。

2. 危险源辨识

工程施工时识别可能造成人员伤害或疾病、财产损失、环境破坏的危险或危害因素，并判定其可能导致的事故类别和导致事故发生的直接原因的过程。

3. 建设工程安全风险

建设工程安全风险分为人员伤亡风险、经济损失风险、工期延误风险、环境影响风险、社会影响风险。

按风险发生可能性等级与风险损失严重性等级组合，建设工程风险等级分为四级（见表4-30）。

表 4-30 建设工程风险等级

损失严重性等级 \ 发生可能性等级		A	B	C	D	E
		轻微	较大	严重	很严重	灾难性
1	不可能	Ⅰ	Ⅰ	Ⅰ	Ⅱ	Ⅱ
2	可能较小	Ⅰ	Ⅰ	Ⅱ	Ⅱ	Ⅲ
3	偶尔	Ⅰ	Ⅱ	Ⅱ	Ⅲ	Ⅳ
4	有可能	Ⅰ	Ⅱ	Ⅲ	Ⅲ	Ⅳ
5	经常	Ⅱ	Ⅲ	Ⅲ	Ⅳ	Ⅳ

4. 装配式建筑施工风险

（1）预制构件运输风险

预制构件运输风险主要有以下几点：

1）构件在运输车上的固定是否牢靠；

2）市政道路对构件运输的要求；

3）运输途中离心、颠旋等对构件的影响。

（2）预制构件卸车及存放风险

预制构件卸车及存放风险主要有以下几点：

1）装卸车时车辆是否稳定；

2）对装卸车吊装机械和吊索具的选择和检查；

3）存放场地的稳定性；

4）存放架的刚度和稳定性；

5）构件存放方法。

（3）预制外墙板安装风险

预制外墙板安装风险主要有以下几点：

1）墙板预埋吊环和外观质量检查；

2）墙板吊装机械和吊索具的选择和检查；

3）墙板临时支撑形式选择，刚度和稳定性计算；

4）墙板临时支撑形式、数量、预埋件和安装检查；

5）墙板锚固连接钢筋位置调整；

6）人员高处作业安全防护；

7）临边作业防护。

（4）节点位置钢筋绑扎、支模和混凝土浇筑风险

节点位置钢筋绑扎、支模和混凝土浇筑风险主要有以下几点：

1）人员高处作业安全防护；

2）临边作业防护；

3）模板支撑检查。

（5）预制叠合楼板安装风险

预制叠合楼板安装风险主要有以下几点：

1）叠合楼板预埋桁架筋吊点和外观质量检查；

2）叠合楼板吊装机械和吊索具的选择和检查；

3）叠合楼板支撑形式选择，刚度和稳定性计算；

4）叠合楼板临时支撑形式、间距、数量和支装检查；

5）叠合楼板集中荷载控制；

6）人员高处作业安全防护；

7）临边作业防护。

（6）预制楼梯/隔墙板安装风险

预制楼梯/隔墙板安装风险主要有以下几点：

1）楼梯预埋吊环和外观质量检查；

2）楼梯吊装机械和吊索具的选择和检查；

3）楼梯临时支撑形式选择，刚度和稳定性计算；

4）楼梯临时支撑形式、数量、间距、预埋件和安装检查；

5）人员高处作业安全防护；

6）临边作业防护。

（7）叠合楼板线管铺设、钢筋绑扎、混凝土浇筑风险

叠合楼板线管铺设、钢筋绑扎、混凝土浇筑风险主要有以下几点：

1）人员高处作业安全防护；

2）临边作业防护；

3）集中荷载控制。

（8）墙板安装和钢筋绑扎、支模和混凝土浇筑风险

墙板安装和钢筋绑扎、支模和混凝土浇筑风险主要有以下几点：

1）墙板预埋吊环和外观质量检查；

2）墙板吊装机械和吊索具的选择和检查；

3）墙板临时支撑和模板支撑形式选择，刚度和稳定性计算；

4）墙板临时支撑和模板支撑形式数量、预埋件和安装检查；

5）人员高处作业安全；

6）临边作业防护。

（9）外围护架体安装、拆除风险

外围护架体安装、拆除风险主要有以下几点：

1）脚手架形式的选择和计算；

2）脚手架的基础检查；

3）脚手架形式、杆件质量、杆件间距、连墙件、预埋件和组装检查；

4）脚手架架体封闭检查；

5）人员高处作业安全防护；

6）临边作业防护。

（三）安全检查

安全检查是安全控制的重要环节，安全检查可以及时发现工程建造过程中存在的危险因素和安全隐患，以便采取措施，消除安全隐患，确保生产安全。安全检查的重点是违章作业和违章指挥。安全检查分为日常检查、专项检查、季节性检查和不定期检查等。

安全检查的主要内容：查安全思想、查安全责任、查安全制度、查安全措施、查安全防护、查设备和设施、查教育培训、查作业行为、查劳动防护用品使用、查工伤事故处理、查常用医药用品的配备情况。设备设施安全验收检查及定期保养、维修记录检查、临

时用电漏电开关定期更换记录检查、吊索、吊具、电动工具定期更换记录检查等。

安全检查应满足以下要求：

1）根据安全检查内容配备人员力量，抽调专业人员，确定检查负责人，明确分工；

2）应有明确的检查目的和检查项目、内容及检查标准、重点、关键部位。对大面积或数量多的检查项目采取观感检查和实体测量相结合的方法。检查时尽量采用检测工具，用数据说话；

3）对现场管理人员和操作工人不仅要检查是否有违章指挥和违章作业的行为，还应进行应知应会的抽查，以便了解管理人员及操作工人的安全素质。对于违章指挥、违章作业的行为，检查人员应当场指出、进行纠正。

（四）装配式建筑施工安全检查重点

1. 预制构件堆放安全技术要求

1）构件在吊运、堆放的过程中指挥人员应以色旗、手势、哨子等进行指挥。操作前全体人员应统一熟悉指挥信号，指挥人员应站在视线良好的位置上，不得站在无护栏的墙头和吊物易碰触的位置上。

2）操作人员必须配戴安全帽，高处作业应搭设安全护栏，操作人员应配挂安全带。工作前严禁饮酒，作业时严禁穿拖鞋、硬底鞋或易滑鞋操作。

3）各种构件应按施工组织设计的规定分区堆放，各区之间应保持一定距离。堆放地点的土质要坚实，不得堆放在松土和坑洼不平的地方，防止下沉或局部下沉，引起侧倾甚至构件倾覆。

4）外墙板、内隔墙板应放置在金属插放架内，两侧用木楔楔紧。插放架的高度应为构件高度的2/3以上，上面要搭设300 mm宽的走道和上、下梯道，便于挂钩。

5）插放架一般宜采用金属材料制作，使用前要认真检查和验收。内、外墙板靠放时，下端必须压在与插放架相连的垫木上，只允许靠放同一规格型号的墙板，两面靠放应平衡，吊装时严禁从中间抽吊，防止倾倒。

6）建筑物外围必须设置安全网或防护栏杆，操作人员应避开构件吊运路线和构件悬空时的垂直下方，并不得用手抓住运行中的起重绳索和滑车。

7）起重区均应按规定避开输电线路或采取防护措施，并且应划出危险区域和设置警示标志，禁止无关人员停留和通行。交通要道应安排专人进行警戒。

8）构件卸载时应轻放轻落，垫平垫稳，方可除钩。

2. 构件安装支撑安全技术要求

1）独立钢支柱支撑系统。独立钢支柱插管与套管的重叠长度不应小于280 mm，独立钢支柱套管长度应大于独立钢支柱总长度的1/2。

2）独立钢支撑应设置水平杆或三脚架等有效防倾覆措施。当采用水平杆作为防倾覆措施时，水平杆应采用不小于 ϕ32 mm 的普通焊接钢管按步纵横向通长满布贯通设置，水平杆不应少于两道，底层水平杆距地高度不应大于550 mm；当采用三脚架作为防倾覆措施时，三脚架宜采用不小于 ϕ32 mm 的普通焊接钢管制作，支腿与底面的夹角宜为45°～60°，底面三角边长不应小于800 mm，并应与独立钢支柱进行可靠连接。

3）独立钢支撑的布置除应满足预制混凝土梁、板的受力设计要求，其楞梁宜垂直于叠合板桁架钢筋、叠合梁纵向布置，且独立钢支柱距结构外缘不宜大于500 mm。

4）应根据支撑构件上的设计荷载选择合理的独立钢支柱型号，并保证在支撑结构作业层上的施工荷载不得超过设计允许荷载。

5）叠合梁应从跨中向两端、叠合板应从中央向四周对称分层浇筑，叠合板局部混凝土堆置高度不得超过楼板厚度100 mm。叠合板、叠合梁后浇层施工过程中，应派专人观测独立钢支柱支撑系统的工作状态，发生异常时观测人员应及时报告施工负责人，情况紧急时应迅速撤离施工人员，并应进行相应的加固处理。当遇到险情及其他特殊情况时，应立即停工和采取应急措施，待修复或险情排除后，方可继续施工。

6）独立钢支撑拆除作业前，应对支撑结构的稳定性进行检查确认；独立钢支撑拆除前应经项目技术负责人同意后方可拆除，拆除前混凝土强度应达到设计要求；当设计无要求时，混凝土强度应符合《混凝土结构工程施工质量验收规范》（GB 50204—2015）的相关规定。

3. 临时钢支柱斜支撑系统

1）预制竖向构件在施工过程中应设置临时钢支柱斜支撑，临时钢支柱斜支撑的固定方法如图4-47所示，上支撑杆倾角宜为45°～60°，下支撑杆倾角宜为30°～45°。

图4-47　临时钢支柱斜支撑

2）搭设临时钢支柱斜支撑时，相邻两临时斜支撑宜平行并排搭设。

3）预制柱竖向构件的支撑搭设宜多方向对称布置，预制柱竖向构件临时钢支柱斜支撑的搭设不应少于两个方向，且每个方向不应少于两道支撑。

4）预制柱竖向构件吊运到既定位置后，应及时通过调节临时钢支柱斜杆的长度来调节竖向构件的垂直偏差，待调节固定好竖向构件后，方可拆除吊环。

5）非设计允许，严禁采用临时斜支撑预埋件作施工吊装使用。

4. 吊装安全

1）吊装司机必须持证上岗，严格执行安全操作规程。

2）吊车起重区域，设置隔离措施，不得有人停留或通过，并设置警示标识。

3）起吊重物、吊钩应与地面呈90°垂直，严禁斜拉、横向起吊。

4）吊机落钩前应明确位置，摆正构件，避免无目的随意摆放。构件下要垫放枕木以利于取出钢绳。落钩要使用慢速，经充分落钩钢绳不受力后才能靠近取出钢绳。忌将手放在构件下取物，钢绳退出时不允许使用吊钩直接拉动以避免钢绳弹出伤人。

（5）吊装前安装安全绑带和缆风绳，确保吊装安全。

五、成本管理

（一）工程项目成本

1）工程项目成本包括直接费用和间接费用。

① 直接费用。

直接耗用于施工过程，构成工程实体的各项支出，包括人工费（即生产工人工资、奖金）、材料费（如主辅材料及构配件、周转材料的摊销及租赁费）、机械费、其他直接费（如材料二次搬运、冬雨季施工增加费）。

② 间接费用。

间接费用指项目部为工程实施准备、组织和管理施工生产活动所发生的各项费用支出。包括临时设施费、施工现场管理人员的工资、办公费、差旅费、劳动保护费、职工福利费、工程保修费、工程排污费及其他费用，管理用固定资产的折旧与修理费、工具用具使用费等。

2）根据建筑安装工程的特点和成本管理的要求，企业应分别确定工程预算成本、工程计划成本和工程实际成本。

① 工程预算成本。

工程预算成本是企业根据施工图设计和预算定额、预算单价以及有关计费标准确定的成本。在此基础上再加上管理费用、财务费用、计划利润及税金就形成了工程造价。所以说工程预算成本是工程造价的主要组成部分，是施工企业对外进行投标、确定投标报价的基础，也是企业成本支出的上限。

② 工程计划成本。

工程计划成本是企业在预算成本的基础上考虑事先制定好的成本降低率而确定的工程成本。计划成本反映了企业在计划期内预计应该达到的成本水平，是企业对内进行成本核算和控制的依据。

③ 工程实际成本。

工程实际成本是项目在报告期内实际发生的各项生产费用之和，反映的是企业真实的生产消耗水平。实际成本与预算成本对比，可以反映项目盈亏情况；实际成本与计划成本对比，可以揭示成本的节约和超支，考核企业的生产管理水平和经济效益。

（二）工程成本管理

工程成本管理是指在保证工程质量、工期满足合同的前提下，对项目实际发生的费用支出采取一系列监督措施，及时纠正偏差，把各项支出控制在计划成本范围内，从而保证成本计划实现的一系列活动。包括施工成本预测、施工成本计划、施工成本控制、施工成本核算、施工成本分析、施工成本考核等。下面就施工成本控制、施工成本分析和施工成本考核做简单的介绍。

1. 施工成本控制

在项目施工过程中，根据项目进度对实际成本与计划成本进行对比，把各项消耗和支出严格控制在成本计划范围内，对实际成本超出计划成本部分分析原因，采取措施，消除施工中的损失浪费现象。

2. 施工成本分析

在施工成本核算的基础上，将实际成本与计划成本、预算成本进行比较，分析影响成本升降的因素，对有利偏差进行挖掘，对不利偏差进行纠正，为加强成本控制、实现成本计划创造条件。

3. 施工成本考核

项目完工后，对实际成本与计划成本、预算成本进行对比，对项目成本计划完成的情况和各责任者的业绩进行考核，据此给予相应的奖励和处罚。

（三）成本控制

1. 材料、构件计划与进场管理

1）应根据施工进度计划，及时报送材料及构件进场计划，材料、构件计划单需明确进场时间、数量、规格等要求。

2）物资采购部门应根据计划组织材料进场，原材料进场时应进行验收，不合格的严禁使用。材料采购既要满足进度要求，又不能过多的存放，减少资金占用量。

3）构件进场应根据施工进度安排，既要避免进场后构件长时间存放、占用场地，又不能因构件进场较晚而影响施工进展。

2. 材料使用管理

1）严格材料使用管理，限额领料，杜绝或减少材料浪费。

2）施工现场管理，材料使用完成后，剩余材料应回收，废料应及时清理，做到工完实清。

3. 质量控制

1）严格构件进场验收，对质量证明资料不齐全或存在严重外观质量问题的构件应拒收。

2）做好施工质量检验，杜绝安装质量不合格问题的出现。

4. 安全管理

严格安全管理，排查安全隐患，降低安全风险。

操作技能篇

第五章　施工准备

第一节　预制构件进场及堆放

装配式建筑施工构件堆场在施工现场占有较大的面积，预制构件型号繁多，合理有序地对预制构件进行分类堆放，对减少施工现场构件堆放面积，加强预制构件成品保护，保证构件装配作业，提高工程作业进度，构建文明施工现场，都具有重要意义。

一、预制构件堆场布置原则

1）预制构件的堆放场地应满足平整度和地基承载力的要求，且应设置在起重设备的有效起重范围内。

2）预制构件应按规格型号、出厂日期、使用部位、吊装顺序等分类存放，且应标识清晰。不同类型的构件之间应留有不少于0.7m的人行通道。

3）预制构件与刚性搁置点之间应设置柔性垫片，预埋吊环宜向上，标识向外。

4）预制构件应采取合理的防潮、防雨、防边角损伤措施，构件与构件之间应采用垫木支撑。

二、预制构件堆放

在预制构件堆放时，应根据不同构件的受力特点，合理地选择堆放方式。通常情况下梁、柱等细长构件宜水平堆放，且不少于两条垫木支撑；墙板宜采用托架立放，上部两点支撑；楼板、楼梯、阳台板等构件宜水平叠放，叠放层数应根据构件与垫木或垫块的承载力及堆垛的稳定性确定，必要时应设置防止构件倾覆的支架。

1. 预制墙板堆放

预制墙板根据其受力特点和构件特点，宜采用专用支架对称插放或靠放，支架应有足够的刚度，并支垫稳固。预制外墙板宜对称靠放、饰面朝外，且与地面倾斜角不宜小于80°，构件与刚性搁置点之间应设置柔性垫片，防止损伤成品构件，图5-1～图5-3为各类预制墙板的堆放方式。

图5-1　预制墙板堆放

图5-2　设有门洞、窗洞等较大洞口的墙板堆放

图5-3　装饰类墙板堆放

2. 预制板类构件堆放

预制板类构件可采用叠放方式存放，其叠放高度应按构件强度、地面承载力、垫木强度，以及垛堆的稳定来确定，构件层与层之间应垫平、垫实，各层支垫应上下对齐，最下面的支垫应通长设置，吊环向上，标志向外，构件堆放期间混凝土养护期未满的应继续洒水养护。图5-4（a）、（b）为预制楼板堆放示意。

(a)

(b)

图5-4　预制楼板堆放

3. 楼梯构件堆放

楼梯构件可竖向堆放或水平堆放，图5-5为楼梯构件竖向堆放、图5-6为楼梯构件水平堆放。

图5-5　楼梯构件竖向堆放

图5-6　楼梯构件水平堆放

4. 梁、柱细长构件堆放

梁、柱等细长构件宜水平堆放，预埋吊装孔的表面朝上，且采用不少于两条垫木支撑，构件底层支垫高度不低于100 mm，且应采取有效的防护措施，图5-7为预制梁堆放。

图5-7　预制梁堆放

三、施工现场其他材料、半成品堆放

1）施工现场其他材料、半成品的堆放应根据施工现场及施工进度的变化及时进行调整，并且保持道路畅通，不能因材料的堆放而影响施工通道。对易燃材料、半成品应布置在在建房屋的下风向，并且要保持一定的安全距离，怕日晒雨淋、怕潮湿的材料，应放入库房，并注意通风。

2）施工现场其他材料、半成品的堆放要结合各个不同的施工阶段，在同一地点要堆放不同阶段需要使用的材料，以充分利用施工场地。

3）施工现场其他材料、半成品的堆放应灵活布置，在保证场内交通运输畅通和满足施工现场其他材料、半成品堆放要求的前提下，尽量减少场内二次搬运。

4）钢筋加工场地、材料堆场、大型模板加工场地，均应布置在塔吊吊臂作业覆盖范围内。

5）施工现场模板、钢管等周转性材料应分类型、分规格码放整齐，专材专用。

6）套筒、灌浆料等建筑材料应在仓库内存放，材料的调拨应派专人进行丈量、点数、登记，做到准确无误。

第二节　预制构件进场检验

装配式建筑工程中，预制构件质量是否符合图纸设计和国家相关标准的规范，对工程质量来说至关重要。预制构件是组成建筑工程的骨骼，将不合格的预制构件使用到装配式建筑工程中，会给建筑物带来安全隐患，不仅影响构筑物的正常使用，严重时还将直接危及消费者的生命和财产安全。因此，严格把控预制构件的进场验收制度，对保证工程质量具有重要意义。

预制构件进场时，建设或监理单位应组织施工单位共同对预制构件及其构配件外观质量、尺寸和相关资料进行检查验收。

1. 预制构件资料检验

1）预制构件隐蔽工程质量验收表；

2）预制构件出厂质量验收表；

3）钢筋进场复验报告；

4）混凝土留样检验报告；

5）保温材料、拉结件、套筒等主要材料进场复验报告；

6）产品合格证；

7）产品说明书；

8）其他相关的质量证明文件等资料。

2. 外观质量及尺寸检验

预制构件进场时，应对构件的外观质量进行全数检查。预制构件的外观不应有严重缺陷，且不应有影响结构性能和安装、使用功能的尺寸偏差，不宜有一般缺陷。对已出现的一般缺陷，应按技术方案进行处理，并重新检验。预制构件和装配式结构外观质量缺陷见本书表 9-1，预制构件外观质量允许偏差及检验方法应符合本书表 9-2 的规定。

3. 装饰类构件检验

带外装饰面的预制构件宜采用水平浇筑反打一次成型工艺，外装饰面砖的图案、分格、色彩、尺寸应符合设计要求，面砖铺设后表面应平整，接缝应顺直。

第三节　施工用具及设备

一、常用的吊装及灌浆工具用具

（一）常用的吊装工具用具

装配式建筑常用的吊装工具用具见表5-1。

表5-1　装配式建筑常用的吊装工具用具

序号	工具名称	示意图	备注
1	铁扁担	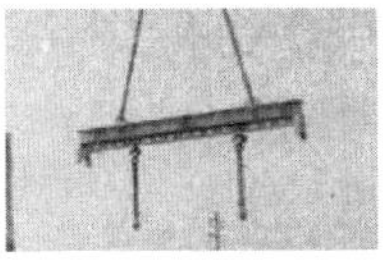	
2	吊装带		
3	铁链	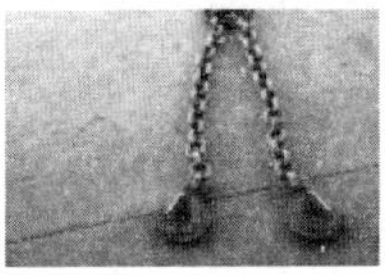	
4	水平尺		
5	吊环		
6	电动扳手		

续表

序号	工具名称	示意图	备注
7	撬棍		
8	螺栓		
9	膨胀螺丝		
10	硬塑垫块		
11	专用千斤顶		
12	可调节钢支撑		
13	爬梯		
14	冲击钻		
15	镜子		
16	对讲机		

续表

序号	工具名称	示意图	备注
17	经纬仪		
18	水准仪	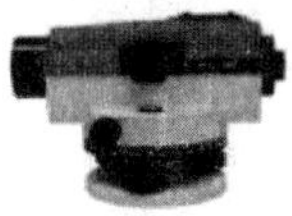	
19	塔尺		
20	小锤		
21	卷尺		
22	墙板缝打胶工具	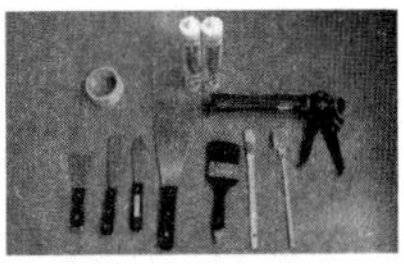	

（二）常用的灌浆工具用具

装配式建筑常用的灌浆工具用具见表5-2。

表5-2　装配式建筑常用灌浆工具用具

序号	工具名称	示意图	备注
1	电动灌浆机		
2	手动灌浆枪	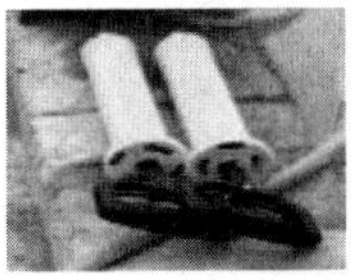	

续表

序号	工具名称	示意图	备注
3	冲击转式砂浆搅拌机	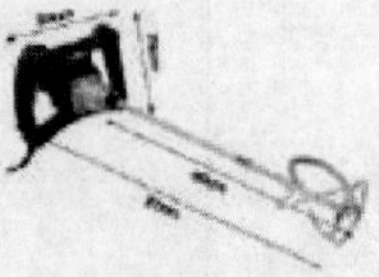	
4	不锈钢桶		
5	塑料水桶		
6	测温仪		
7	刻度杯（2L/5L）		
8	电子秤		
9	联模（40×40×160）mm		
10	专用橡胶塞		
11	海绵		

续表

序号	工具名称	示意图	备注
12	筛子		
13	螺丝刀		
14	温度计		
15	灌浆料		

二、常用设备器具的作用

1. 千斤顶

千斤顶可以用来校正构件的安装偏差和校正构件的变形，也可以顶升和提升构件。常用千斤顶有螺旋式千斤顶和液压式千斤顶两种。千斤顶如图5-8所示。

（a）螺旋式千斤顶

（b）液压式千斤顶

图5-8　千斤顶

2. 横吊梁

横吊梁俗称铁扁担、扁担梁，常用于梁、柱、墙板、叠合板等构件的吊装。用横吊梁吊运构件时，可以防止因起吊受力对构件造成的破坏，便于构件更好地安装、校正。

常用的横吊梁有框架吊梁、单根吊梁，吊梁常配合吊爪使用。框架吊梁、单根吊梁、吊爪如图5-9所示。

(a) 框架吊梁

(b)单根吊梁

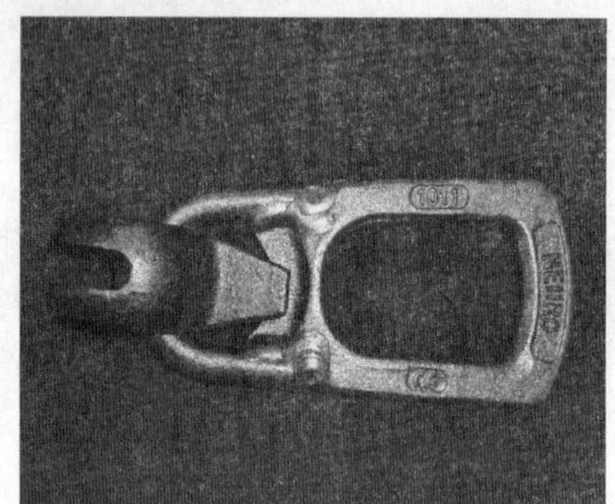

(c) 吊爪

图5-9　吊具

3. 倒链

倒链又称手拉葫芦、神仙葫芦。用来起吊轻型构件，拉紧缆风绳及拉紧捆绑构件的绳索等，受国内部分起重设备行程精度的限制，可采用倒链进行构件的精确就位。倒链如图5-10所示。

图5-10　倒链

4. 钢丝绳

钢丝绳是由多层钢丝捻成股，再以绳芯为中心，由一定数量绳股捻绕成螺旋状的绳。钢丝绳是吊装中的主要绳索，具有强度高、弹性大、韧性好、耐磨、能承受冲击荷载、工作可靠等特点。结构吊装中常用的钢丝绳是由6束绳股和一根绳芯（一般为麻芯）捻成。每束绳股由许多高强度钢丝捻成。钢丝绳按绳股数及每股中的钢丝数区分，有6股7丝（6×7）、6股19丝（6×19）、6股37丝（6×37）、6股61丝（6×61）等。6×19钢丝绳一般用作缆风绳和吊索；6×37钢丝绳一般用于穿滑车组和吊索；6×61钢丝绳一般用于重型起重机，钢丝绳如图5-11所示。吊装中常用的钢丝绳有6×19和6×37两种。

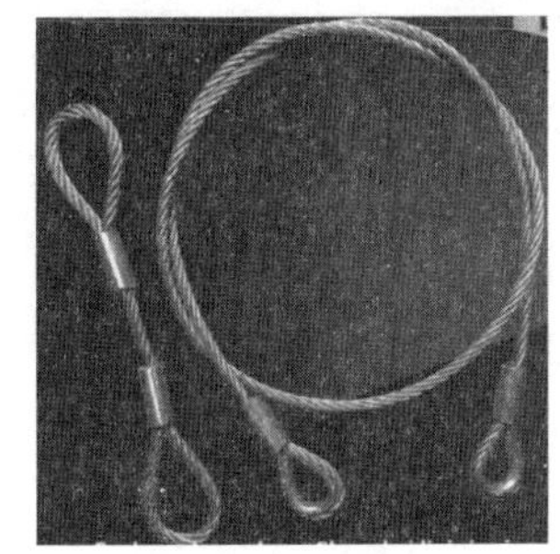

图5-11　钢丝绳

钢丝绳强度高、自重轻、柔韧性好、耐冲击，安全可靠。在正常情况下使用的钢丝绳不会发生突然破断，但可能会因为承受的载荷超过其极限破断力而被破坏。在建筑施工过程中，钢丝绳的破坏表现形态各异，多种原因交错。钢丝绳一旦被破坏就可能导致严重的后果，因此必须坚持每个作业班次都对钢丝绳进行检查并形成制度。并且应做到检查不留死角，对不易看到和不易接近的部位应给予足够重视，必要时应作探伤检查。在检查和使用中应做到以下几点：

1）使用检验合格的产品，保证其机械性能和规格符合设计要求；

2）保证足够的安全系数，必要时使用前要做受力计算，不得使用报废的钢丝绳；

3）使用中避免两条钢丝绳交叉、叠压受力，防止打结、扭曲、过度弯曲和划磨；

4）应注意减少钢丝绳弯折次数，尽量避免反向弯折；

5）不在不洁净的地方拖拉钢丝绳，防止外界因素对钢丝绳的损伤、腐蚀，使钢丝绳性能降低；

6）保持钢丝绳表面的清洁和良好的润滑状态，加强对钢丝绳的保养和维护。

5. 钢丝吊索

钢丝吊索又称千斤，是由钢丝绳制成的，因此钢丝绳的允许拉力即为吊索的允许拉力，在使用时，其拉力不应超过其允许拉力。吊索有环状吊索和开式吊索两大类，钢丝吊索如图5-12所示。

6. 吊装带

现阶段，常规吊装带（合成纤维吊装带）一般采用高强度聚酯长丝制作。根据外观分为环形穿芯、环形扁平、双眼穿芯、双眼扁平四类，吊装能力在1～300 t。吊装带一般采用国际色标来区分其吨位，分紫色（1t）到橘红色（10t）等吨位，对于吨位大于12t的均采用橘红色进行标识，同时带体上均有荷载标识标牌。吊装带如图5-13所示。

7. 卡环

卡环用于吊索与吊索之间或吊索与构件吊环之间的连接，由弯环与销子2个部分组成。

按弯环形式分为D形卡环和弓形卡环，卡环如图5-14所示。按销子与弯环的连接形式分，有螺栓式卡环和活络式卡环。螺栓式卡环的销子和弯环采用螺纹连接。活络式卡环的孔眼无螺纹，可直接抽出。螺栓式卡环使用较多，但在柱子吊装中多采用活络式卡环。

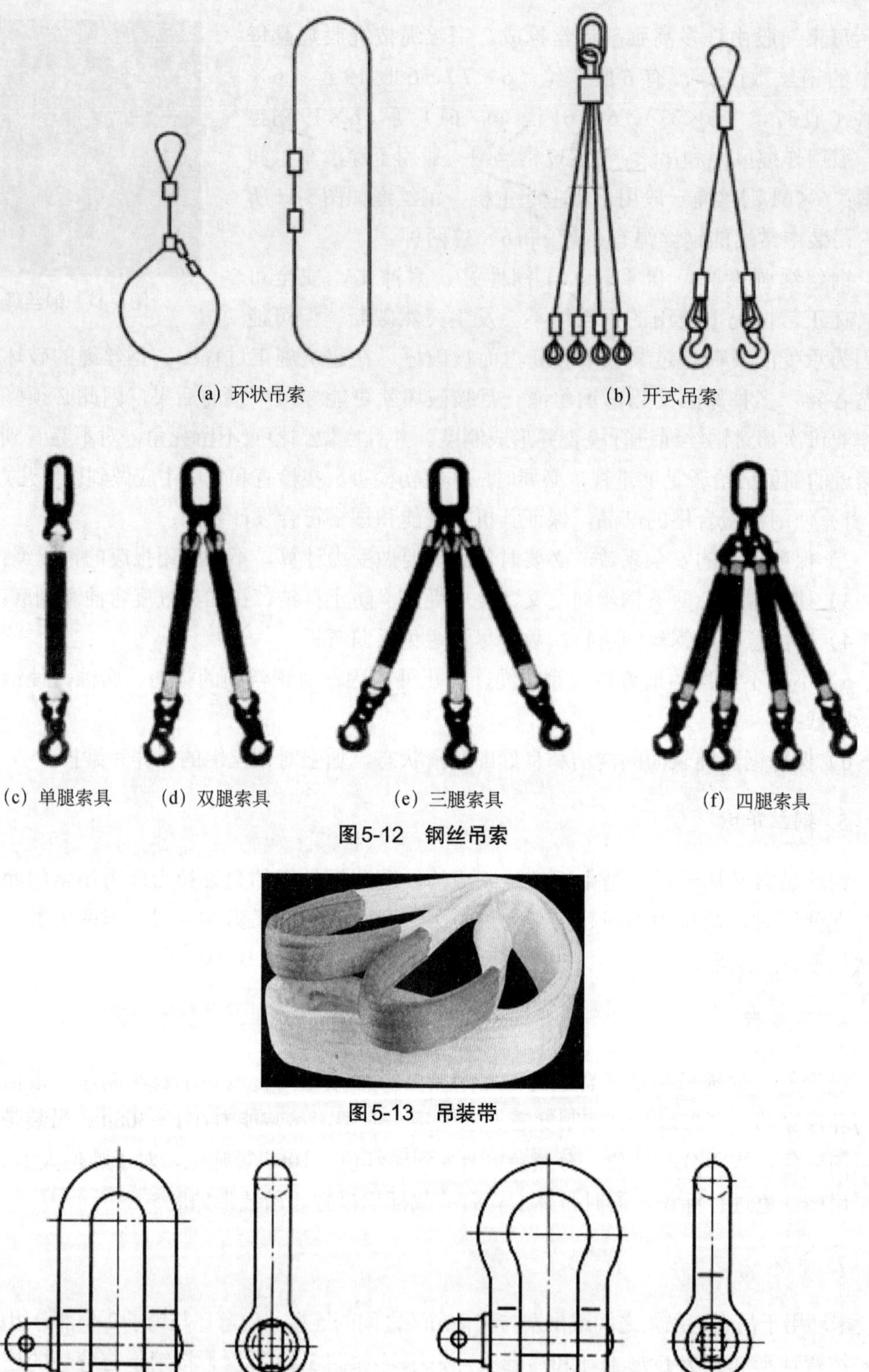

(a) 环状吊索　(b) 开式吊索

(c) 单腿索具　(d) 双腿索具　(e) 三腿索具　(f) 四腿索具

图5-12　钢丝吊索

图5-13　吊装带

(a) D形卡环　(b) 弓形卡环

图5-14　卡环

第四节　常用起重设备

合理选择并配备吊装设备，根据预制构件存放、安装和连接等要求，来确定安装使用的机具方案，合理的方案可实现预制构件存放便利、吊装快捷、就位准确、安全可靠。常用的起重机械有塔式起重机、履带式起重机及汽车式起重机。在选择起重机械时，设备起重量、作业半径（最大半径和最小半径）、力矩等应满足最大预制构件组装作业要求。起重机械的最大起重量不宜小于10 t。塔式起重机应具有安装和拆卸空间，轮式或履带式起重设备应具有移动式作业空间和拆卸空间，起重机械的提升或下降速度应满足预制构件的安装和调整要求。

起重机械选择的关键在于要将作业半径控制在最小，根据预制混凝土构件的运输路径和起重机施工空间的有无等要素，决定是采用移动式的起重机还是采用固定式的塔式起重机。另外，选择要素时还要综合考虑工程的施工时间、起重机的租赁费用、组装与拆卸费用以及拆换费用等。

一、塔式起重机

（一）塔式起重机的类型

塔式起重机是把吊臂、平衡臂等结构和起升、变幅等机构安装在金属塔身上的一种起重机，其特点是提升高度高、工作半径大、工作速度快、吊装效率高等。塔式起重机如图5-15所示。

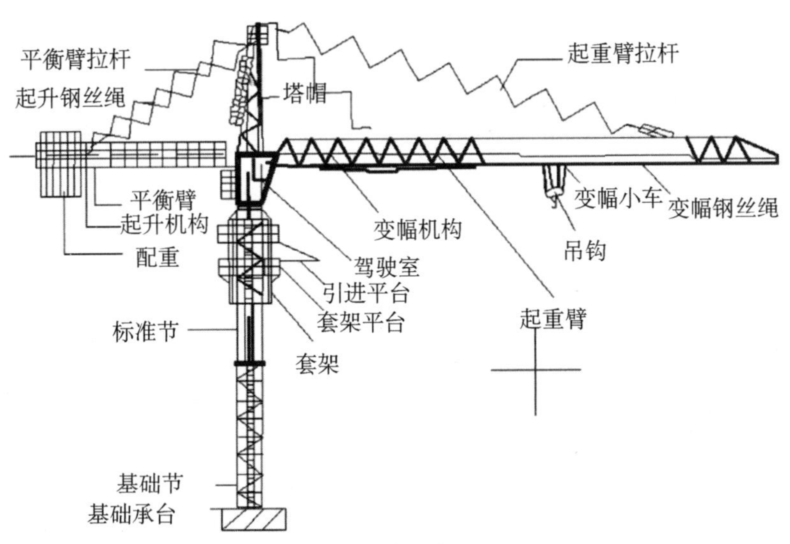

图5-15　塔式起重机

目前，用于建筑工程的塔式起重机按架设方式分为固定式、附着式、内爬式；按变幅形式分为小车变幅和动臂变幅两种。

1. 塔式起重机选型

塔式起重机型号的选择取决于装配式建筑的工程规模，如小型多层装配式建筑工程，可选择小型的经济型塔式起重机；高层建筑宜选择与之相匹配的塔式起重机。对于装配式结构，首先要满足起重高度的要求，塔式起重机的起重高度应该等于“建筑物高度＋安全吊装高度＋预制构件最大高度＋索具高度”。

2. 塔式起重机覆盖面的要求

塔式起重机的型号决定了塔式起重机的臂长幅度，布置塔式起重机时，塔臂应覆盖堆场构件，避免出现覆盖盲区，减少预制构件的二次搬运。对含有主楼、裙房的高层建筑，塔臂应全面覆盖主体结构部分和堆场构件存放位置，裙楼力求塔臂全部覆盖。当出现难以解决的楼边覆盖时，可考虑临时租用汽车起重机来解决裙房边角垂直运输的问题，不能盲目加大塔机型号，应认真进行技术、经济比较、分析后再确定方案。

3. 最大起重能力的要求

在塔式起重机的选型中应结合塔式起重机的尺寸及起重量荷载的特点，重点考虑工程施工过程中最重的预制构件对塔式起重机吊运能力的要求，应根据其存放的位置、吊运的部位、与塔中心的距离，来确定该塔式起重机是否具备相应的起重能力。起重量×工作幅度＝起重力矩。确定塔式起重机方案时应留有余地，一般实际起重力矩在额定起重力矩的75%以下。

4. 塔式起重机型号、代号

塔式起重机以QTZ125（6018）为例说明塔式起重机型号、代号。

QTZ——自升式塔式起重机。“Q”起重机，“T”塔式，“Z”上回转自升式。

125——公称起重力矩1 250 kN·m。

60——起重臂长60 m。

18——臂端（60 m）处起重量为1.8 t。

塔式起重机臂长是指塔身中心到起重小车吊钩中心的距离。塔式起重机臂长是随着小车的行走而变化的，随着塔式起重机臂长的变化，塔式起重机的起重能力会产生变化。通常以塔式起重机的最大工作幅度作为塔式起重机臂长的参数，QTZ125（6018）塔式起重机实际工作臂长是3～60 m，臂长在3～27.155 m时起重量最大。最大起重量为5 t，最大起重臂长为60 m时，塔式起重机起重能力最小，仅为1.8 t。

（二）使用要点

1）塔式起重机的定位。塔式起重机与外脚手架的距离应大于0.6 m，当群塔施工时，两台塔式起重机的水平吊臂间的安全距离应大于2 m，一台塔式起重机的水平吊臂和另一台塔式起重机的塔身的安全距离也应大于2 m。

2）塔式起重机作业前应进行以下检查和试运转。

① 各安全装置、传动装置、指示仪表、主要部位连接螺栓、钢丝绳磨损情况、供电电缆等必须符合国家相关规定。

② 按国家相关规定进行试验和试运转。

3）当同一施工地点有两台以上塔式起重机时，应保持两机之间任何接近部位（包括吊重物）的距离不得小于2 m。

4）在吊钩提升、起重小车或行走大车运行到限位装置前，均应减速缓行到停止位置并应与限位装置保持一定距离（与吊钩的安全距离不得小于1 m，与行走轮的安全距离不得小于2 m）。严禁采用限位装置作为停止运行的控制开关。

5）动臂式起重机的起升、回转、行走可同时进行。变幅应单独进行，每次变幅后应对变幅部位进行检查。允许带载变幅的，当载荷达到额定起重量的90%及以上时，严禁变幅。

6）提升重物，严禁自由下降。当重物就位时，可采用慢就位机构或利用制动器使之缓慢下降。

7）提升重物作水平移动时，应高出其跨越的障碍物0.5 m以上。装有上下两套操纵系统的起重机，不得上下同时使用。

8）作业中如遇大雨、雾、雪及6级以上大风等恶劣天气，应立即停止作业，将回转机构的制动器完全松开，起重臂应能随风转动。对轻型俯仰变幅起重机，应将起重臂落下并与塔身结构锁紧在一起。

9）作业中，操作人员临时离开操纵室时，必须切断电源。

10）作业完毕后，起重臂应转到顺风方向，并松开回转制动器，小车及平衡重应置于非工作状态，吊钩宜升到离起重臂顶端2～3 m处。

11）停机时，应将每个控制器拨回0位，依次断开开关，关闭操纵室门窗，下机后，使起重机与轨道固定，断开电源总开关，打开高空指示灯。

12）动臂式塔式起重机和尚未附着的自升式塔式起重机，塔身上均不得悬挂标语牌。

二、履带式起重机

（一）履带式起重机的类型

履带式起重机是在行走的履带底盘上装有起重装置的起重机械。主要由动力装置、传动装置、行走机构、工作机械、起重滑车组、变幅滑车组及平衡重等组成。它具有起重能力较大、自行式、全回转、工作稳定性好、操作灵活、使用方便、在其工作范围内可载荷行驶作业、对施工现场吊装地面要求不严等特点。履带式起重机是结构安装工程中常用的起重机械，履带式起重机如图 5-16 所示，按履带式起重机按传动方式不同可分为机械式、液压式（Y）和电动式（D）三种。

图 5-16　履带式起重机

（二）使用要点

1）驾驶员应熟悉履带式起重机技术性能，启动前应按规定进行各项检查和保养。启动后应检查各仪表指示值及运转是否正常。

2）履带式起重机必须在平坦坚实的地面上作业，当起吊荷载达到额定重量的90%及以上时，工作动作应慢速进行，并禁止同时进行两种及以上动作。

3）应按规定的起重性能作业，严禁超载作业，如确需超载时应进行验算并采取可靠措施。

4）作业时，起重臂的最大仰角不应超过规定，无资料可查时，不超过78°，最低不得小于45°。

5）采用双机抬吊作业时，两台起重机的性能应相近；抬吊时统一指挥，动作协调互相配合，起重机的吊钩滑轮组均应保持垂直。抬吊时单机的起重载荷不得超过允许载荷值的80%。

6）起重机带载行走时，载荷不得超过允许起重量的70%。

7）带载行走时道路应坚实平整，起重臂与履带平行，重物离地不能大于300 mm，并拴好拉绳，缓慢行驶，严禁长距离带载行驶，上下坡道时，应无载行驶。上坡时，应将起重臂扬角适当放小，下坡时应将起重臂的仰角适当放大，严禁下坡空挡滑行。

8）作业后，吊钩应提升至接近顶端处，起重臂降至40°～60°，关闭电门，各操纵杆置于空挡位置，各制动器加保险固定，操纵室和机棚应关闭门窗并加锁。

9）遇大风、大雪、大雨时应停止作业，并将起重臂转至顺风方向。

履带式起重机的转移

履带式起重机的转移有自行、平板拖车运输和铁路运输三种形式。对于普通路面且运距较近时，可采用自行转移，在行驶前，应对行走机构进行检查，并做好润滑、紧固、调整和保养工作。每行驶500～1 000 m时，应对行走机构进行检查和润滑。对沿途空中架线情况进行察看，以保证符合安全距离的要求；当采用平板拖车运输时，要了解所运输的履带式起重机的自重、外形尺寸、运输路线及桥梁的安全承载能力、线路限高等情况，选用相应载重量平板拖车。起重机在平板拖车上停放牢固，位置合理。应将起重臂和配重拆下，刹住回转制动器，插销销牢，为了降低高度，可将起重机上部人字架放下；当采用铁路运输时，应将支垫起重臂的高凳或道木垛搭在起重机停放的同一个平板上，固定起重臂的绳索也绑在该平板上，如起重臂长度超过该平板时，应另挂一个辅助平板，但可不设支垫，也不用绳索固定，同时吊钩钢丝绳应抽掉。

（三）履带式起重机的验算

履带式起重机在进行超负荷吊装或接长吊杆时，需进行稳定性验算，以保证起重机在吊装中不会发生倾覆事故。履带式起重机在车身与行驶方向垂直时，处于最不利工作状态，稳定性最差，如图5-17所示，此时履带的轨链中心A为倾覆中心，起重机的安全条件为：当仅考虑吊装荷载时，稳定性安全系数$K_1=M_{稳}/M_{倾}=1.4$；当考虑吊装荷载及附加荷载时，稳定性安全系数$K_2=M_{稳}/M_{倾}=1.15$。当起重机的起重高度或起重半径不足时，可将起重臂接长。接长后的稳定性计算，可近似地按力矩等量换算原则求出起重臂接长后的允许起重量，如图5-18所示，接长起重臂后，当吊装荷载不超过Q_t，即可满足稳定性的要求。

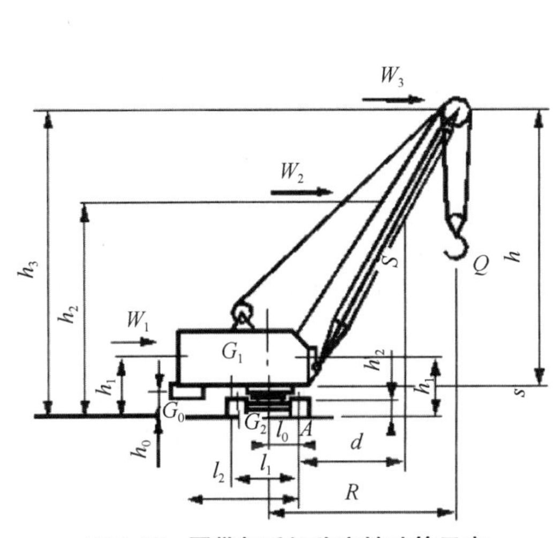

图5-17 履带起重机稳定性验算示意

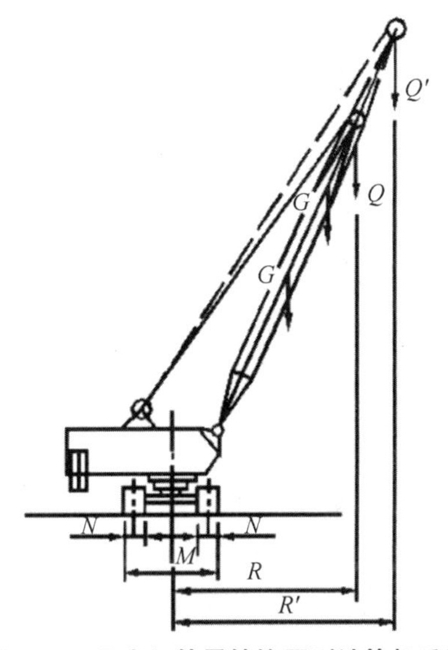

图5-18 用力矩等量转换原则计算起重机

三、汽车式起重机

（一）汽车式起重机的类型

汽车式起重机是将起重机构安装在普通载重汽车或专用汽车底盘上的起重机。汽车式起重机机动性能好，运行速度快，对路面破坏性小，但不能带负荷行驶，吊重物时必须支腿，对工作场地的要求较高，汽车式起重机如图5-19所示。

图5-19　汽车式起重机

汽车式起重机按起重量大小分为轻型、中型和重型3种。起重量在20 t以内的为轻型，50 t及以上的为重型；按起重臂形式分为桁架臂和箱形臂两种：按传动装置形式分为机械传动（Q）、电力传动（QD）、液压传动（QY）3种。目前，液压传动的汽车式起重机应用较广。

（二）使用要点

1）应遵守操作规程及交通规则。

2）作业场地应坚实平整。

3）作业前，应伸出全部支腿，并在撑脚下垫合适的方木。调整机体，使回转支撑面的倾斜度在无荷载时不大于1/1 000（水准泡居中）。支腿有定位销的应插上。底盘为弹性悬挂的起重机，伸出支腿前应收紧稳定器。

4）作业中严禁扳动支腿操纵阀。调整支腿应在无载荷时进行起重臂伸缩时，应按规定程序进行，当限制器发出警报时，应停止伸臂，起重臂伸出后，当前节臂杆的长度大于后节伸出长度时，应调整正常后，方可作业。

5）作业时，汽车驾驶室内不得有人，发现起重机倾斜、不稳等异常情况时，应立即采取措施。

6）起吊重物达到额定起重量的90%以上时，严禁同时进行两种及以上的动作。

7）作业后，收回全部起重臂，收回支腿，挂牢吊钩，撑牢车架尾部两撑杆并锁定销牢锁式制动器，以防旋转。

第五节　施工临时支架

一、叠合板底支撑

叠合板底支撑分为独立式三角支撑体系、工具式支撑体系（如盘扣式、轮扣式、碗扣式等）、键槽式支撑体系和钢管扣件式支撑体系，不同的支撑体系在实际使用的过程中操作步骤、注意事项和适用范围各不相同。

（一）不同支撑体系的优缺点

1. 独立式三角支撑体系

独立式三角支撑体系，如图5-20所示。

（1）优点

1）搭设、拆除速度比盘扣式支撑更简便；

2）部件可以提前拆除，减少了工作量；

3）材料周转快。

（2）缺点

不适用于搭设现浇构件及悬挑构件的架体支撑。

2. 盘扣式支撑体系

盘扣式支撑体系，如图5-21所示。

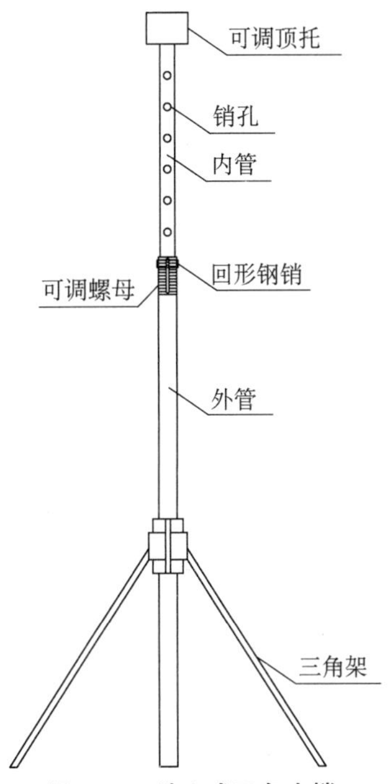

图5-20　独立式三角支撑

图5-21　盘扣式脚手架支撑

（1）优点

1）搭设、拆除简便、搭设速度远快于扣件式支撑；

2）可适用于各种水平预制构件及现浇构件的支撑；

3）架体稳定性好。

（2）缺点

1）在搭设架时需要的材料数量较多，而市场上立杆及横杆规格较少；

2）在搭设梁底支撑时，由于在梁底标高位置没有圆盘，无法搭设横杆，还需用到传统钢管；

3）有插销零散配件，损耗量大；

4）承插节点的连接质量受扣件本身质量和工人操作的影响较大。

3. 键槽式支撑体系

（1）优点

1）搭设、拆除比盘扣式支撑更简便；

2）可适用于各种水平预制构件及现浇构件的支撑；

3）有活动扣件，可以安装在立杆的任意位置，便于搭设梁底支撑；

4）坚固耐用，插头插座不易被水泥铸死，便于运输，无零散配件丢失，损耗低。

（2）缺点

承插节点的连接质量受扣件本身质量和工人操作的影响较大。

键槽式支撑体系构造如图5-22所示。

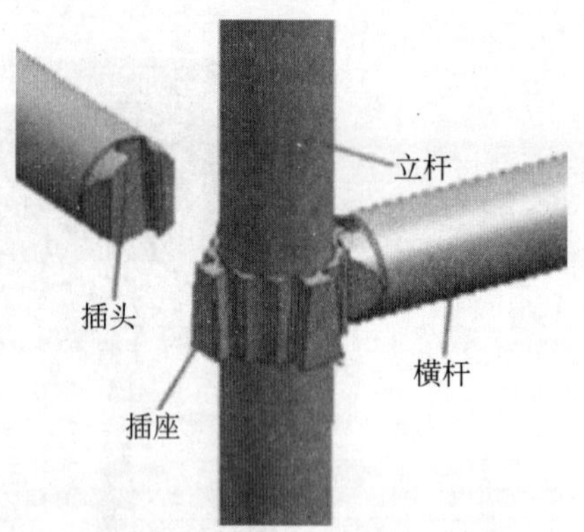

图5-22　键槽式支撑体系构造

4. 钢管扣件式支撑体系

（1）优点

1）适用于各种水平预制构件及现浇构件的支撑；

2）可以切割成任意长度，搭设样式灵活；

3）市场保有量大，应用较普遍。

（2）缺点

1）搭设、拆除繁琐，现场比较杂乱；

2）零部件损耗量大。

钢管扣件式支撑体系如图5-23所示，钢管扣件组装如图5-24所示。

图5-23　钢管扣件支撑

图5-24　钢管扣件组装

（二）支撑构造与施工

1. 独立式三角支撑体系

独立式三角支撑体系构造如图5-25所示。该支撑体系只适用于室内叠合楼板支撑，不能用于悬挑构件及现浇楼板。

图5-25　独立式三角支撑体系构造

独立式三角支撑体系施工工艺流程：定位放线→安装边立杆→安装三脚架→边立杆完成安装→安装工字木→安装中立杆→独立脚架调平→支架拆除。

1）定位放线。

在墙上放线标出1 m标高线，根据独立式三角架的平面布置图，确定位置点测放支撑位置线，且应保证现场操作空间。

2）安装边立杆。

根据放线位置点，搭设立杆及顶托，操作时宜多个工人配合进行搭设。

3）安装三角架。

立杆及三角架搭设完毕后，尽量减少单个架体搁置时间，避免材料搬运时碰倒支撑架。

4）边立杆完成安装。

搭设施工时应注意调节立杆标高。

搭设方向应沿楼板面长边垂直方向搭设。

5）安装工字木。

工字木端头搭接长度不少于300 mm。

搭设完工字木，架体整体稳定，应进行标高复核，立杆垂直度偏差应符合规范。

6）安装中立杆。

工字木超过2 400 mm时，工字木中间位置应设置立杆支撑（不带三角架）。

7）独立脚架调平。

架体的高差偏差符合要求。

8）支架拆除。

当上层叠合楼板现浇层浇筑完毕，达到规定强度，下层架体三角架可进行拆除。

当完成至第三层施工后，第一层工字木中间（不带三角架）立杆可进行拆除，且可拆除第二层三角架。

当完成至第四层施工后，第一层独立式支撑整体支架都可拆除，第二层工字木中间立杆进行拆除，第三层三角架进行拆除。

2. 盘扣式支撑体系

1）盘扣式支撑体系构造如图5-26所示。

图5-26　盘扣式支撑体系构造

2）施工工艺。

① 搭设架体最外侧立杆。

a. 计算立杆间距，放线确定立杆定位点，然后从架体最外一排立杆开始搭设。

b. 内墙板面应放线出1 m标高线，方便后期标高复核。

c. 立杆搭设时宜多人进行操作，方便杆件固定。

② 安装架体下部第一排水平杆。

立杆应与水平杆配合搭设。

③ 上部横杆搭设。

横杆与立杆盘扣扣接时，杆件应紧固，防止松动。

④ 整体杆件搭设。

a. 上下层立杆应对准，在同一垂直受力点上。架体搭设完成后应检查横杆是否稳固，立杆垂直度偏差是否符合要求。

b. 横杆间距应根据计算确定，间距不宜过大。

⑤ 安装顶托。

顶托安装在立杆上，安装后应保证同一标高。

⑥ 调平。

检查支撑立杆标高是否符合要求，将顶杆调至低于楼底板5 mm的平面。

⑦ 拆除通道下部第一排水平杆。

楼板吊装完成后，过道下部第一排水平杆可以拆除，方便人员及材料搬运。

⑧ 拆除。

第四层架体搭设前，可拆除第一层支撑。

3. 键槽式支撑体系

1）键槽式支撑体系构造如图5-27所示。

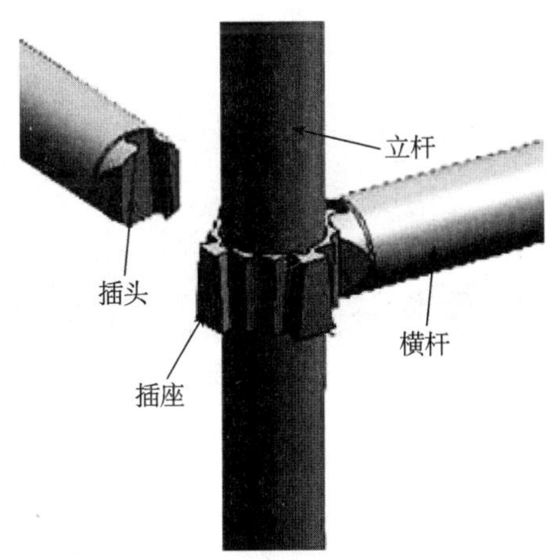

图5-27　键槽式支撑体系构造

2）施工工艺。

施工工艺同盘扣式支撑架，所不同的是立杆与横杆连接采用键槽连接。

4. 钢管扣件式支撑体系

1）钢管扣件式支撑体系构造如图5-28所示。

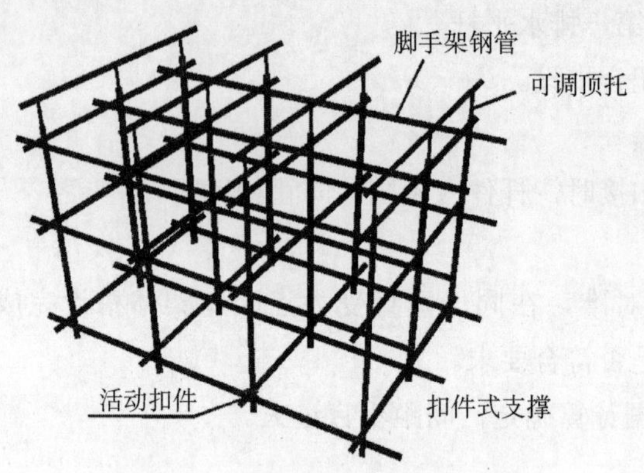

图5-28　钢管扣件式支撑体系构造

2）施工工艺。

施工工艺同盘扣式支撑架，所不同的是立杆与横杆采用扣件相连接。

二、外防护架

（一）外挂架

外挂架如图5-29所示。

图5-29　外挂架

1. 优点

1）可循环使用；

2）安装、提升、拆除简便，人工成本小；

3）外挂架支点均设置在预制外墙板上，且不用开洞，适用于有预制外墙类型的建筑项目。

2. 缺点

1）一次性投入较大；
2）不适用于外立面较多异形构件的项目。

（二）液压提升架

液压提升架剖面如图5-30所示，液压提升架如图5-31所示，液压提升装置如图5-32所示。

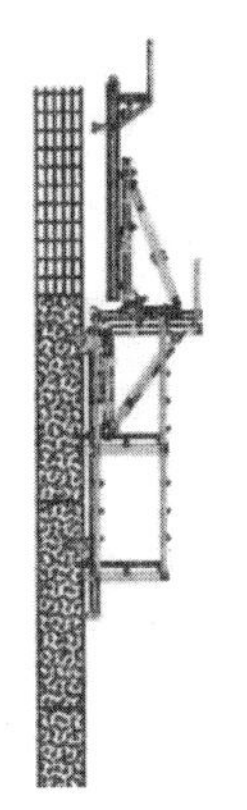
图5-30　液压提升架剖面

图5-31　液压提升架

图5-32　液压提升装置

1. 优点

1）提升过程简便；
2）爬升过程需要的人工成本少。

2. 缺点

1）安装及拆卸较为麻烦；
2）在外墙上预留了较多的对穿孔，对后期外墙防水的处理不利；
3）对外立面形状的要求较外挂架更高。

（三）三角防护架

三角防护架如图5-33所示。

1. 优点

1）搭设操作简便；
2）成本较低；

图5-33　三角防护架

3）稳定性较好。

2. 缺点

1）在外墙上预留了较多的对穿孔，对后期外墙防水的处理不利；

2）提升过程繁琐，操作不方便。

（四）落地式脚手架

落地式脚手架如图5-34所示。

图5-34　落地式脚手架

1. 优点

1）材料普遍，易取，搭拆技术成熟；

2）工人熟练度较高。

2. 缺点

1）需要的材料较多；
2）不适用于高层建筑；
3）搭设、拆除复杂，人工成本比较高。

（五）悬挑脚手架

悬挑式脚手架如图5-35所示。

图5-35 悬挑式脚手架

1. 优点

1）材料普遍；
2）对地面承载力没有要求。

2. 缺点

1）当有预制外墙板时，需在外墙板上开洞，后期修补麻烦；
2）需要的材料较多；
3）搭设、拆除过程比较复杂，人工成本比较高。

装配式建筑主体施工中，装配式建筑构件支撑体系、现浇构件模板体系、施工外防护体系等均可采用不同的施工措施以满足施工需求。

第六章　装配施工

第一节　预制柱装配施工

一、预制柱吊装施工流程

预制柱吊装施工流程：预制柱吊装施工流程如图6-1所示。

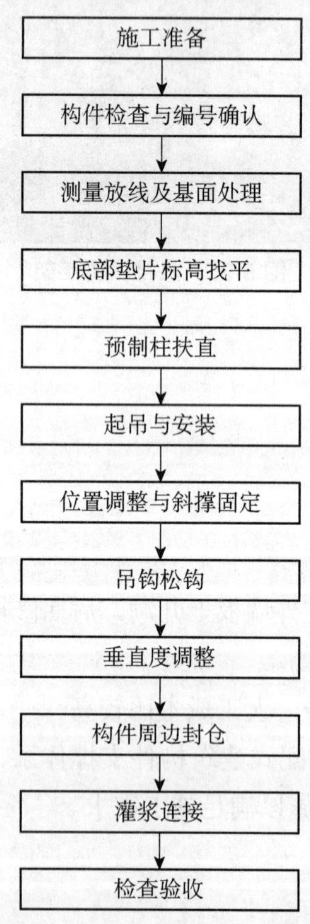

图6-1　预制柱吊装施工流程

二、预制柱吊装施工

1. 施工准备

1）预制柱检查及准备，吊装前对预制柱安装基面进行定位放线，确定底面钢筋位置、规格与数量、几何形状和尺寸是否与设计一致，测量预制柱底面标高控制件标高，并满足要求。

2）吊装前在柱位四角放置1～10 mm不同厚度的金属垫块，以利于垂直度校正；按照设计要求并结合现场情况，对预制柱长度偏差进行复核。

3）构件试吊，试吊时吊离地不大于0.2 m，起吊应依次逐级增加速度，不得越挡操作。构件吊装下降时，构件根部系好缆风绳控制构件转动，保证构件就位平稳。

2. 测量放线及基面处理

吊装前，应弹出柱轮廓控制线，如图6-2所示，并做好吊装基面处理。

1）对柱基层进行浮灰剔凿清理；

2）钢筋除泥浆，柱垛浇筑前可采用塑料膜保护；

3）对同一层内预制柱弹轮廓线，控制累计误差在±2 mm。

图6-2　构件轮廓控制线示意

3. 起吊与安装

1）预制柱采用慢速起吊，使预制柱吊升中所受震动较小，并在起吊中用木方保护，起吊时柱栓绑绳，人工辅助就位。

2）构件距离楼地面约30 cm时由安装人员辅助轻推构件或采用撬棍根据定位线进行

初步定位。对位与临时固定，预制框架柱起吊后，停在预留筋上 30～50 mm 处进行对位，楼地面预留插筋与构件预留注浆管逐根对应，全部准确插入注浆管后，构件缓慢下降。采用提前预埋的螺栓控制 2 cm 施工拼缝，调整垂直误差控制在 2 mm 之内，最后采用不少于两个方向的斜支撑将其固定，预制柱吊装如图 6-3 所示。

（a）预制柱起吊

（b）预制柱初就位

(c) 预制柱就位

图 6-3　预制框架柱起吊、就位

4. 斜支撑安装

1）将斜撑上的上下垫板沿缺口方向分别套在构件上及地面上的螺栓上，安装时应先将一个方向的垫板套在螺杆上，然后转动斜撑，将另一方向的垫板套在螺杆上；

2）将构件上的螺栓及地面预埋螺栓的螺母收紧，同时察看构件中预埋套筒及地面预埋螺栓是否有松动现象，如出现松动，必须进行处理或更换；

3）转动斜撑，调整构件初步垂直。

5. 位置调整与斜撑固定

预制柱就位时，根据轴线、构件边线、测量控制线将预制柱基本就位后，利用可调式斜支撑将预制柱与楼板基面临时固定，预制柱与楼板基面保持基本垂直后摘除吊钩。预制柱固定如图 6-4 所示。

（a）斜撑与柱连接

（b）斜撑调整

（c）垂直度检查

图6-4　预制柱固定

6. 垂直度调整

吊装时采用全站仪通过基层轴线对构件的垂直度进行测设，柱初步就位后，采用线锤或水平尺对预制柱垂直度进行校正，转动可调式斜支撑中间钢管进行微调，直至预制柱垂直。

第二节　预制墙板装配施工

一、预制剪力墙板吊装施工

（一）预制剪力墙板吊装施工流程

预制剪力墙板吊装施工流程如图6-5所示。

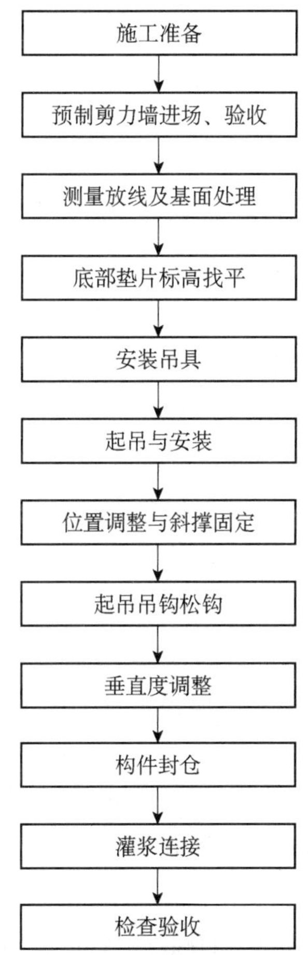

图6-5　预制剪力墙板吊装施工流程

（二）预制剪力墙板吊装施工

1. 预制剪力墙吊装准备

1）放线定位、卡具安装。吊装前，将剪力墙的位置用墨线弹放在地面上，根据后置埋件布置图，采用后钻孔法在基面上安装预制构件定位卡具，并进行复核检查。

2）设备、工具检查。对起重设备进行安全检查。在空载状态下对吊臂角度、负载能力、吊绳等进行检查；对吊装困难的部件进行空载实际演练；将导链、斜撑杆、膨胀螺丝、扳手、2m靠尺、电钻等工具准备齐全，操作人员对操作工具进行清点。

3）套筒检查。检查预制构件预留灌浆套筒是否有缺陷、杂物和油污，保证灌浆套筒完好，提前安装好经纬仪、激光水准仪并调平。

4）登记表填写。填写施工准备情况登记表，施工现场负责人检查核对签字后方可开始吊装。

2. 预制剪力墙起吊与安装

预制剪力墙吊装前基面处理等工作与预制柱吊装施工相同。预制剪力墙一般采用两点吊，两个吊点分别位于墙顶两侧距离两端0.2 *L* 墙长位置，由生产构件厂家预留预制剪力墙吊点预埋件。

预制剪力墙吊装要点：

1）预制剪力墙吊装时，吊机起吊下放时应平稳，预制实心墙两边放置镜子，确认下方连接钢筋均准确插入构件的灌浆套筒内。

2）顺着吊装前所弹墨线缓缓下放墙板，吊装经过的区域下方设置警戒区，施工人员应撤离，由信号工指挥，就位时待构件下降至作业面1 m左右高度时，一施工人员方可靠近操作，以保证操作人员的安全。墙板下放好垫块，垫块保证墙板底标高。

3）墙板底部钢套筒未对准时，可使用倒链将墙板手动微调，重新对孔。底部没有灌浆套筒的外填充墙板直接顺着角码缓缓放下墙板。垫板造成的空隙可用坐浆方式填补。为防止坐浆料填充到外叶板之间，在夹芯板处补充的保温板（或橡胶止水条）堵塞缝隙。

4）剪力墙板垂直坐落在准确的位置后，使用激光水准仪复核水平是否偏差，无误差后，安装斜支撑杆，用检测尺检测预制墙体垂直度，利用斜撑杆调节好墙体的垂直度，方可松开吊钩。

5）预制剪力墙固定，墙体垂直度满足±5 mm后，在预制墙板上部2/3高度处，用斜支撑通过连接对预制构件进行固定，斜撑底部与楼面用地脚螺栓锚固，其与楼面的水平夹角不应小于60°，墙体构件用不少于2根斜支撑进行固定，预制剪力墙的支撑如图6-6所示，垂直度的细部调整通过两个斜撑上的螺纹套管调整实现。

(a) 墙板单向支撑

(b) 墙板双向支撑

图 6-6　预制剪力墙的支撑

6）调节斜撑杆完毕后，再次校核墙体的水平位置、标高和垂直度与相邻墙体的平整度。

3. 预制剪力墙斜支撑布置要求

1）根据墙板的长度确定斜支撑的根数，6 m以下的墙板布设两根支撑，6 m以上的墙板布设3 根，先布置板两端的斜支撑，后布置中间的斜支撑。钢管斜支撑如图6-7所示。

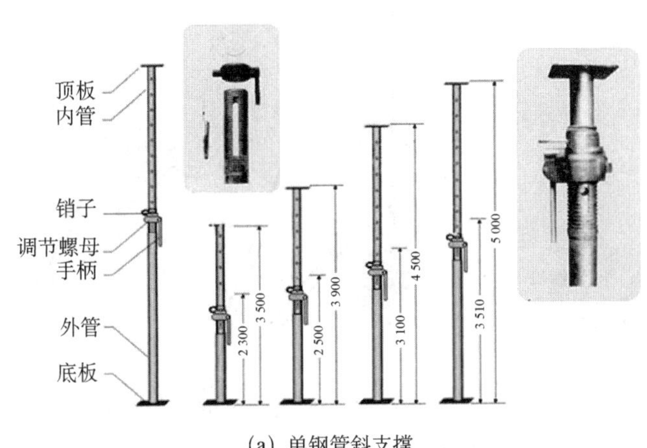

(a) 单钢管斜支撑

(b) 双钢管斜支撑

图6-7　钢管斜支撑

2）斜支撑连接方式为竖向构件预留套筒、水平构件预留拉环。

3）斜支撑安装位置需考虑模板安装位置，一般距现浇剪力墙不小于500 mm。带窗框的预制构件，斜支撑预埋套筒不宜安装在窗框以内。

4）同一预制构件的斜支撑拉环不能共用。

5）斜支撑预埋拉环的方向须与斜支撑方向在同一平行线上。

6）斜支撑的布置需考虑施工通道。

7）斜支撑的样式需通用，特殊部位（电梯井、楼梯间等）特殊设计。

预制墙板临时支撑平面布置如图6-8所示。

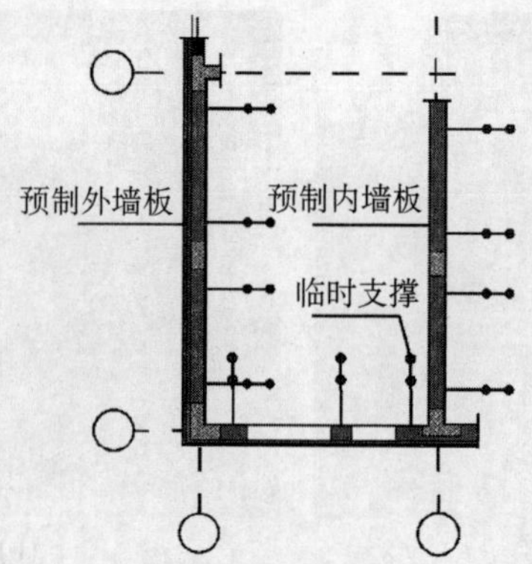

图6-8 预制墙板临时支撑平面布置

预制墙板斜支撑位置如图6-9所示。

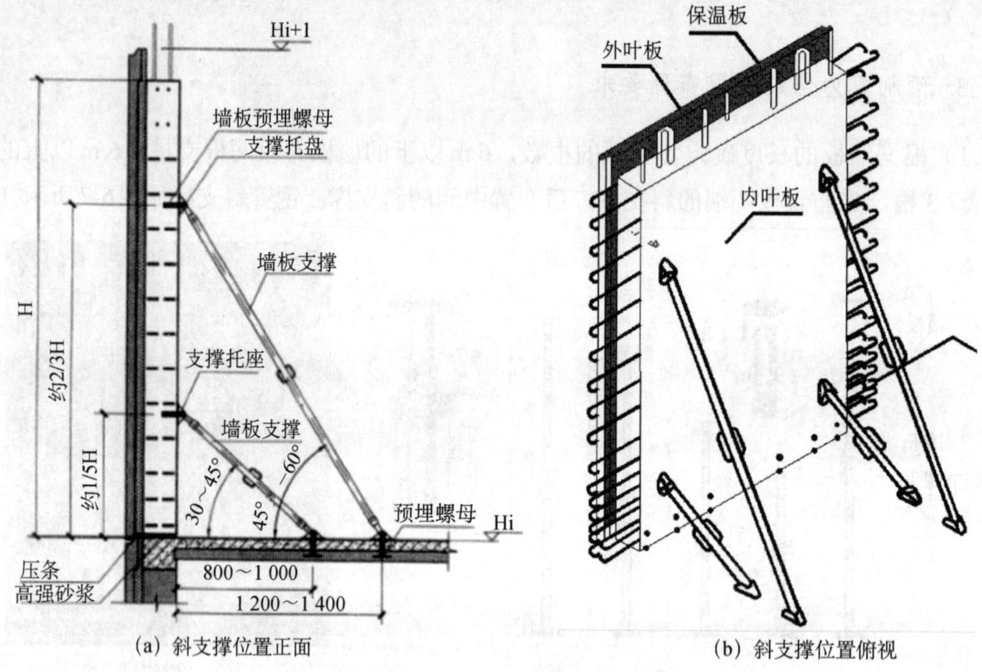

(a) 斜支撑位置正面　　(b) 斜支撑位置俯视

图6-9 斜支撑位置示意

预制墙板斜支撑安装如图6-10所示。

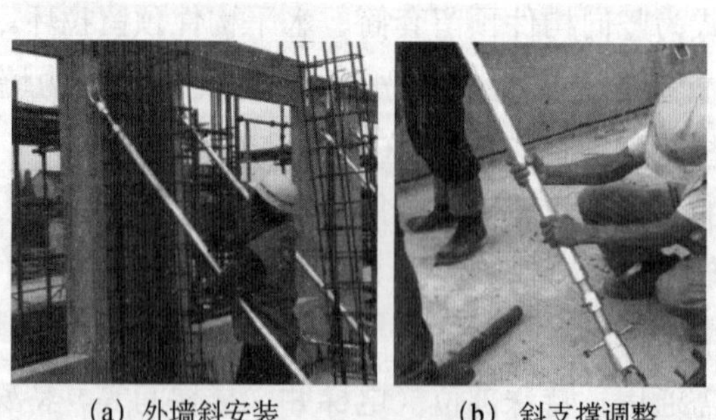

(a) 外墙斜安装　　(b) 斜支撑调整

图6-10 预制墙板斜支撑安装

预制墙板斜支撑安装完成如图6-11所示。

(a) 双排斜支撑

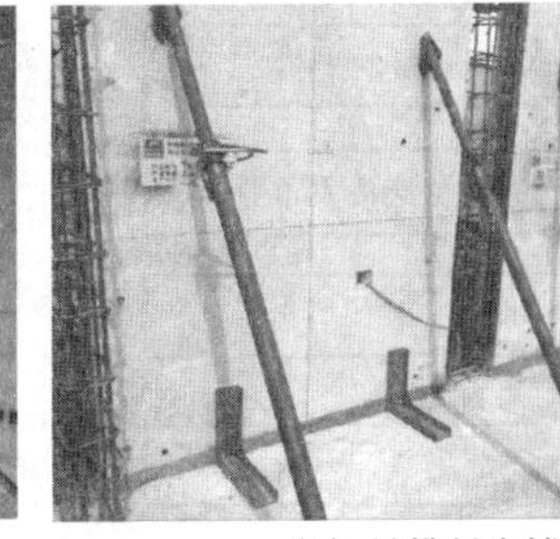

(b) 单排斜支撑

(c) 后浇带处斜支撑

(d) 双方向斜支撑　　(e) 飘窗外墙板斜支撑

图6-11　预制墙板斜支撑安装完成

二、装配式叠合剪力墙吊装施工

（一）装配式叠合剪力墙吊装施工流程

装配式叠合剪力墙吊装施工流程如图6-12所示。

（二）装配式叠合剪力墙吊装施工

1. 施工准备

1）现场运输道路和存放场地应坚实平整，道路两侧、场地内设排水明沟或排水暗沟，以排除场地内雨水。

2）预制构件运送到施工现场后，应按规格、品种、使用部位、吊装顺序综合设置存放场地。存放场地应设置在吊装设备的有效起重范围内且不受其他工序施工作业影响的区域，同时应在堆垛之间设置通道。

3）叠合剪力墙应采用插放或靠放进行存放，插放架、靠放架应有足够的强度、刚度和稳定性，并需支垫稳固。对采用靠放架立放的构件，应对称靠放且外饰面朝外。

2. 叠合剪力墙进场及验收

叠合剪力墙进场后，应对剪力墙的出厂检验质量资料，构件及预埋件外观、尺寸进行检查，并核对预制构件和配件的型号、规格、数量等是否满足设计要求。

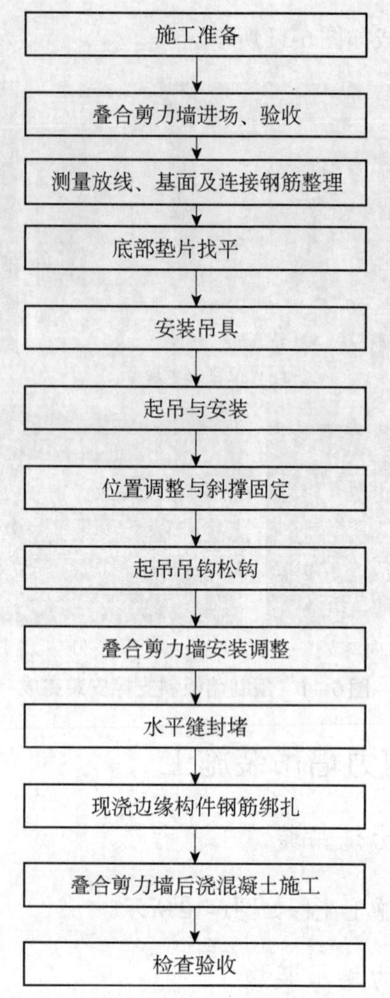

图6-12 装配式叠合剪力墙吊装施工流程

3. 测量放线、基面及连接钢筋整理

（1）测量放线

叠合剪力墙安装前，测量放出叠合剪力墙轴线和轮廓线，设置构件安装定位标识，叠合剪力墙应以轴线和轮廓线为控制线。

（2）基面整理

叠合剪力墙安装前，应核对已施工完成的现浇混凝土结构、基础的标高、平整度、混凝土强度、外观质量、尺寸偏差、预留预埋等进行检查，以使基面满足设计及规范要求。

（3）连接钢筋

叠合剪力墙安装前，按设计要求校核连接钢筋的尺寸、数量和位置。叠合剪力墙水平缝处竖向连接钢筋搭接长度不应小于1.2 l_{aE}（l_{aE}为抗震设计时受拉钢筋的锚固长度）。叠合剪力墙水平缝处竖向连接钢筋如图6-13所示。

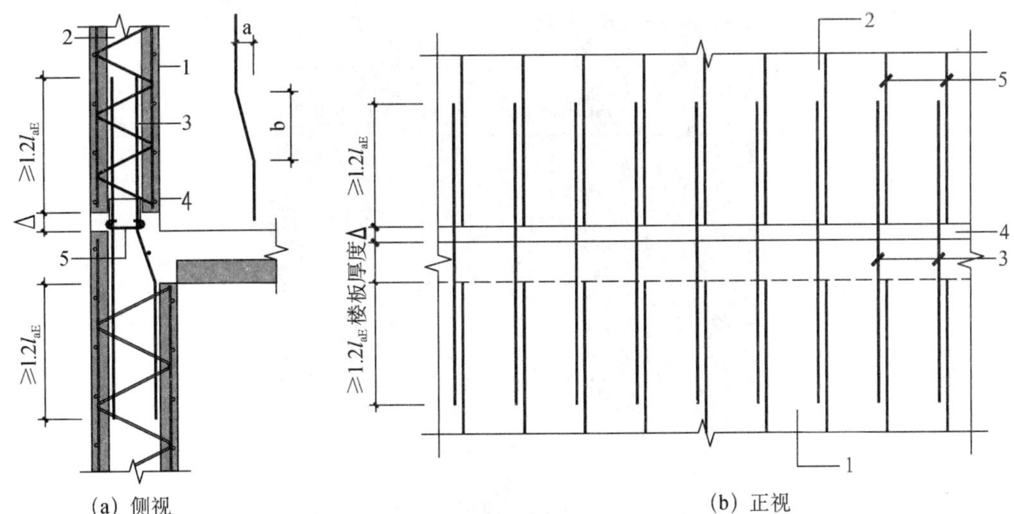

(a) 侧视　　　　　　　　　　　　(b) 正视

1—下层叠合剪力墙；2—上层叠合剪力墙；3—竖向连接钢筋；4—楼层水平缝；5— 叠合剪力墙竖向钢筋。

图6-13　叠合剪力墙水平缝处竖向连接钢筋

4. 墙底部垫片找平

叠合剪力墙板吊装前，应在墙板底部设置调平垫片，控制墙体安装标高。

5. 起吊与安装

1）吊装顺序，与现浇部分连接的叠合剪力墙先行吊装，其他按照外墙先行吊装的原则进行吊装。

2）预制构件吊装要求。

① 预制构件在吊装过程中，应设置缆风绳控制构件转动。

② 吊装应采用慢起、稳升、缓放的操作方式，吊运过程，应保持稳定，不得偏斜、摇摆和扭转，严禁吊装构件长时间悬停在空中。

6. 位置调整、斜撑固定

1）叠合剪力墙的上部斜支撑，其支撑点距离板底的距离不小于构件高度的2/3，斜支撑应与构件可靠连接。

2）叠合剪力墙安装就位后，吊钩松钩。测量预制墙板的水平位置、垂直度、高度等，通过墙底垫片、临时斜支撑进行调整。

叠合剪力墙安装就位如图6-14所示。

7. 水平缝封堵

叠合剪力墙下口预留的水平缝采取专用砂浆料封堵，以防后浇混凝土施工时水平缝漏浆。

图6-14　叠合剪力墙安装就位示意

8. 后浇混凝土施工

1）叠合剪力墙安装完成后应及时进行水平、竖向连接钢筋的施工及水电管线敷设。

2）现浇边缘构件的钢筋绑扎施工在与之连接的叠合剪力墙安装完成后进行。

3）叠合剪力墙混凝土可以单独浇筑，也可以和叠合楼板同时浇筑。

三、内隔墙板装配施工

（一）内隔墙装配施工流程

内隔墙装配施工流程如图6-15所示。

（二）内隔墙装配施工

1. 基层处理

安装基层面杂物清理干净，并留出安装作业空间。

2. 弹线定位

测放出墙体边线、控制线、门窗洞口位置线，并验收通过后进行下一道工序的施工。

3. 安装管卡

安装第一块定位板材时应在板材上端一侧80 mm处钉入一个管卡，管卡敲入板材内不小于80 mm，施工时应放正轻敲。如板材与结构柱或外墙体连接，还应在板材靠结构一侧的上下端距板端80 mm处各加一个管卡。

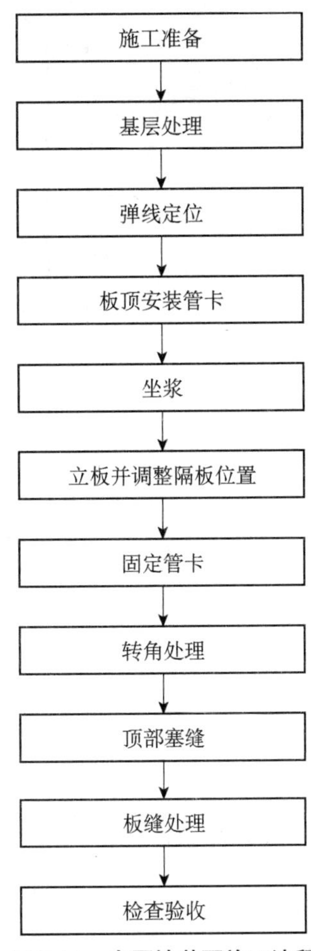

图6-15　内隔墙装配施工流程

4. 坐浆

将拌制好的砂浆均匀铺设在墙板安装基面上。

5. 墙板安装就位

1）第一片墙板安装，人工将墙板立起后移至安装位置，板材上下端用木楔临时固定，上端留缝隙10～20 mm，用2 m靠尺和线锤检查墙板平整度及垂直度，用橡皮锤敲打上下端木楔，调整直至合格为止。管卡用25 mm长射钉与梁或剪力墙板连接固定。

2）后续墙板安装，第一片板材固定后，就可以安装后续墙板，从第二片板材起，只在靠近上一片板材顶部一侧的80 mm处安装一个管卡，用同样的方法接板，并对板片作调整，相邻两片板材之间应靠紧。墙板与墙板间拼缝缝宽不应大于5 mm，安装完成后用注浆枪将专用黏结砂浆注于板缝间，阴角处应铺设80～100 mm宽碱性玻纤网格布，以防墙面接缝处开裂。内隔墙阴角处理如图6-16所示。

内隔墙板安装立面如图6-17所示。

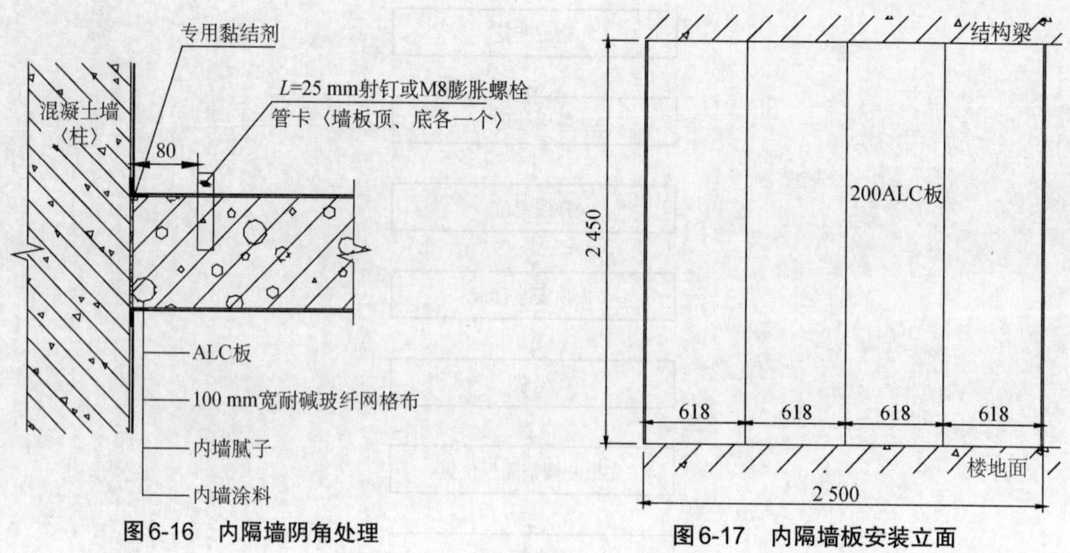

图6-16　内隔墙阴角处理　　　　图6-17　内隔墙板安装立面

3）隔墙板转角或T型连接，采用3根防锈 $\phi 6$ 或 $\phi 8$ 销钉加强连接，当墙板厚200 mm时，销针长 $L \geqslant 300 \sim 400$ mm；当厚100 mm墙板时，销钉长 $L \geqslant 200 \sim 300$ mm。销钉位置距隔墙顶和底部600～700 mm及墙板中部各一个，斜向30°方向打入墙板（如图6-18所示）。

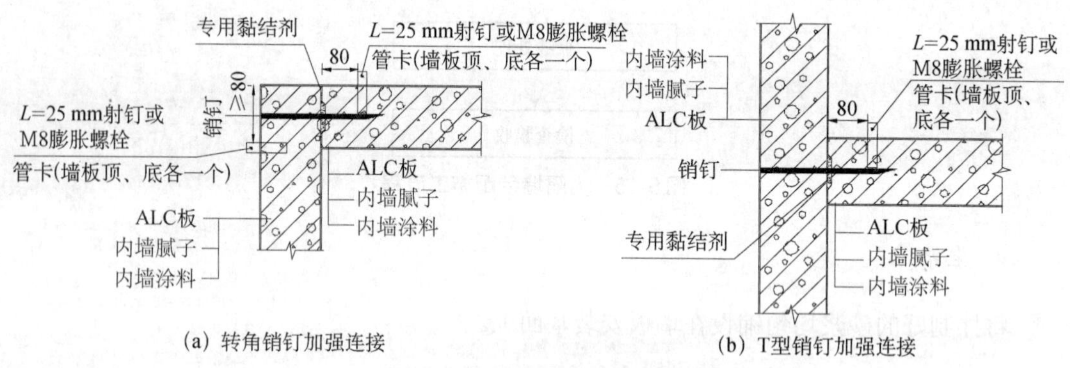

（a）转角销钉加强连接　　（b）T型销钉加强连接

图6-18　隔墙板销钉加强连接

4）勾缝、修补。内隔墙板在卸车及二次转运过程中，易出现缺棱掉角问题，若损坏不大于规定值，可用专用修补粉修补后再进行安装。在安装过程中，一面墙板安装好后，全面检查墙体平整度、垂直度，并对板面和边棱损坏处用修补粉进行修补，其颜色、质感宜与板材产品一致，性能应匹配。板材与墙（柱）接缝处铺设80～100 mm宽耐碱玻璃纤维网格布，以防止接缝处开裂。

内隔墙板ALC板允许修补的外观缺陷如图6-19所示，内隔墙ALC板外观缺陷限值见表6-1。

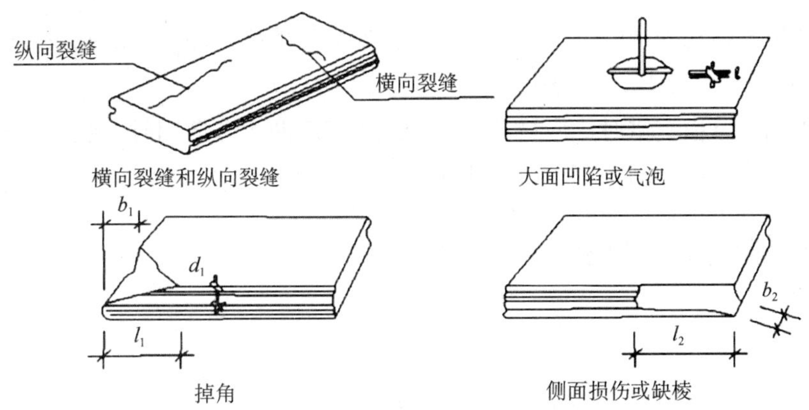

图6-19　隔墙板允许修补的外观缺陷

表6-1　内隔墙ALC板外观缺陷限值

项目	允许修补的缺陷限值	外观质量
大面上平行于板宽的裂纹（横向裂纹）	不允许	无
大面上平行于板长的裂纹（纵向裂纹）	宽度<0.2 mm，数量不大于3条，总长≤1/10 L	无
大面凹陷	面积≤150 cm^2，深度 t≤10 mm，数量不得多于两处	无
大气泡	直径≤20 mm	无直径>8 mm，深>3 mm气泡
掉角	每个端部的板宽方向不多于1处，在板宽方向尺寸为 b_1≤150 mm，板厚方向 d_1≤4/5 D，板长方向的尺寸 L_1≤300 mm	每块板1处 b_1≤20mm，d_1≤20 mm，L_1≤100 mm
侧面损伤或缺棱	不多于2处，每处长度 L_2≤300 mm，b≤50 mm	每侧≤1处（b_2≤10 mm，L_2≤120 mm）

注：1. 修补材料颜色、质感宜与ALC板材产品一致，性能应匹配；
　　2. 若板材经修补，则外观质量应为修补后的要求。

（三）施工质量要求

1）墙板平缝拼接时板缝缝宽不应大于5 mm，安装时应满浆满缝。

2）施工前应进行排板设计，并绘制相关图纸，以方便配料并减少现场切锯，实行定尺生产。

3）板材安装前应保证基层底面平整，如不平整可先采用1:3水泥砂浆找平再安装板材。

4）板材安装前应复核板材尺寸和实际尺寸，板材和主体结构之间应预留缝隙，宜采用柔性连接，并应满足结构设计要求。

5）板材间勾缝处理，涂抹黏结剂前应先将基层清理干净，勾缝黏结剂应饱满均匀。

6）在墙板上钻孔开槽时，应在板材安装完毕后且板缝内黏结剂达到设计强度后方可进行，并应使用专用工具，严禁剔凿。

7）当内墙板纵横交错时，应避免十字墙或丁字墙两个方向同时安装，应先安装其中一个方向的墙板，再安装另一个方向的墙板。

四、预制混凝土外挂板装配施工

（一）预制混凝土外挂板装配施工工艺流程

预制混凝土外挂板装配施工流程如图6-20所示。

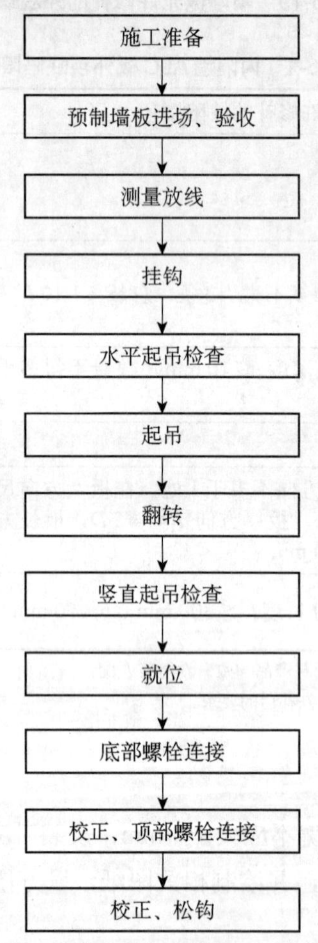

图6-20 预制混凝土外挂板装配施工流程

（二）预制混凝土外挂板装配施工

1. 外挂板装配施工准备

1）预制外墙挂板吊点一般是两个，位置同剪力墙一致。

2）预制混凝土外墙挂板应按照施工方案吊装顺序预先编号，严格按照编号顺序起吊。

2. 施工要点

1）吊装时应根据构件吊装顺序识别构件，检查墙板有无异常情况。

2）预制混凝土外墙挂板起吊时应使用专用吊架，起吊时应保持墙板平衡。

3）挂钩时应按标识选择正确的吊点挂钩，应检查鸭舌扣是否牢固扣住吊钉，鸭舌帽是否压住鸭嘴。

4）检查挂钩无误后，开始起吊，墙板吊离地面约300 mm时停止起吊，检查墙板起吊状态是否平稳，是否有异常情况。

5）叠合板吊至离楼面约1 m时，吊装工人用手扶稳住构件，就位时应注意构件方向，缓缓降落就位。

6）墙板就位后，应用木棍撬动挂板调整精确位置，不应直接使用钢钎，防止破坏挂板。

7）预制混凝土外挂墙板的校核与偏差调整。

① 预制混凝土外墙挂板侧面中线及板面垂直度的校核，应以中线为主调整；

② 预制混凝土外墙挂板上下校正时，应以竖缝为主调整；

③ 墙板接缝应以满足外墙面平整为主，内墙面不平或翘曲时，可在内装饰或内保温层内调整；

④ 预制混凝土外墙挂板山墙阳角与相邻板的校正，以阳角为基准调整；

⑤ 预制混凝土外墙挂板拼缝平整的校核，应以楼地面水平线为准调整。

预制混凝土外墙挂板安装节点如图6-21所示。

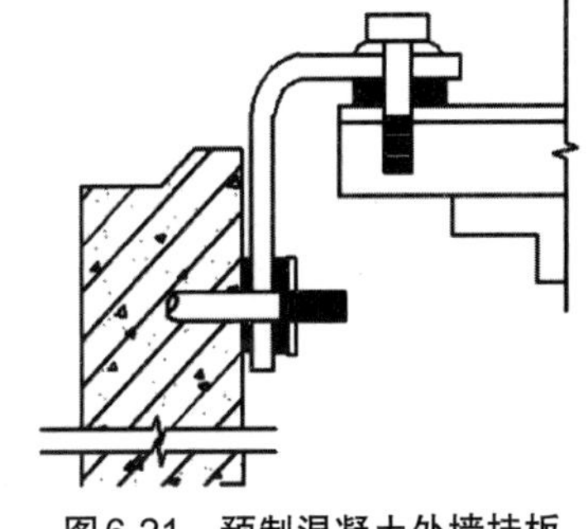

图6-21　预制混凝土外墙挂板安装节点示意

3. 质量要求

1）预制混凝土外墙挂板高度小于6 m时，垂直度允许偏差5 mm，大于6 m时允许偏差10 mm。

2）预制混凝土外墙挂板拼缝宽度允许偏差±5 mm。

（三）防水密封胶施工

预制混凝土外墙挂板连接接缝采用防水密封胶施工时要求：

1）预制混凝土外墙板连接接缝防水节点基层及空腔排水构造做法应符合设计要求。

2）预制混凝土外墙挂板外侧水平、竖直接缝的防水密封胶封堵前，侧壁应清理干净，保持干燥。嵌缝材料应与挂板牢固黏结，不得漏嵌和虚粘。

3）外侧竖缝及水平缝防水密封胶的注胶宽度、厚度应符合设计要求，防水密封胶应在预制外墙挂板校核固定后嵌填，先安放填充材料，然后注胶。防水密封胶应均匀顺直，饱满密实，表面光滑连续。

4）预制混凝土外墙挂板“十”字拼缝处的防水密封胶应连续注胶完成一次性施工。

第三节　预制梁装配施工

一、预制梁装配施工流程

预制梁装配施工流程如图6-22所示。

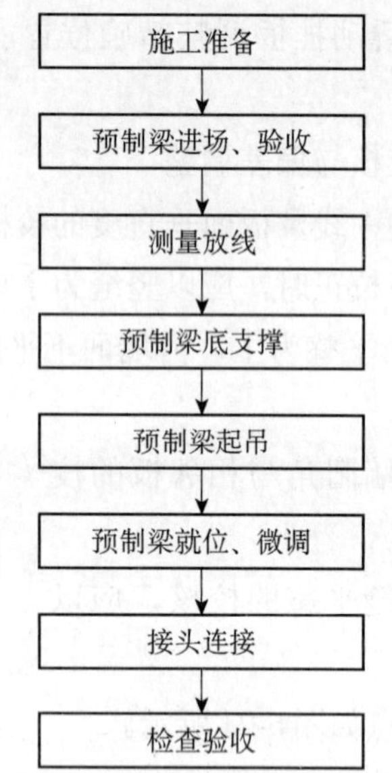

图6-22　预制叠合梁装配施工流程

二、预制梁装配施工

1. 预制梁起吊方法

预制梁一般采用两点吊，预制梁两个吊点分别位于梁顶两侧距离两端0.2*L*梁长位置，由生产构件厂家预留吊点预埋件。

2. 施工准备

检查预制梁的编号、方向、吊环的外观、规格、数量、位置、次梁口位置等，选择吊装用的钢梁扁担，吊索必须与预制梁上的吊环一一对应。预制梁吊装采用双腿锁具或扁担梁，起吊时，吊住预制梁两个吊点逐步移向安装位置，人工通过预制梁顶绳索辅助梁就位。

3. 测量放线

用水准仪测量出柱顶与梁底标高误差，梁底标高、梁边线控制线在墙体上用墨线弹出。然后在预制件上弹出梁边控制线，在构件上标明每个构件所属的吊装顺序和编号，以利于吊装时辨认。

4. 预制梁底支撑

预制梁底支撑采用“钢立杆支撑+可调顶托”，调顶托上铺设长×宽为100 mm×100 mm木方，预制梁的标高通过支撑体系的顶托调节。预制梁根据跨度大小至少需要两根或以上独立支撑。

5. 预制梁吊装

1）预制梁起吊采用双腿锁具或吊索钩住扁担梁的吊环，吊索应有足够的长度以保证吊索和梁之间的角度≥60°，当用扁担梁吊装梁时，吊索应有足够的长度以保证吊索和扁担梁之间的角度≥60°。

2）将预制梁吊至柱上方30～50 cm，根据相应的叠合梁卡具落位，为了避免梁体安装放置时冲击力过大导致板面损坏，应缓慢将预制梁放下。

3）预制梁单边支座的搁置长度为15 mm，搁置点位置使用1～10 mm垫铁，预制梁就位时其轴线控制根据控制线一次就位。

预制梁吊装如图6-23所示。

（a）两点起吊

（b）缓慢下放就位

图6-23　预制梁吊装

6. 预制梁就位、微调

当预制梁初步就位后，通过其下部独立支撑调节梁底标高，待轴线和标高正确无误后，在调平同时将下部可调支撑上紧，将预制梁主筋与剪力墙或梁钢筋进行点焊，最后卸除吊索。预制梁就位如图6-24所示。

(a) 预制梁临时支撑调整

(b) 预制梁就位

图6-24 预制梁就位

7. 次梁安装

主梁吊装结束后，根据柱上已放出的梁边和梁端控制线，检查主梁上的次梁缺口位置是否正确，如不正确，需做相应处理后方可吊装次梁。

第四节 预制楼板装配施工

预制楼板是当前普遍使用的预制楼板，一间房可以放置一块预制楼板，当房间较大，一间房可以放置若干块预制楼板时，应依据相应规范做好板缝处理。

一、预制叠合楼板装配施工流程

预制叠合楼板装配施工流程如图6-25所示。

二、预制楼板装配施工

1. 施工准备

清理施工层楼地面，检查预留洞口部位的覆盖防护，检查支撑材料规格、辅助材料等，检查预制楼板构件编号及质量。

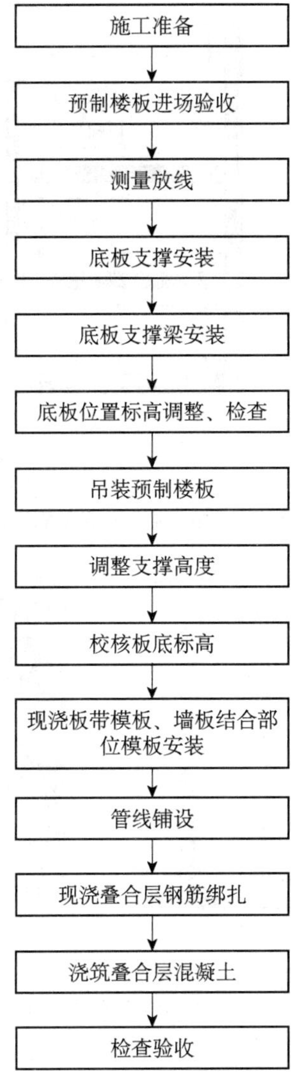

图6-25　预制楼板装配施工流程

2. 定位放线

进行支撑布置轴线测量放线，标示出预制楼板底板支撑的位置，标示出施工层板底标高及水平位置线。支撑平面定位如图6-26所示。

3. 安装预制楼板支撑

预制楼板支撑系统可选用碗扣式、扣件式、承插式脚手架体系，宜采用独立钢支撑、门式脚手架等工具式脚手架。独立钢支撑体系（如图6-27所示），将带有可调装置的独立钢支撑安放在位置标处，设置三角稳定架，架设工具梁托座，安装工具梁（宜选择铝合金梁、工字梁等刚度大、截面尺寸标准的工具梁），安装支撑构件间连接件等稳固措施。叠合板支撑如图6-28所示。

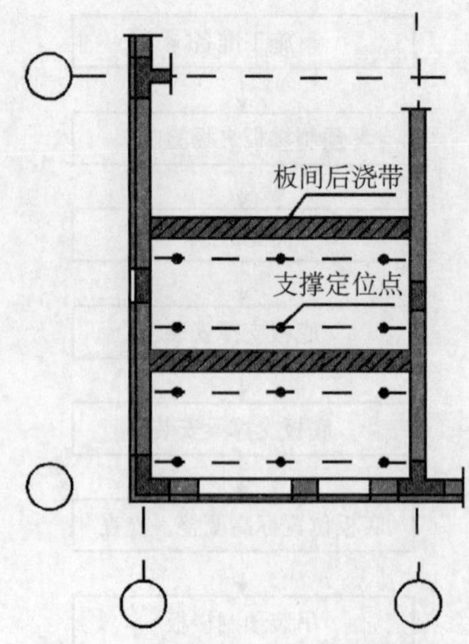

图6-26 预制楼板支撑平面定位

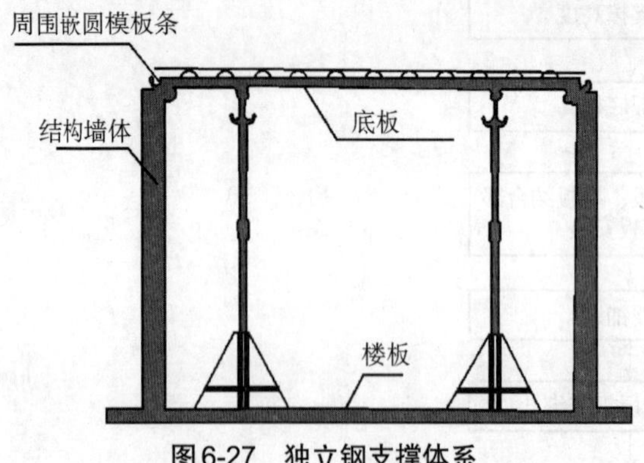

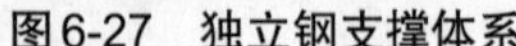
图6-27 独立钢支撑体系

图6-28 预制楼板支撑

支撑须满足承载力、刚度及稳定性要求，支撑布置须满足构件在施工荷载不利效应组合状态下的承载力、挠度要求。模板及支撑严格根据施工设计要求及施工方案设置。采用门式、碗扣式、盘扣式等钢管架搭设的支架，应采用支架立柱杆插入可调托座的中心传力方式，其承载力、刚度、抗倾覆能力按国家现行相关标准规定进行验算。

4. 调整底座支撑高度

根据板底标高线，微调节支撑的支设高度，使工具梁顶面达到设计位置，并保持支撑顶部位置在同一水平面内。

5. 吊装预制楼板

吊装预制楼板吊点位置应合理设置，吊点宜采用框架横担梁四点或八点吊，起吊就位应垂直平稳，多点起吊时吊索与板水平面所成夹角不宜小于60°，不应小于45°。吊装预制叠合板如图6-29所示。

（a）预制楼板起吊　（b）预制楼板就位　（c）预制楼板就位支撑

图6-29 吊装预制楼板

叠合板就位时，端部的搁置长度应符合设计要求，支座处的受力状态应保持均匀一致，端部与支承构件之间应坐浆或设置支承垫块，坐浆或支承垫块厚度不宜大于20 mm。

6. 微调支撑

微调支撑以调整预制楼板标高和位置符合设计要求。

7. 安装预制楼板结合部位模板

安装现浇带模板及支撑，使预制楼板四周稳固（如图6-30所示）。

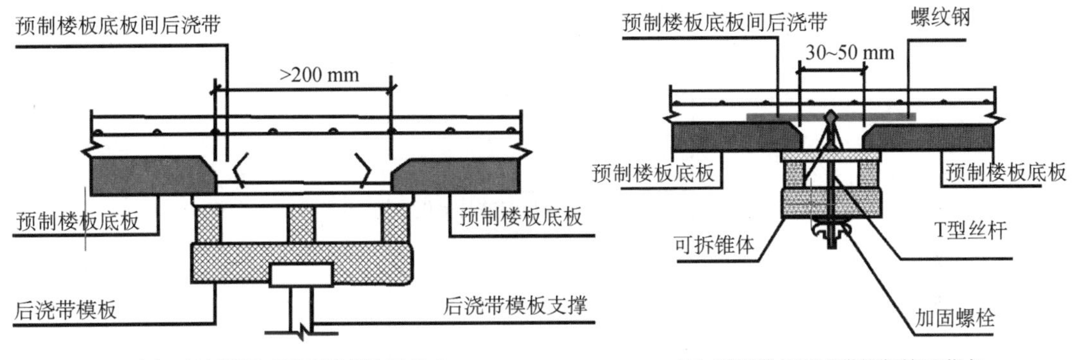

（a）预制楼板后浇带模板施工节点　（b）预制楼板后浇带模板施工节点

图6-30　预制楼板后浇带模板

8. 叠合层混凝土浇筑

混凝土浇筑前，应按设计要求检查结合面粗糙度和预制构件的外露钢筋的位置和尺寸，检查无误后进行上部叠合层的混凝土浇筑。

9. 模板支架拆除

叠合构件应在后浇混凝土强度达到设计要求后，方可拆除模板支架。

第五节　预制阳台板、空调板装配施工

一、预制阳台、空调板装配施工流程

预制阳台、空调板装配施工流程如图6-31所示。

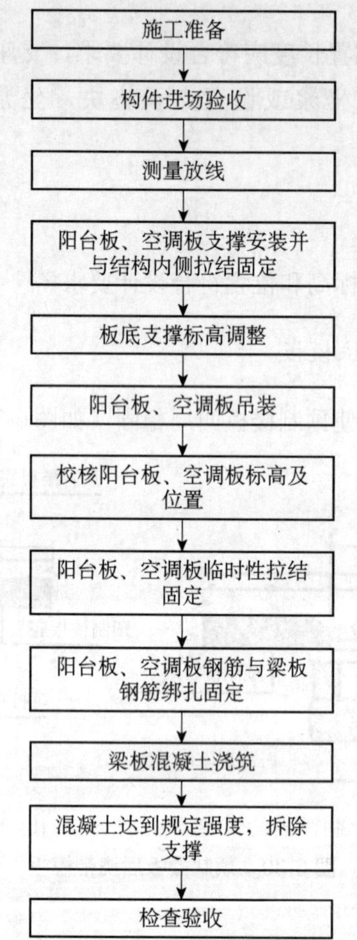

图6-31　预制阳台、空调板装配施工流程

二、预制阳台、空调板装配施工

1. 施工准备

将预制阳台板、空调板施工操作面的临边安全防护设施安装就位。吊装前，施工管理及操作人员应熟悉施工图纸，应按照吊装流程核对构件编号，确认安装位置，并标注

吊装顺序。

2. 定位放线

在墙体上的测量出预制阳台板、空调板安装位置，阳台板、空调板支撑部位放线，并设置安装位置及支撑位置标记。

3. 阳台板、空调板支撑安装并与结构内侧拉结固定

1）预制阳台板、空调板支撑的布置方案经验算合格后，方可搭设支撑。

2）支撑宜采用承插式、碗扣式脚手架进行架设，安装预制阳台板、空调板下支撑，调节支撑上部的支撑梁至板底标高位置后，将支撑与墙体内侧结构拉结固定，防止构件倾覆，确保安全可靠。

4. 阳台板、空调板吊装

1）吊装方法，预制阳台、空调板一般采用四点吊，配合倒链下落就位，调整索具铁链长度，使预制阳台、空调板处于水平位置。

① 预制阳台板吊装宜使用专用框式吊装梁，用吊勾将钢丝绳与预制构件上的预埋吊环连接，并确认连接紧固，吊索与吊装梁的水平夹角不宜小于60°。

② 预制空调板吊装可采用吊索直接吊装空调板构件，吊索与预制空调板的水平夹角 α 不宜小于60°且不应小于45°（如图6-32所示）。

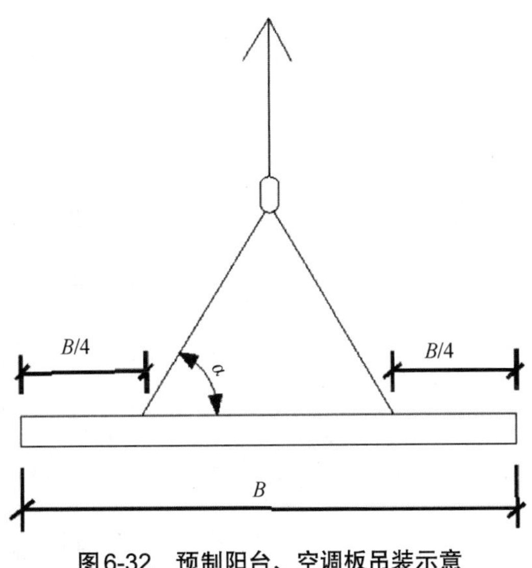

图6-32　预制阳台、空调板吊装示意

2）试吊，吊装前应进行试吊装，检查吊具预埋件是否牢固，吊索受力是否均匀等，试起吊高度不应超过0.3 m。

3）预制构件吊至设计位置上方30～60 mm后，调整位置使锚固筋与已完成结构预留

筋错开，便于就位，构件边线基本与控制线吻合。

4）吊装时注意保护成品，以免墙体边角被撞。

5）阳台板施工荷载不得超过1.5 kN/m^2。

6）将预制阳台板、空调板吊至预留位置，进行位置校正。

5. 阳台板、空调板临时性拉结固定

预制阳台板、空调板等预制构件吊装至安装位置后，须设置水平抗滑移的连接措施，必要时与现浇部位的梁板构件附加必要的焊接拉接，本层施工时，预制阳台板、空调板外侧须有安全可靠的临边防护措施，确保预制阳台板、空调板上部施工人员操作安全。

6. 阳台板部位的现浇钢筋绑扎固定

铺设上层钢筋，安装预留预埋件及管线。

7. 混凝土浇筑

混凝土浇筑前，检查合格后，方可浇筑叠合层，混凝土。

8. 支撑拆除

阳台板、空调板等悬挑构件支撑拆除时，除叠合层现浇混凝土达到设计强度外，还应确保该构件能承受上层阳台通过支撑传递下来的荷载。

预制阳台板构件如图6-33所示，阳台板吊装如图6-34所示，预制阳台板安装就位如图6-35所示。

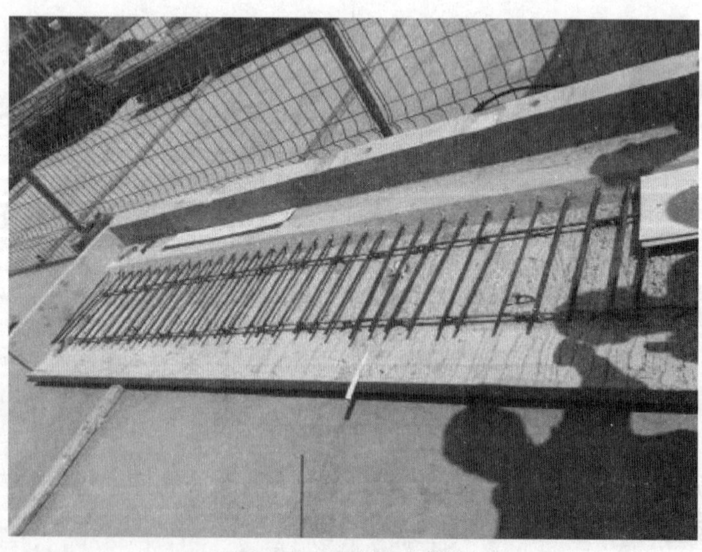

图6-33　预制阳台构件

图6-34　阳台板吊装

图6-35　预制阳台安装就位

第六节　预制楼梯装配施工

一、预制楼梯装配施工流程

预制楼梯装配施工流程如图6-36所示。

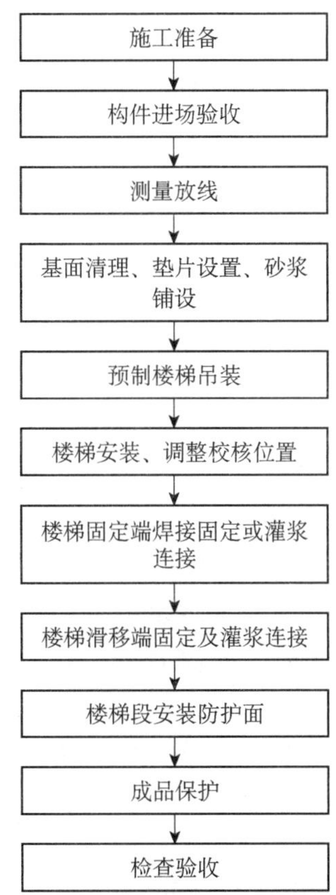

图6-36　预制楼梯装配施工流程

二、预制楼梯装配施工

1. 施工准备

清理楼梯段安装位置的梁板施工面，检查预制楼梯构件规格及编号。施工管理及操作人员应熟悉施工图纸。按照吊装流程核对构件编号，确认安装位置，并标注吊装顺序。

2. 测量放线

预制楼梯安装的位置测量放线定位，标记梯段上、下安装部位的水平位置与垂直位置的控制线。

3. 基面清理、垫片设置、砂浆铺设

调节梯段位置调整垫片，在梯梁支撑部位预铺设水泥砂浆找平层，找平层铺20 mm厚C15细石混凝土，找平层标高应准确控制。

4. 预制楼梯吊装

1）吊装方法，预制楼梯一般采用四点起吊，配合倒链下落就位。

2）索具检查，起吊前检查吊装索具，确保其保持正常工作性能。吊具螺栓出现裂纹、部分螺纹损坏时，应立即进行更换，同时保证施工3层更换一次吊具螺栓，确保吊装安全，检查吊具与预制板背面的4个预埋吊环是否扣牢，确认无误后才起吊。

3）水平吊装，采用吊装梁设置长短钢丝绳，保证楼梯起吊呈正常使用状态，便于就位，主吊索与吊装梁水平夹角 α 不宜小于60°且不应小于45°。预制楼梯吊装如图6-37所示。

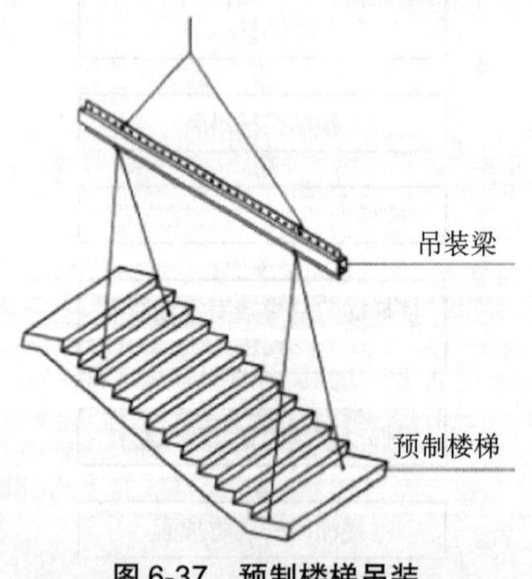

图6-37　预制楼梯吊装

4）试吊，构件吊装前必须进行试吊，先吊起距地0.3 m，检查钢丝绳、吊钩的受力情况，使楼梯保持水平，然后吊至作业层上空。吊装时，应使踏步平面呈水平状态，便于就位。将楼梯吊具用高强螺栓与楼梯板预埋的内螺纹连接，以便钢丝绳吊具及倒链连

接吊装。梯板起吊前，检查吊环，用卡环销紧。

5）楼梯板就位时要从上垂直向下安装，在作业层上空30 cm左右处略作停顿，施工人员手扶楼梯板调整方向，将楼梯板的边线与梯梁上的安放位置线对准，放下时要停稳慢放，严禁快速猛放，以避免冲击力过大造成板面震折裂缝。

6）楼梯吊装至梁上方30～50 cm后，调整楼梯位置使上下平台锚固筋与梁箍筋错开，板边线与控制线基本吻合。

预制楼梯装配施工如图6-38所示。

(a) 预制楼梯起吊

(b) 预制楼梯初就位

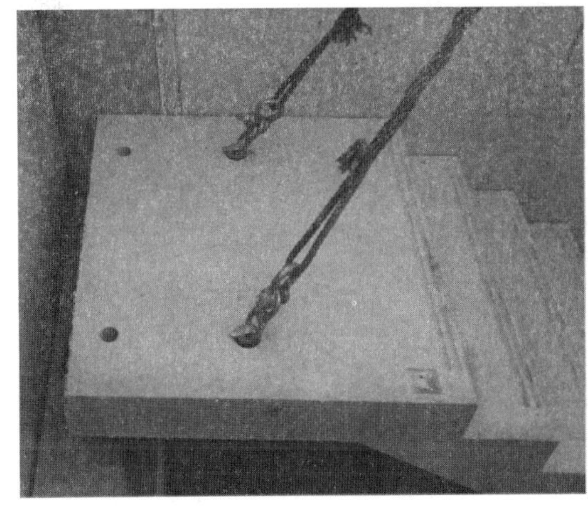
(c) 预制楼梯就位

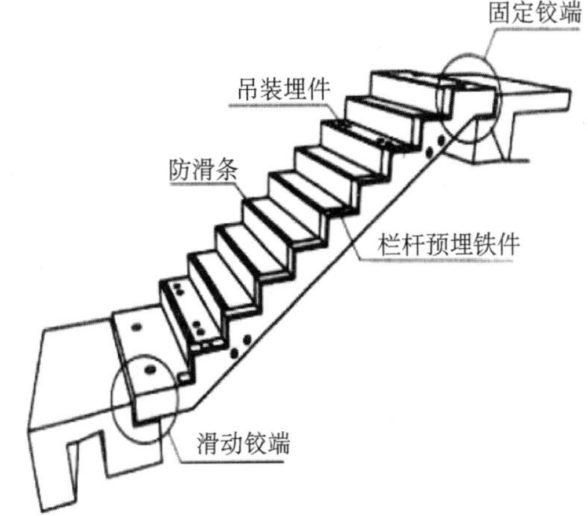

(d) 预制楼梯吊装就位

图6-38　预制楼梯装配施工

5. 楼梯固定

1）先进行楼梯固定铰端施工，再进行滑动铰端施工。楼梯段校正完毕后，将梯段上口预埋件与平台预埋件用连接角钢进行焊接，焊接完毕接缝部位采用灌浆料进行灌浆。

2）根据已放出的楼梯控制线，构件根据控制线精确就位，先保证楼梯两侧准确就位，再使用水平尺和倒链调节楼梯水平。安装楼梯时，应控制楼梯标高达到设计要求，校正后再脱钩。

3）楼梯吊装施工应尽量选择在塔吊结构施工间隙进行，宜2～4层楼梯构件集中吊装。

6. 楼梯段安装防护面

施工期间，为确保梯段踏步不受损坏，应将踏步踢面与踏面采用木工板等覆盖。

7. 成品保护

预制楼梯段安装施工过程中及装配后应做好成品保护，可采取包、裹、盖、遮等有效措施，防止构件被撞击损伤和污染。

第七节　厨房、卫生间部品吊装施工

一、厨房、卫生间部品吊装施工流程

厨房、卫生间部品吊装施工流程如图6-39所示。

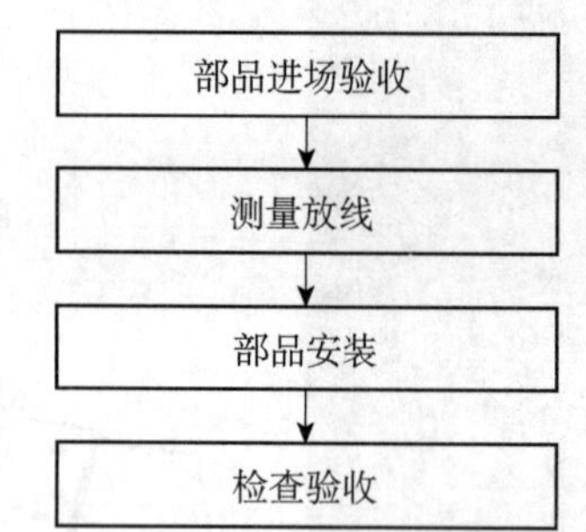

图6-39　厨房、卫生间部品吊装施工流程

二、吊装及就位

1）吊装前应检查部品及安装附属件的品种、类型、规格、尺寸、方向、位置、连接方式、密封处理等应符合设计要求。卫生间部品如图6-40所示。

2）测量放线，基准线、控制线应准确，设备及管线、预埋件的安装位置应符合部品安装要求。

3）厨房、卫生间部品吊装一般采用四点吊，采用框架平衡梁进行吊装，部品吊装如图6-41所示。

4）部品安装应与主体结构同步施工，可在安装部位的主体结构验收合格后进行。

图6-40　卫生间部品

图6-41　厨、卫部品吊装

第八节　灌浆施工

一、灌浆施工流程

灌浆施工流程如图6-42所示。

二、灌浆料拌和

1）灌浆料按使用说明书的要求进行拌和，拌和用水应符合现行行业标准规定。

2）采用电动设备搅拌充分、均匀，宜静置2 min后使用。

3）每工作班应检查灌浆料拌合物初始流动度不少于一次，应符合初始流动度不小于300 mm，30 min后不小于260 mm。灌浆料应按规定做试件，灌浆料试件制作如图6-43所示。

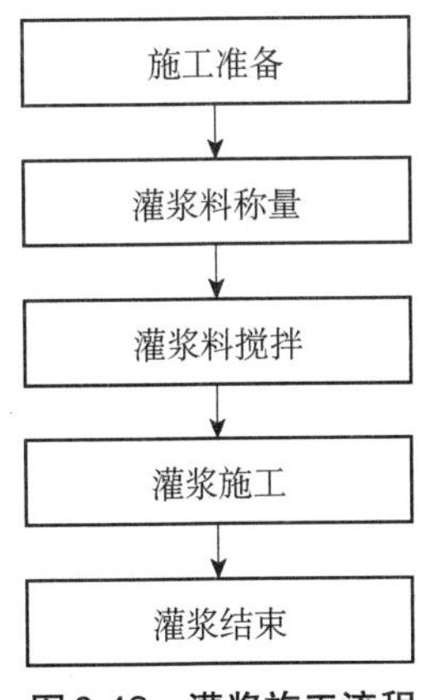

图6-42　灌浆施工流程

图6-43　灌浆料试件制作

三、竖向钢筋的灌浆

1）灌浆操作在专职检验人员旁站监督下进行，并及时形成施工质量检查记录。

2）环境温度应符合灌浆料产品使用说明书要求，环境温度低于5℃时不宜施工，低于0℃时不得施工。

3）竖向构件宜用连通腔灌浆，对墙类构件，分段实施。灌浆封堵泡沫如图6-44所示。

4）竖向构件灌浆作业采用压浆法，即从灌浆套筒下灌浆孔灌注，当浆料从构件其他灌浆孔、出浆孔流出后应及时封堵。

5）灌浆料应在拌合后30 min内用完。

6）散落的灌浆料拌合物不得二次使用，剩余的拌合物不得再次添加灌浆料、水后混合使用。

7）当在大气温度较低的情况下灌浆时，采取加热保温措施，使结构构件灌浆套筒内的温度达到产品使用说明书的要求。

8）压浆法灌浆有机械、手工两种常用方式。机械灌浆的灌浆压力、灌浆速度可根据现场施工条件确定。灌浆施工如图6-45所示。

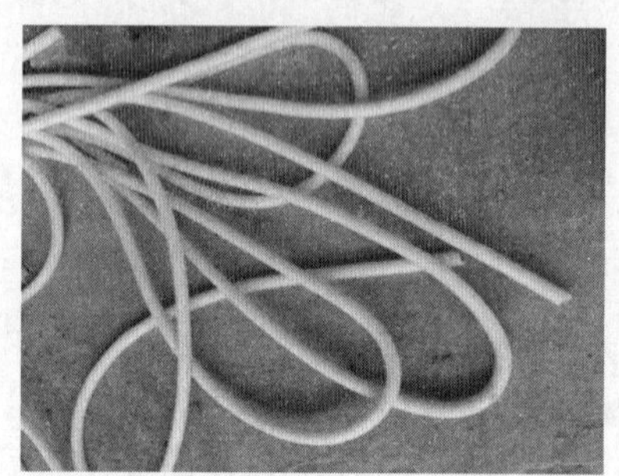

图6-44　灌浆封堵泡沫

图6-45　灌浆施工图

9）当灌浆施工时出现无法出浆的情况时，要查明原因并及时采取措施。具备条件时，可将构件吊起冲洗灌浆套筒后重新安装、灌浆。

10）对于未密实饱满的灌浆套筒采取可靠措施从灌浆孔或出浆孔补灌。当需要补灌时，对于灌浆套筒完全没有充满的情况，应首选在灌浆孔补灌。

11）灌浆料强度达到规定强度，按照专职技术负责人的指令拆除预制构件的临时支撑，进行上部结构吊装与施工。

12）预制框架柱灌浆施工。

① 柱构件周边封仓。柱构件封仓采用专用的封浆料，填抹1.5～2 cm深确保不堵塞套筒孔，一段抹完后抽出内衬进行下一段填抹，封浆料达到强度后（常温下24 h，30 MPa后），才可进行灌浆。

② 预制框架柱灌浆施工。

a. 灌浆泵（枪）使用前用水清洗干净；

b. 灌浆料数量应满足：一桶可灌浆使用、一桶正在静置排气泡、一桶正在准备搅拌；

c. 灌浆料倒入机器，并用滤网过滤掉大颗粒；

d. 从接头下方的灌浆孔处向套筒内压力灌浆；

e. 同一个仓位要连续灌浆，不得中途停顿。

预制框架柱孔道灌浆、封堵如图6-46所示。

（a）预制框架柱孔道灌浆

（b）预制框架柱孔道封堵

图6-46　预制框架柱孔道灌浆、封堵

13）预制剪力墙灌浆施工。

① 预制剪力墙灌浆分仓。

a. 采用电动灌浆泵灌浆时，一般单仓长度不超过1 m。

b. 采用手动灌浆枪灌浆时单仓长度不宜超过0.3 m。

c. 对填充墙无灌浆处采用坐浆法密封。

② 剪力墙封缝。

a. 嵌缝前，对基层与墙板接触面用专用吹风机清理，并做润湿处理。

b. 选择专用的封仓料和抹子，在缝隙内先压入PVC管或泡沫条，填抹大约1.5 cm深（确保不堵塞套筒孔），将缝隙填塞密实后，抽出PVC管或泡沫条。

c. 填抹完毕确认封仓强度达到要求（常温24 h，约30 MPa）后再灌浆。

剪力墙封缝如图6-47所示。

图6-47　剪力墙封缝

③ 实心剪力墙灌浆。

a. 灌浆前逐个检查各接头灌浆孔和出浆孔，确保孔路畅通。

b. 灌浆泵接头插入灌浆孔后，封堵其他灌浆孔及灌浆泵上的出浆口，待出浆孔连续流出浆体后，暂停灌浆机，立即用专用橡胶塞封堵。

c. 至所有排浆孔出浆并封堵牢固后，拔出插入的灌浆接头，立刻用专用的橡胶塞封堵。

d. 灌浆浆料要在自加水搅拌开始30 min内灌完。

④ 灌浆后节点保护检查验收：灌浆料凝固后，取下灌排浆孔封堵胶塞，检查孔内凝固的灌浆料上表面应高于排浆孔下边缘5 mm以上。灌浆料强度没有达到35 MPa前，不得受扰动。

预制剪力墙灌浆施工如图6-48所示。

(a) 手动灌浆枪灌浆

(b) 电动灌浆泵灌浆

(c) 封堵后的灌浆口

图6-48 预制剪力墙灌浆施工

四、水平钢筋的灌浆

预制构件的钢筋连接应采用全灌浆套筒，非预制构件的钢筋连接可采用全灌浆套筒或半灌浆套筒。

1. 施工前连接钢筋、灌浆套筒检查

1）检查连接钢筋的外表面应标记插入灌浆套筒最小长度的标志，标志位置应准确、颜色应清晰。

2）检查两件构件上每对连接钢筋的轴线偏差应符合套筒产品的设计要求，且不应大于5 mm。

3）在与既有混凝土结构相接的现浇结构中，检查连接钢筋或灌浆套筒上保证连接钢筋同轴的装置或相关措施。

4）检查灌浆套筒与钢筋之间，防止灌浆料从套筒和钢筋的间隙泄漏的措施。

5）检查套筒的灌浆、出浆孔是否在套筒水平轴正上方±45°。

2. 灌浆施工

1）灌浆料拌合物从套筒一端的灌浆孔注入，从另一端出浆孔流出后，方可停止灌浆。

2）停止灌浆后，应观察0.5 min，套筒灌浆、出浆孔内的灌浆料拌合物均需高于套筒外表面最高位置。

3）停止灌浆后，如发现灌浆料拌合物下降，检查套筒的密封胶或灌浆料拌合物排气情况，并采取相应措施。如灌浆料拌合物已低于套筒外表面的最高位置时，应及时联系技术负责人采取有效的补救措施。

第九节 后浇混凝土施工

一、钢筋工程

建筑装配施工钢筋工程主要包括现浇构件钢筋施工及叠合构件现浇部分钢筋施工。

（一）装配式框架结构钢筋

1. 叠合梁箍筋

1）抗震等级为一、二级的叠合框架梁的梁端箍筋加密区应采用整体封闭箍筋；当叠合梁受扭时应采用整体封闭箍筋，整体封闭箍筋的搭接部分应设置在预制部分。

2）当采用组合封闭箍筋时，开口箍筋上方两端应做成135°弯钩，对框架梁弯钩平直段长度不应小于10*d*（*d*为箍筋直径），次梁弯钩平直段长度不应小于5*d*。现场应采用箍筋帽封闭开口箍，箍筋帽宜两端做成135°弯钩，也可做成一端135°，另一端90°弯钩，但135°弯钩和90°弯钩应沿纵向受力钢筋方向交错设置，框架梁弯钩平直段长度不应小于10*d*，次梁135°弯钩平直段长度不应小于5*d*，90°弯钩平直段长度不应小于10*d*。

叠合梁箍筋构造如图6-49所示。

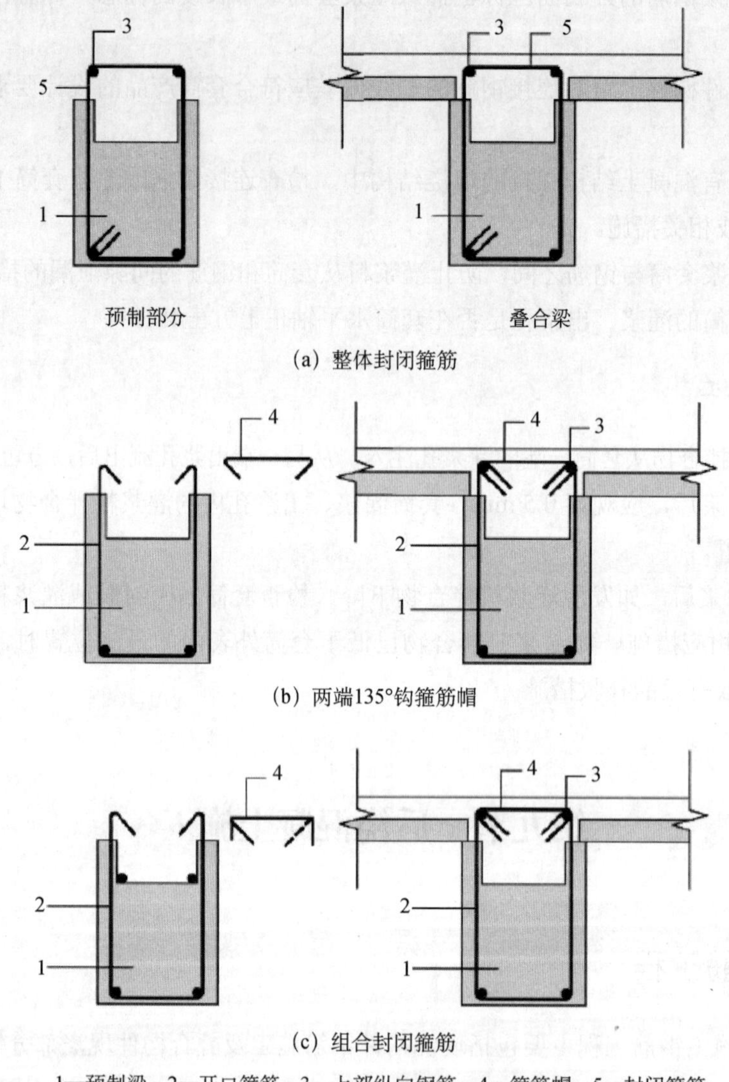

1—预制梁；2—开口箍筋；3—上部纵向钢筋；4—箍筋帽；5—封闭箍筋。

图6-49 叠合梁箍筋构造

2. 预制柱钢筋及连接

1）纵向受力钢筋在柱底连接时，柱箍筋加密区长度不应小于纵向受力钢筋连接区域长度与500 mm之和；当采用套筒灌浆连接或浆锚搭接连接等方式时，套筒或搭接段上端第一道箍筋距离套筒或搭接段顶部不应大于50 mm（如图6-50所示）。

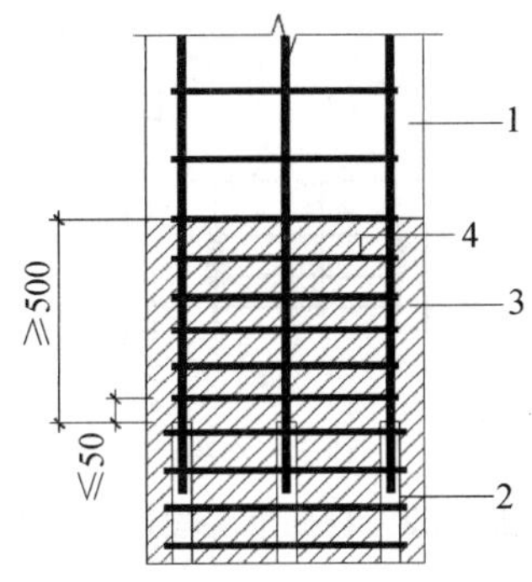

1—预制柱；2—连接接头（或钢筋连接区域）；
3—箍筋加密区（阴影区域）；4—加密区箍筋。

图6-50 钢筋采用套筒灌浆连接时柱底箍筋加密区域的构造

2）纵向受力钢筋直径不宜小于20 mm。柱的纵向受力钢筋可集中于四角配置且宜对称布置。柱中可设置纵向辅助钢筋且直径不宜小于12mm和箍筋直径；当正截面承载力计算不计入纵向辅助钢筋时，纵向辅助钢筋可不伸入框架节点（如图6-51所示）。

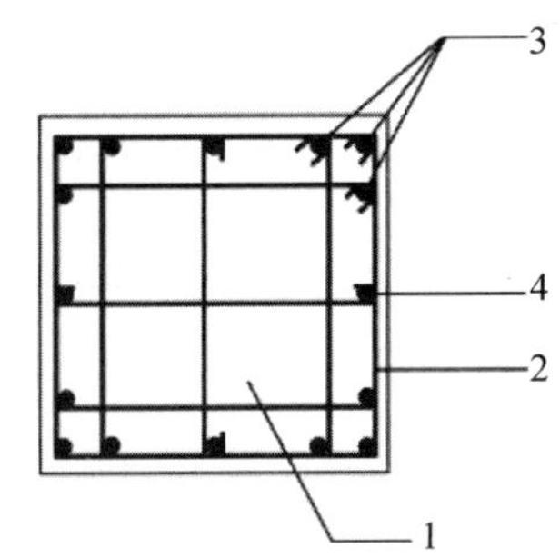

1—预制柱；2—箍筋；3—纵向受力钢筋；4—纵向辅助钢筋。

图6-51 柱集中配筋平面构造

3）预制柱箍筋可采用连续复合箍筋。

4）上、下层相邻预制柱纵向受力钢筋采用挤压套筒连接时，柱底后浇段的箍筋应满足下列要求：

① 套筒上端第一道箍筋距离套筒顶部不应大于20 mm，柱底部第一道箍筋距柱底面不应大于50 mm，箍筋间距不宜大于75 mm；

② 抗震等级为一、二级时，箍筋直径不应小于10 mm，抗震等级为三、四级时，箍筋直径不应小于8 mm。

柱底后浇段箍筋配置如图6-52所示。

3. 预制框架梁、柱中钢筋

1）预制柱及叠合梁的装配式框架节点，梁纵向受力钢筋伸入后浇节点区内锚固或

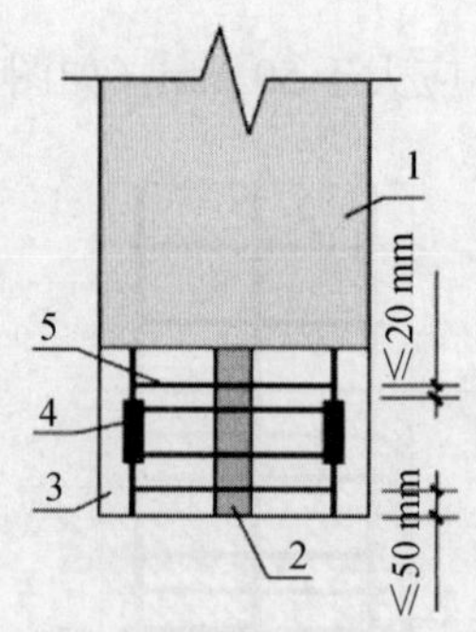

1—预制柱；2—支腿；3—柱底后浇段；4—挤压套筒；5—箍筋。

图6-52 柱底后浇段箍筋配置

连接，应满足下列规定：

① 框架梁预制部分的腰筋不承受扭矩时，可不伸入梁柱节点核心区。

② 对框架中间层中节点，节点两侧的梁下部纵向受力钢筋应锚固在后浇节点核心区内，也可采用机械连接或焊接的方式连接，梁的上部纵向受力钢筋应贯穿后浇节点核心区（如图6-53所示）。

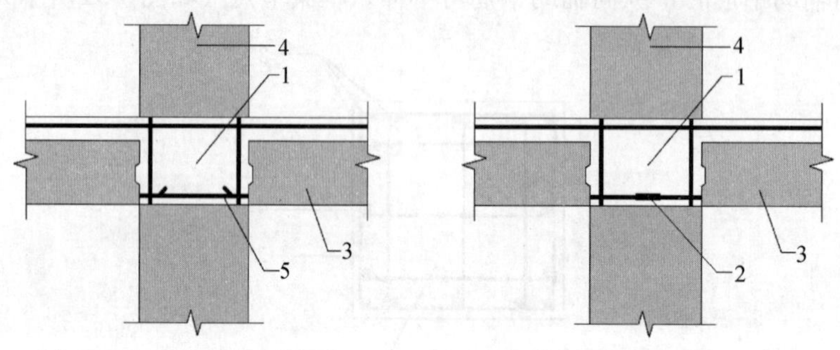

（a）梁下部纵向受力钢筋锚固　　（b）梁下部纵向受力锥筋连接

1—后浇区；2—梁下部纵向受力钢筋连接；3—预制梁；4—预制柱；5—梁下部纵向受力钢筋锚固。

图6-53 预制柱及叠合梁框架中间层中节点构造

③ 框架中间层端节点，当柱截面尺寸不满足梁纵向受力钢筋的直线锚固要求时，宜采用锚固板锚固，也可采用90°弯折锚固（如图6-54所示）。

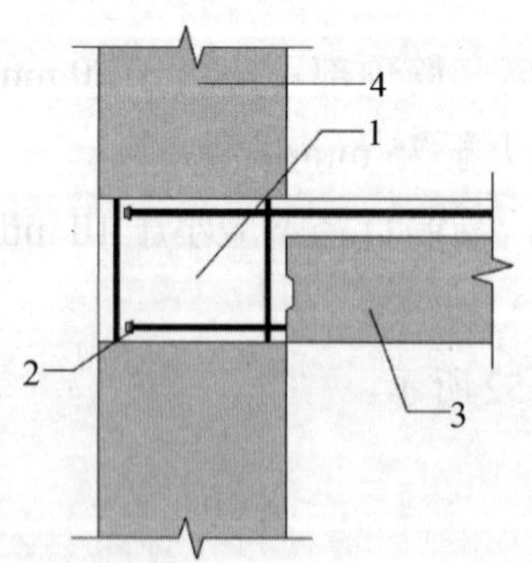

1—后浇区；2—梁纵向受力钢筋锚固；3—预制梁；4—预制柱。

图6-54 预制柱及叠合梁框架中间层端节点构造

④ 柱纵向受力钢筋应采用直线锚固；当梁截面尺寸不满足直线锚固要求时，应采用锚固板锚固（如图6-55所示）。

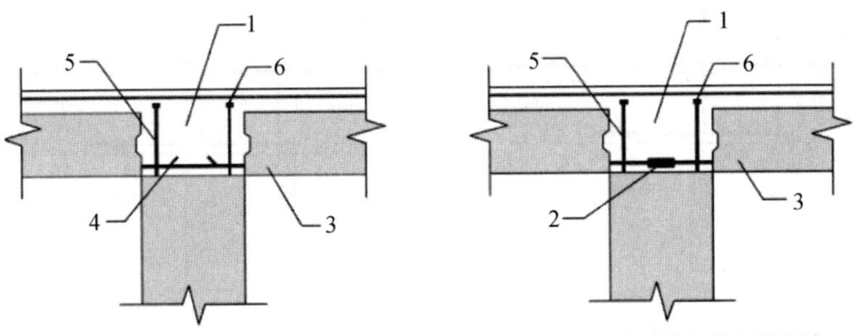

（a）梁下部纵向受力钢筋锚固　　（b）梁下部纵向受力钢筋机械连接

1—后浇区；2—梁下部纵向受力钢筋连接；3—预制梁；4—梁下部纵向受力钢筋锚固；5—柱纵向受力钢筋；6—锚固板。

图6-55　预制柱及叠合梁框架顶层中节点构造

⑤ 框架顶层端节点，柱应伸出屋面并将柱纵向受力钢筋锚固在伸出段内，柱纵向受力钢筋应采用锚固板的锚固方式，此时锚固长度不应小于0.6 l_{ab}。伸出段内箍筋直径不应小于d/4（d为柱纵向受力钢筋的最大直径），伸出段内箍筋间距不应大于5d（d为柱纵向受力钢筋的最小直径）且不应大于100 mm；梁纵向受力钢筋应锚固在后浇节点区内，且宜采用锚固板的锚固方式，此时锚固长度不应小于0.6 l_{ab}。预制柱及叠合梁框架顶层端节点构造如图6-56所示。

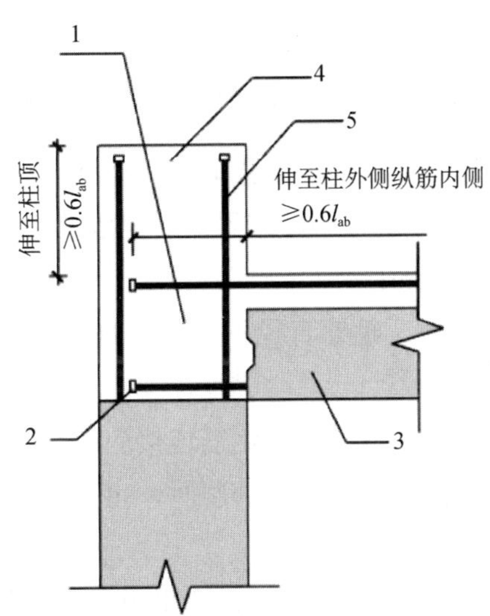

1—后浇区；2—梁下部纵向受力钢筋锚固；3—预制梁；4—柱延伸段；5—柱纵向受力钢筋。

图6-56　预制柱及叠合梁框架顶层端节点构造

2）预制柱及叠合梁的装配整体式框架结构节点，两侧叠合梁底部水平钢筋挤压套筒连接时，可在核心区外一侧梁端后浇段内连接，如图6-57所示。也可在核心区外两侧梁端后浇段内连接，如图6-58所示。

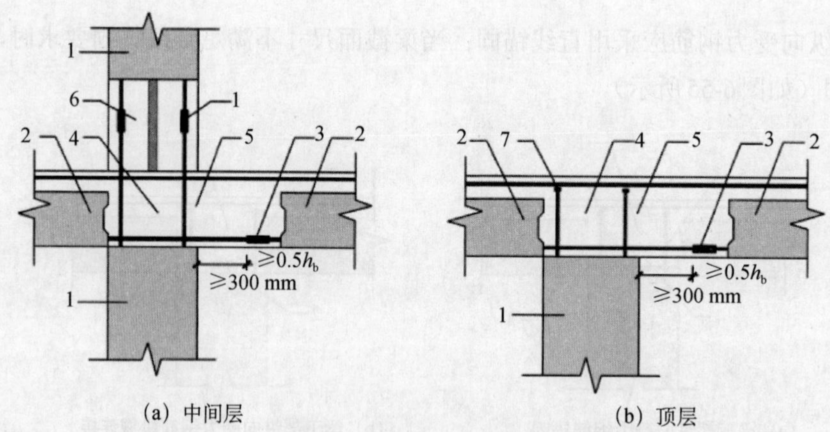

（a）中间层　　　　　　　　　　（b）顶层

1—预制柱；2—叠合梁预制部分；3—挤压套筒；4—后浇区；5—梁端后浇段；6—柱底后浇段；7—锚固板。

图6-57　框架节点叠合梁底部水平钢筋在一侧梁端后浇段内采用挤压套筒连接

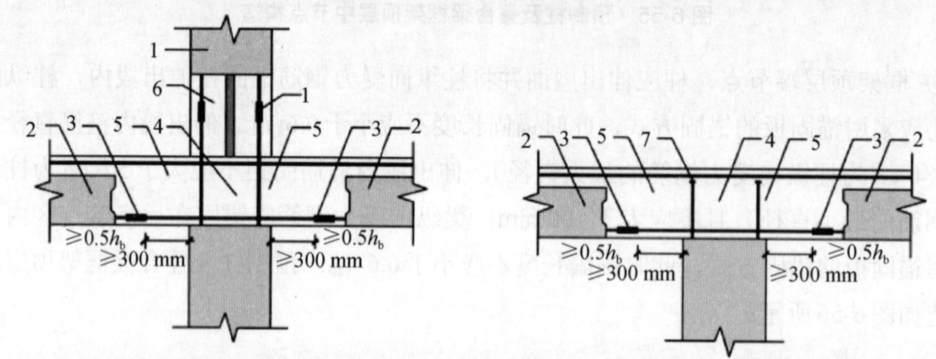

1—预制柱；2—叠合梁预制部分；3—挤压套筒；4—后浇区；5—梁端后浇段；6—柱底后浇段；　7—锚固板。

图6-58　框架节点叠合梁底部水平钢筋在两侧梁端后浇段内采用挤压套筒连接

连接接头距柱边不小于0.5 h_b（h_b为叠合梁截面高度）且不小于300 mm，叠合梁后浇叠合层顶部的水平钢筋应贯穿后浇核心区。梁端后浇段的箍筋尚应满足下列要求：

① 箍筋间距应不大于75 mm；

② 抗震等级为一、二级时，箍筋直径不应小于10 mm，抗震等级为三、四级时，箍筋直径不应小于8 mm；

③ 装配整框架结构中，预制柱的纵向钢筋连接应符合以下规定：

当房屋高度不大于12 m或层数不超过3层时，可采用套筒灌浆、浆锚搭接、焊接等连接方式。

当房屋高度大于12 m或层数超过3层时，宜采用套筒灌浆连接。

3）叠合梁可采用对接连接如图6-59所示，并应符合下列规定：

① 连接处应设置后浇段，后浇段的长度应满足梁下部纵向钢筋连接作业的空间需求；

② 梁下部纵向钢筋在后浇段内宜采用机械连接、套筒灌浆连接或焊接连接；

③ 后浇段内的箍筋应加密，箍筋间距不应大于5 d（d为纵向钢筋直径），且不应大于100 mm。

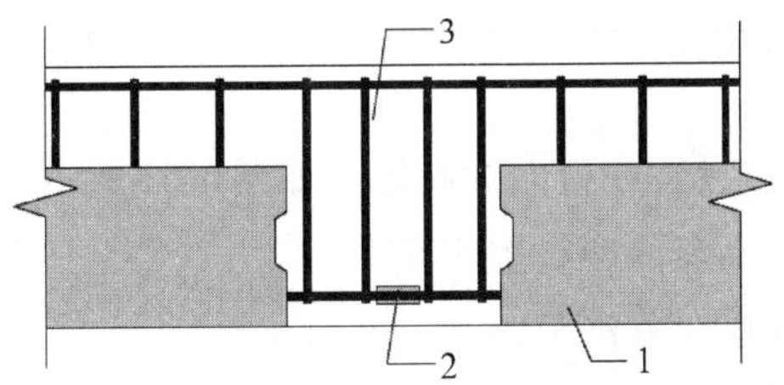

1—预制梁；2—钢筋连接接头；3—后浇段。

图6-59　叠合梁连接节点

4. 主梁与次梁后浇段连接

1）在端部节点处，次梁下部纵向钢筋伸入主梁后浇段内的长度不应小于12d。次梁上部纵向钢筋应在主梁后浇段内锚固。当采用弯折锚固，如图6-60（a）所示，或锚固板时，锚固直段长度不应小于0.6 l_{ab}，当钢筋应力不大于钢筋强度设计值的50%时，锚固直段长度不应小于0.35 l_{ab}；弯折锚固的弯折后直段长度不应小于12d（d为纵向钢筋直径）。

2）在中间节点处，两侧次梁的下部纵向钢筋伸入主梁后浇段内长度不应小于12d（d为纵向钢筋直径）；次梁上部纵向钢筋应在现浇层内贯通，如图6-60（b）所示。

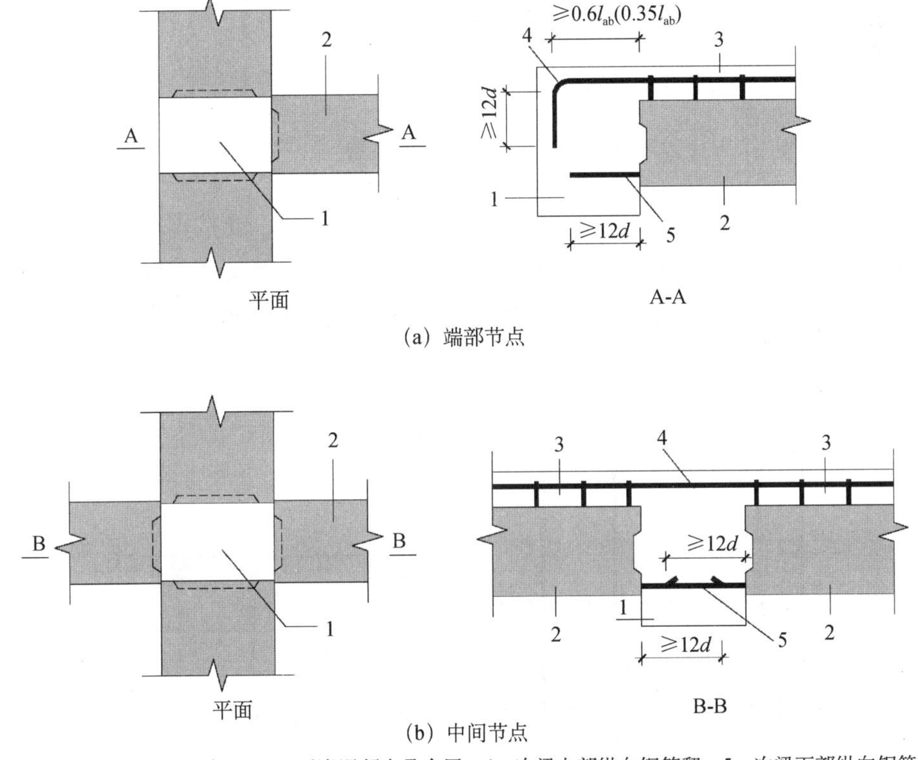

1—主梁后浇段；2—次梁；3—后浇混凝土叠合层；4—次梁上部纵向钢筋翻；5—次梁下部纵向钢筋。

图6-60　主次梁连接节点构造

5. 预制柱及叠合梁连接

预制柱及叠合梁接缝宜设置在楼面标高处，如图6-61所示，并应符合下列规定：

1）后浇节点区混凝土上表面应设置粗糙面。

2）柱纵向受力钢筋应贯穿后浇节点区。

3）柱底接缝厚度宜为20mm，并应采用灌浆料填实。

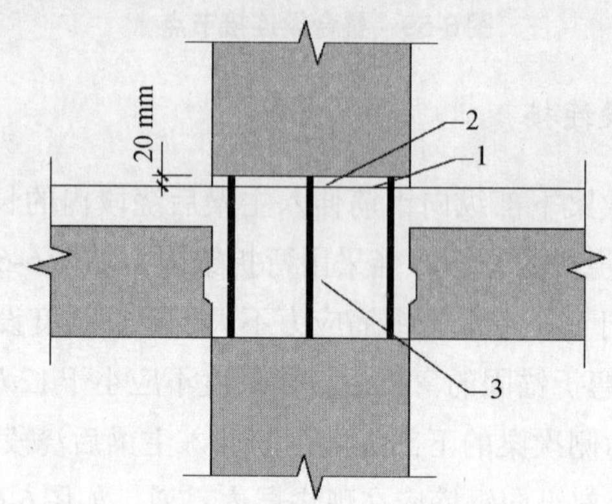

1—后浇节点区混凝土上表面粗糙面；2—接缝灌浆层；3—后浇区。

图6-61　预制柱底接缝构造

（二）装配整体式剪力墙结构连接

1. 上下层预制剪力墙竖向钢筋采用套筒灌浆连接。

1）竖向分布钢筋采用“梅花形”连接（如图6-62所示）。连接钢筋的配筋率不应小于《建筑抗震设计规范》（GB 50011—2010）规定的剪力墙竖向分布钢筋最小配筋率要求，连接钢筋的直径不应小于12 mm，同侧间距不应大于600 mm，且在剪力墙构件承载力设计和分布钢筋配筋率计算中不得计入未连接的分布钢筋；未连接的竖向分布钢筋直径不应小于6 mm。

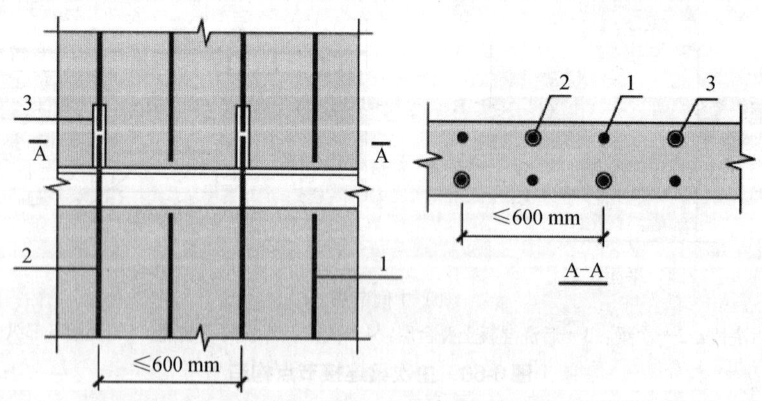

1—未连接的竖向分布钢筋；2—连接的竖向分布钢筋；3—灌浆套筒。

图6-62　竖向分布钢筋“梅花形”套筒灌浆连接构造

2）竖向分布钢筋采用单排连接，如图6-63所示。

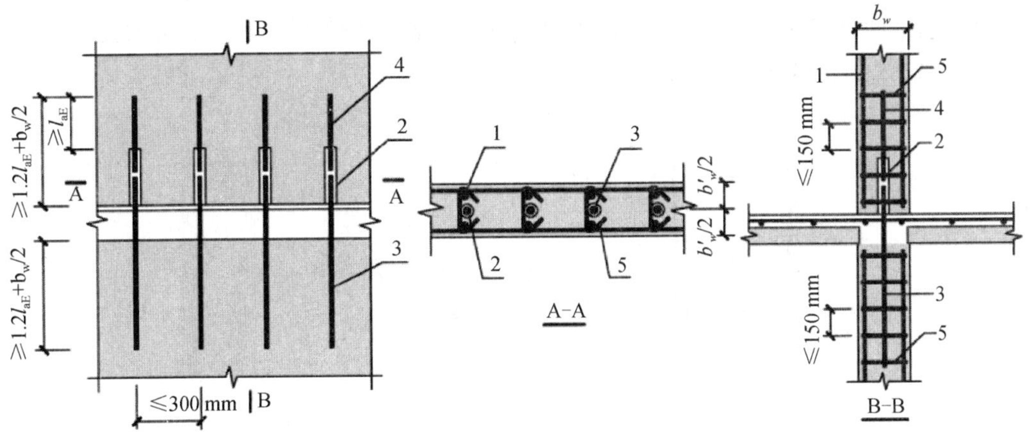

1—上层预制剪力墙竖向分布钢筋；2—灌浆套筒；3—下层剪力墙连接钢筋；4—上层剪力墙连接钢筋；5—拉筋。

图6-63　竖向分布钢筋单排套筒灌浆连接构造

2. 上下层预制剪力墙竖向钢筋采用挤压套筒连接

1）预制剪力墙底后浇段内的水平钢筋直径不应小于10 mm，也不应小于预制剪力墙水平分布钢筋直径的较大值，间距不宜大于100 mm；楼板顶面以上第一道水平钢筋距楼板顶面不宜大于50 mm，套筒上端第一道水平钢筋距套筒顶部不宜大于20 mm（如图6-64所示）。

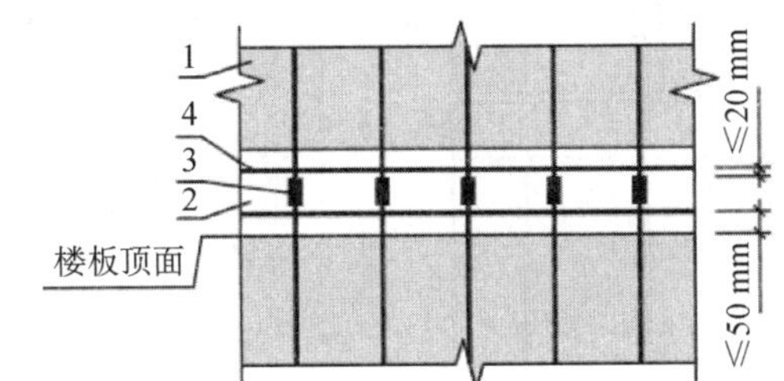

1—预制剪力墙；2—墙底后浇段；3—挤压套筒；4—水平钢筋。

图6-64　预制剪力墙底后浇段水平钢筋配置

2）竖向分布钢筋采用"梅花形"部分连接（如图6-65所示）。

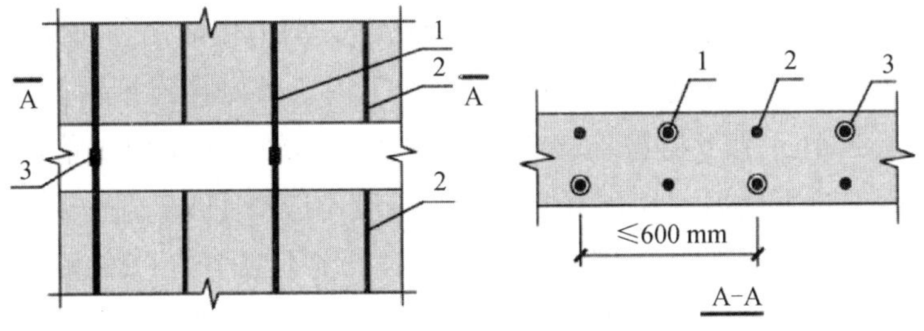

1—连接的竖向分布钢筋；2—未连接的竖向分布钢筋；3—挤压套筒。

图6-65　竖向分布钢筋"梅花形"挤压套筒连接构造

3. 上下层预制剪力墙竖向钢筋采用浆锚搭接连接

1）当竖向钢筋非单排连接时，下层预制剪力墙连接钢筋伸入预留灌浆孔道内的长度不应小于1.2 l_{aE}，如图6-66所示。

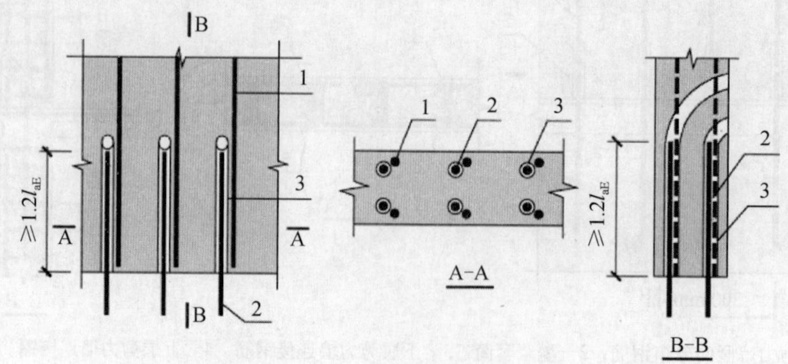

1—上层预制剪力墙竖向钢筋；2—下层剪力墙竖向钢筋；3—预留灌浆孔道。

图6-66　竖向钢筋浆锚搭接连接构造

2）竖向分布钢筋采用“梅花形”部分连接（如图6-67所示）。

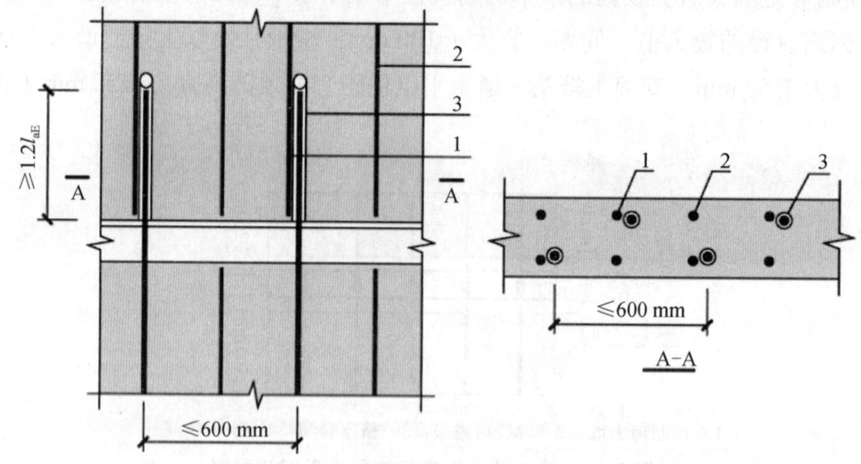

1—连接的竖向分布钢筋；2—未连接的竖向分布钢筋；3—预留灌浆孔道。

图6-67　竖向分布钢筋“梅花形”浆锚搭接连接构造

3）竖向分布钢筋采用单排连接，如图6-68所示，剪力墙两侧竖向分布钢筋与配置于墙体厚度中部的连接钢筋搭接连接，连接钢筋位于内、外侧被连接钢筋的中间；连接钢筋受拉承载力不应小于上下层被连接钢筋受拉承载力较大值的1.1倍，间距不宜大于300 mm。连接钢筋自下层剪力墙顶算起的埋置长度不应小于1.2 $l_{aE}+b_w/2$（b_w为墙体厚度），自上层预制墙体底部伸入预留灌浆孔道内的长度不应小于1.2 $l_{aE}+b_w/2$，l_{aE}按连接钢筋直径计算。钢筋连接长度范围内应配置拉筋，同一连接接头内的拉筋配筋面积不应小于连接钢筋的面积；拉筋沿竖向的间距不应大于水平分布钢筋间距，且不宜大于

150 mm；拉筋沿水平方向的肢距不应大于竖向分布钢筋间距，直径不应小于6 mm；拉筋应紧靠连接钢筋，并钩住最外层分布钢筋（如图6-68所示）。

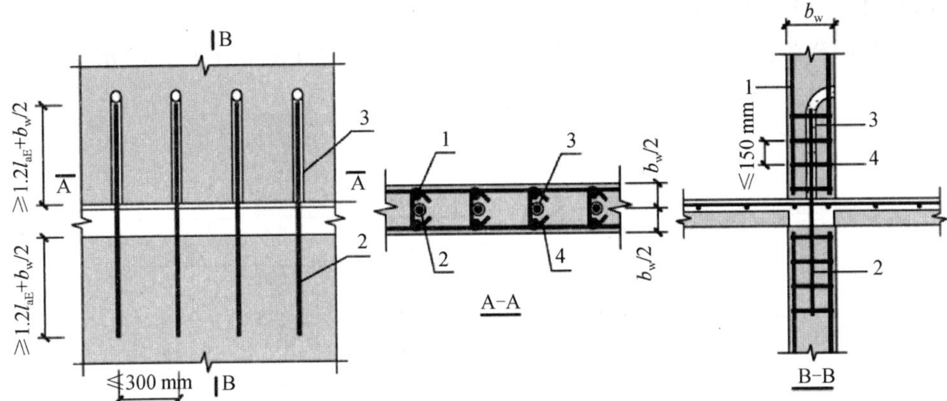

1—上层预制剪力墙竖向钢筋；2—下层剪力墙连接钢筋；3—预留灌浆孔道；4—拉筋。

图6-68　竖向分布钢筋单排浆锚搭接连接构造

4. 屋面以及立面收进的楼层

屋面以及立面收进的楼层应在预制剪力墙顶部设置封闭的后浇钢筋混凝土圈梁，如图6-69所示。

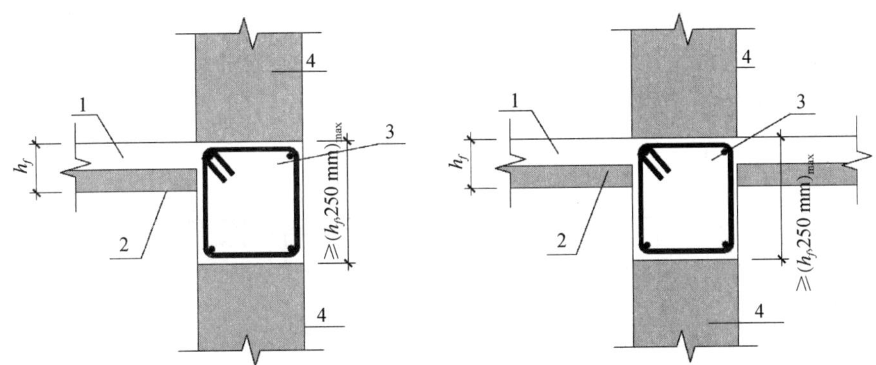

1—后浇混凝土叠合层；2—预制板；3—后浇圈梁；4—预制剪力墙。

图6-69　后浇钢筋混凝土圈梁构造

1）圈梁截面宽度不应小于剪力墙的厚度，截面高度不宜小于楼板厚度h_f及250 mm的较大值；圈梁应与现浇或者叠合楼、屋盖浇筑成整体。

2）圈梁内配置的纵向钢筋不应少于4 ϕ12，且按全截面计算的配筋率不应小于0.5%和水平分布筋配筋率的较大值，纵向钢筋竖向间距不应大于200 mm；箍筋间距不应大于200 mm，且直径不应小于8 mm。

5. 各层楼面位置

预制剪力墙顶部无后浇圈梁时，应设置连续的水平后浇带，如图6-70所示，水平后浇带应符合下列要求：

1）水平后浇带宽度应取剪力墙的厚度，高度不应小于楼板厚度；水平后浇带应与现浇或者叠合楼、屋盖浇筑成整体。

2）水平后浇带内应配置不少于2根连续纵向钢筋，其直径不宜小于12 mm。

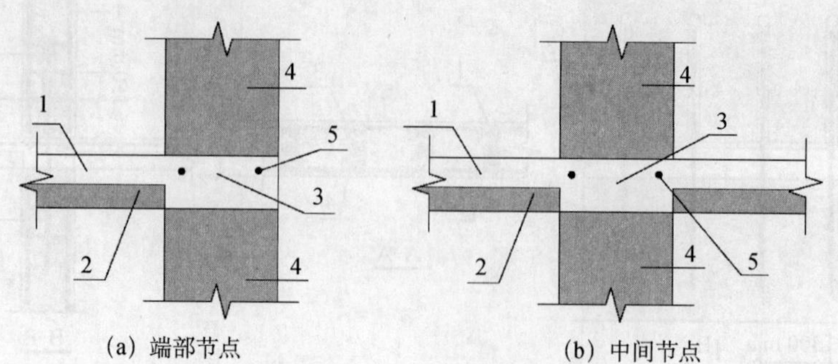

(a) 端部节点　(b) 中间节点

1—后浇混凝土叠合层；2—预制板；3—水平后浇带；4—预制墙板；5—纵向钢筋。

图6-70　水平后浇带构造

6. 预制叠合连梁端部与预制剪力墙在平面内拼接

接缝构造应符合以下要求：

1）当墙端边缘构件采用后浇混凝土时，连梁纵向钢筋应在后浇段中可靠锚固或连接，如图6-71中（a）、（b）所示。

2）当预制剪力墙端部上角预留局部后浇节点区时，连梁的纵向钢筋应在局部后浇节点区内可靠锚固或连接，如图6-71（c）、（d）所示。

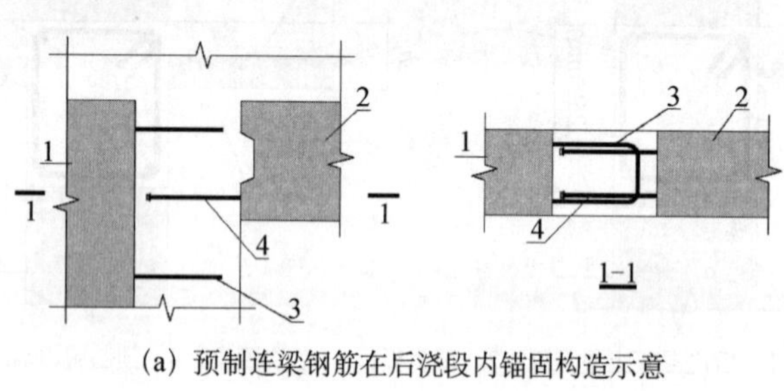

(a) 预制连梁钢筋在后浇段内锚固构造示意

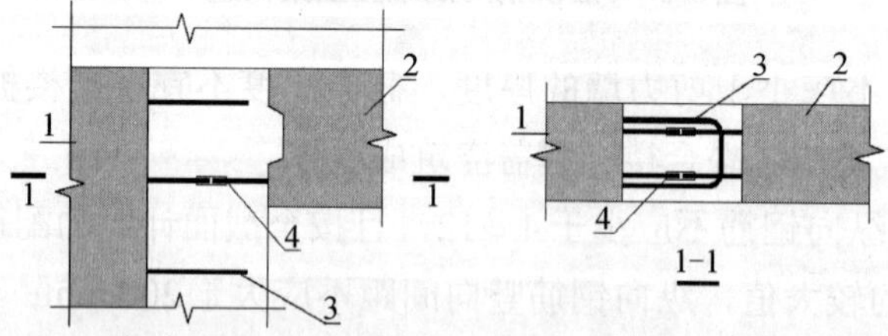

(b) 预制连梁钢筋在后浇段内与预制剪力墙预留钢筋连接构造示意

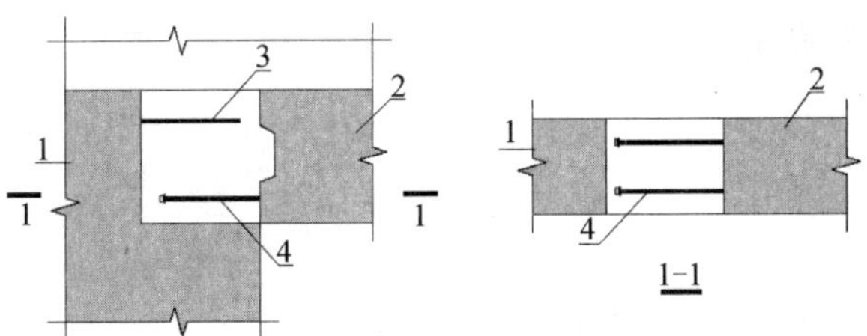

（c）预制连梁钢筋在预制剪力墙局部后浇节点区内锚固构造

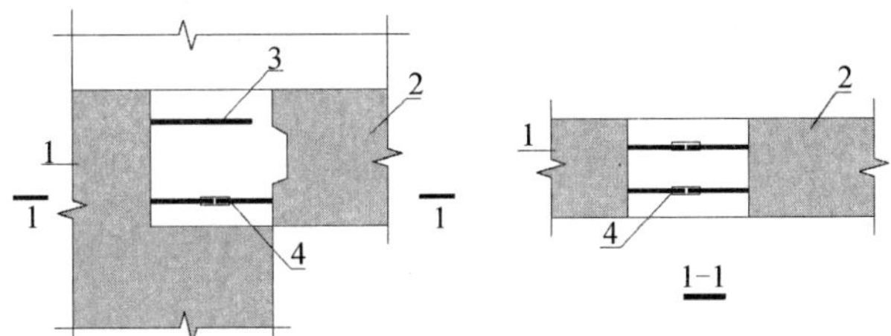

（d）预制连梁钢筋在预侧剪力墙局部后浇节点区内与墙板预留钢筋连接构造

1—预制剪力墙；2—预制连梁；3—边缘构件箍筋；4—连梁下部纵向受力钢筋锚固或连接。

图6-71　同一平面内预制连梁与预制剪力墙连接构造

7. 后浇连梁

采用后浇连梁时宜在预制剪力墙端伸出预留纵向钢筋，并与后浇连梁的纵向钢筋可靠连接如图6-72所示。

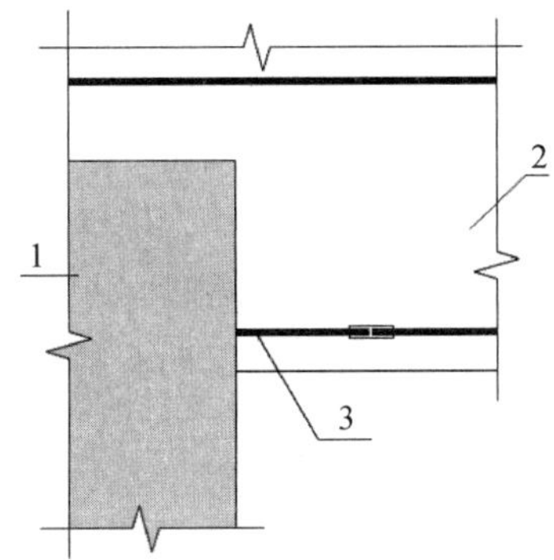

1—预制墙板；2—后浇连梁；3—预制剪力墙伸出纵向受力钢筋。

图6-72　后浇连梁与预制剪力墙连接构造

二、模板工程

装配式建筑施工现场相比传统施工项目，支模现浇的构件大大减少。为了减少现浇构件浇筑完成之后的修补，在施工策划阶段，必须针对项目特点选择合适的模板体系，确保现浇完成后的质量。

（一）模板种类及优缺点

1. 铝合金模板

（1）优点

1）浇筑的混凝土观感好、质量高；

2）材料周转次数多，平均使用成本低；

3）安装、拆卸、转运方便；

4）模板强度高，不易变形。

（2）缺点

1）铝合金模板不易加工；

2）前期一次性投入高；

3）工艺较新，操作人员技术水平参差不齐；

4）不太适合用于异形现浇构件的模板支设。

铝合金模板如图6-73所示。

2. 大钢模板

（1）优点

1）刚度好，混凝土成型质量较高；

2）减少支模时间，较其他模板节约人工成本，工效较高；

3）提高施工效率，在改装模板后，模板可以重复周转使用。

（2）缺点

1）地面平整度要求高，安装拆卸困难以及大模板底部易漏浆；

2）大模板需起重设备配合，占用设备吊运时间；

3）竖向及水平现浇构件需二次浇筑，对工期不利；且竖向浇注高度不易控制；

4）操作空间要求大。

大钢模板如图6-74所示。

图6-73　铝合金模板

图6-74　大钢模板

3. 塑料模板

（1）优点

1）自重轻，安装、拆卸、转运方便；

2）模板表面平滑、光洁，无须涂刷脱模剂，从而使得清洁、保养费用减少；

3）使用后的废旧板、边角料可回收并且再生，节约成本，减少污染。

（2）缺点

1）强度和刚度小，一次性投入较高；

2）材料较厚，对剪力墙较多的装配式建筑不适用；

3）热胀冷缩系数大；

4）高温易损坏。

塑料模板如图6-75所示。

4. 木模板

（1）优点

1）自重轻、为常用材料，安装、拆卸、转运、加工方便；

2）应对设计变更能力强，适应力强。

（2）缺点

1）刚度差，混凝土成型后观感质量不高；

2）抗混凝土侧压力不强，易爆模；

3）使用大量木材，不环保。

木模板如图6-76所示。

图6-75 塑料模板

图6-76 木模板

（二）模板构造及施工

1. 装配式模板构造

1）预制墙体节点模板平面布置，如图6-77所示。

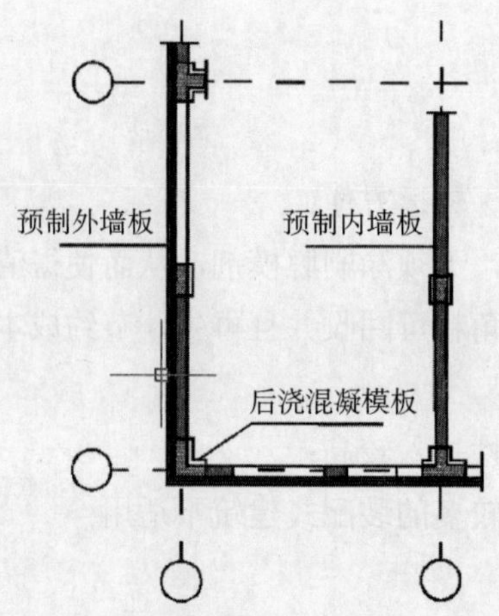

图6-77　预制墙体节点模板平面布置

2）"一"字形现浇节点模板如图6-78所示。

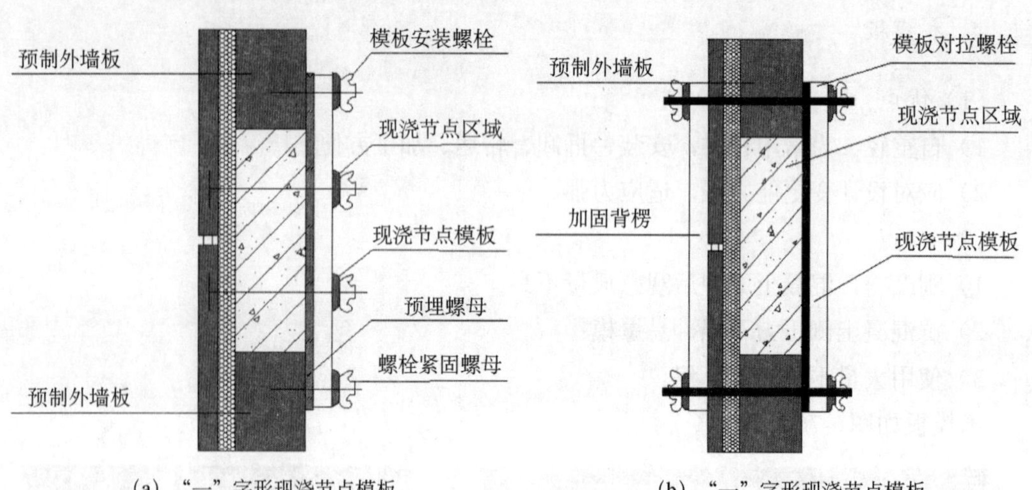

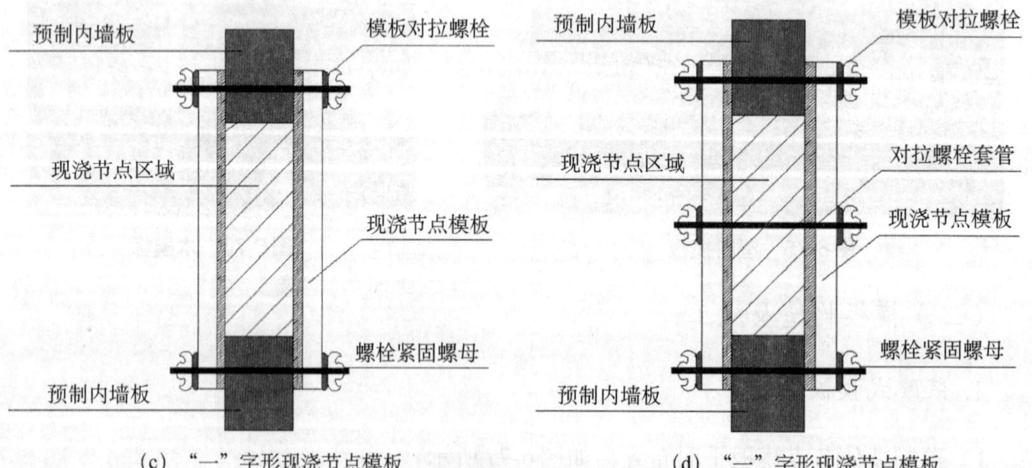

图6-78　预制墙体"一"字形节点模板

3）“T”字形现浇节点模板如图6-79所示。

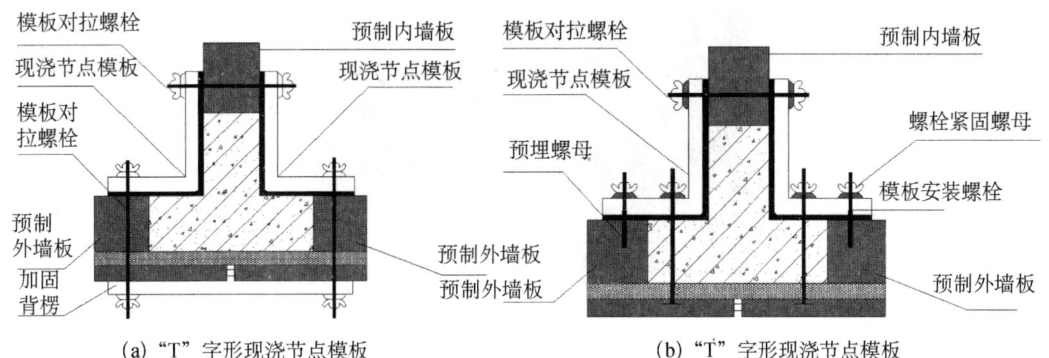

(a)“T”字形现浇节点模板　　(b)“T”字形现浇节点模板

图6-79　预制墙体“T”字形现浇节点模板

4）“L”字形现浇节点模板见图6-80所示。

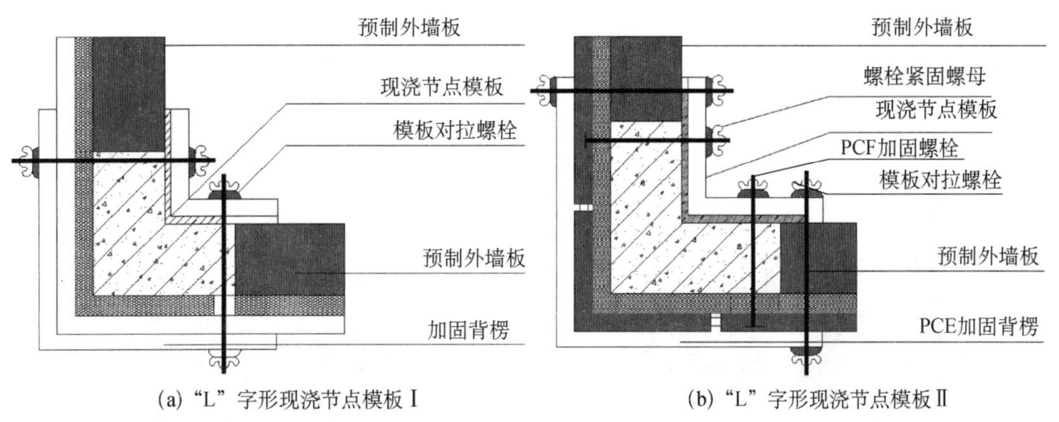

(a)“L”字形现浇节点模板Ⅰ　　(b)“L”字形现浇节点模板Ⅱ

图6-80　预制墙体“L”字形现浇节点模板

2. 铝模板施工

（1）模板安装

1）测量放线。包括模板定位线、模板控制标高测量、模板控制线（定位线外200 mm）。一般模板放线与装配式建筑板放线同步进行。

2）拼装前确认模板编号、型号及数量。

铝合金模板物料的传递与放置：模板通过预留的传递孔往上层传递并按编号顺序放在相应位置。在开工前，施工策划时就必须考虑孔洞预留。

3）模板安装就位。按模板工况图顺序进行模板施工，每面墙模板按编号进行拼装，模板拼装图由厂家提供，现场需按图拼装，避免出现尺寸不一致或模板数量短缺等现象。角模安装如图6-81所示。

图6-81　角模安装

4）对拉螺杆安装。将PVC管套入螺杆，PVC管加工成固定长度，套管安装完成后仅需检查套管外露长度即可知道是否安装到位。套管安装如图6-82所示。

5）墙、柱角模安装

墙、柱角模安装如图6-83所示。

图6-82　套管安装

图6-83　角模安装

6）安装背楞。背楞安装完成后，采用螺帽和垫片加固，并矫直模板垂直度。如图6-84所示。

图6-84　背楞安装及加固

7）模板垂直度调整、检测。在安装加固时必须严格控制模板垂直度，加固完成后必须安排专人检测，对于垂直度达不到要求的模板，必须调整达到要求后方能浇筑混凝土。

8）板缝封堵。对因墙地面不平，造成模板与地面较大缝隙采用水泥砂浆或者橡胶条填堵，模板顶部缝隙使用木条进行封堵，缝隙较小处模板与预制墙板之间可用双面胶条封堵（严禁用泡沫胶堵缝）。

9）混凝土浇筑。混凝土一次浇筑到设计标高时会产生较大的侧压力，为了防止外墙板在混凝土浇筑时位移，在浇筑有外挂板当外模时的剪力墙、柱时，应分层浇筑；为了防止由于浇筑时混凝土侧压力过大而发生胀模等事故，在浇筑内剪力墙、柱时，应分层浇筑；分层浇筑时应注意，在下层浇筑的混凝土初凝之前浇筑上层混凝土，防止混凝土在浇筑时形成冷缝。

（2）模板拆除

1）模板拆除原则：应采用专门的拆模工具，以免对墙体模板造成损坏。拆模应先上后下，从右至左或从左至右，不得自中间向两边拆除。

2）拆模顺序：拆除背楞及穿墙螺杆→从端部拆除墙板→模板清理→模板摆放整齐→如进度允许可向上传递模板→拆除平板、角模→模板清理→堆放备用。

3）拆模操作注意事项：

① 模板拆除后按顺序堆放整齐；

② 安排人员清除板面上的砂浆残留物并涂刷脱模剂；

③ 拆卸过程中需紧握已拆除部分，防止坠落，造成人员伤害及财产损失；

④ 梁底支撑不拆除；

⑤ 拆除的材料分类、分区堆放；模板堆放在一起时，所有模板必须平放，底部加垫木方以防止模板变形；

⑥ 模板拆除时应轻拿轻放，严禁摔砸；

⑦ 清洁涂油后，从转运通道人工运输到下一施工层；

⑧ 每一个分区部位的模板，根据上一层安装顺序的按序运输，严禁随意运输；

⑨ 重复上述安装过程，即可完成该作业层的模板安装作业；

⑩ 每层楼面完成后，应清理楼面残留的材料及水泥浆。

3. 大钢模板施工

大钢模板施工的注意事项：

1）运输时，注意保护面板不受损坏；

2）使用前，检查并紧固模板配件；

3）装模前，清水面板涂刷脱模剂；

4）验模后，模板底部用水泥砂浆堵缝；

5）拆模后，彻底清理面板、背肋及其他配件上的粘留的混凝土及水泥浆；

6）拆模后，需将模板放入堆放架。

4. 塑料模板施工

（1）模板安装施工流程

弹线→使用短钢筋头限位→组装内墙模板→安装临时斜撑→穿对拉螺栓→组装外墙模→内墙安装横向加固圆钢、外墙安装纵向方钢→安装拉杆或斜撑→校正垂直度→检查验收。

（2）塑料模板安装施工

1）模板安装时应严格按照配模图纸进行墙模板的拼装，需要穿墙螺杆加固的墙模板需提前在模板上弹线钻孔。

2）墙模板安装前，应根据楼层主控制线对墙柱外围尺寸进行弹线定位，在墙柱周边弹出复核线，使用短钢筋头在定位线边缘进行限位。非临边的墙柱施工缝处，采用发泡剂将模板根部堵严，防止底部漏浆。临边墙楼板模板浇筑前，楼板靠墙外侧预留钢筋，使得外侧模板可以立于钢筋上，墙临空面的模板面板与次楞应从楼面向下伸出一片模板的高度（下层拆模时保留最顶层的模板），对内模与楼面梁侧用2 mm厚双面胶带封贴。

3）基线先找准内墙的内角，阴角模紧靠复合线，然后进行水平横向拼装。可以在平整的工作面先根据模板施工图将几片模板组合成一个整体，再进行整体安装，直到配模至指定的高度。

4）内墙拼装完毕后，设置临时的支撑，并在相应的预留对拉孔插入对拉螺栓，合模时再将螺杆贯穿外墙模板。穿墙对拉螺栓安装前先将螺杆穿过专用套管或PVC套管，再将螺杆连套管穿过已立好的一侧模板孔洞。

5）塑料套管要有足够的强度，以便内墙混凝土浇筑硬化后能抽出对拉螺栓重复使用。

6）在墙模每边设2根拉杆或斜撑，斜撑底部采用方木和钢钉固定于楼地面上，拉杆固定于楼板预埋钢筋环上。拉杆或斜撑宜与地面夹角成45°～60°。

7）墙模板安装完毕后，用吊锤校正垂直度，调整斜撑角度，合格后，固定斜撑，全面检查扣件、螺栓、斜撑是否紧固和稳定，模板拼缝及下口是否严密，并紧固全部穿墙螺栓的螺母。临空剪力墙一侧的空隙，采用发泡剂进行堵漏。

（3）注意事项

1）组装前确认塑料模板编号、型号及数量。

2）按模板编号拼装模板，塑料模板拼装图由厂家提供，现场需按图拼装，以免出现尺寸不对或模板数量短缺等现象。

3）塑料模板应先拼装高度方向在局部形成一块整体再拼装水平方向，将局部整体连接成一块完整模板。拼装用手柄操作简单方便，但要注意，手柄安装应从一侧向另一侧安装。

4）外墙模板根据套筒位置钻孔（内墙模板不用），钻孔直径需大于对拉杆两个模数，如直径16 mm对拉杆需20 mm的钻孔。

5）安装临时斜撑、穿对拉杆，斜撑可就地取材，采用脚手架杆临时顶撑。

6）套管采用PVC管，PVC管需顶入至外墙板以防止浇筑后套管无法取出，将PVC管加工成固定长度，套管安装完成后仅需检查套管外露长度即可知道是否安装到位。

7）水平及竖向背楞安装完成后采用蝴蝶扣加固并矫直模板垂直度。

8）对墙与地面不平造成模板与地面产生较大缝隙，缝隙处采用水泥砂浆填堵。缝隙较小处的模板与预制墙板之间可用胶条封堵。

三、混凝土工程

（一）混凝土施工准备

装配式建筑混凝土工程施工准备工作与传统湿作业建筑混凝土工程施工准备相同，所不同的是装配式建筑混凝土多为连接节点混凝土，其连接面的质量控制要求更高，避免出现夹渣、空鼓等质量问题。装配式建筑混凝土工程施工准备工作主要有：施工缝处理、设置卸料入仓的辅助设备、模板、钢筋、预埋件安装质量检查，施工人员的组织、浇筑设备及其辅助设施的布置等。

1. 连接面的处理

连接面应充分湿润，清理干净，不得有积水。浇筑时，施工缝处应先铺水泥浆（水泥∶水=1∶0.4），或与混凝土成分相同的水泥砂浆一层，以保证接缝的质量。浇筑过程中，应细致捣实，使其紧密结合。

2. 模板、钢筋及预埋件的检查

模板、钢筋及预埋件检查，混凝土浇筑前，必须按照设计图纸和施工规范的要求，对模板、钢筋及预埋件进行全面检查验收，合格后才能进行混凝土浇筑。

3. 混凝土泵送及运输

（1）混凝土泵送

混凝土泵可一次完成水平及垂直输送，将混凝土直接输送至浇筑地点，是一种高效的混凝土运输和浇筑机具。我国目前主要采用活塞泵，液压驱动。由料斗、液压缸和活塞、混凝土缸、分配阀、Y型输送管、冲洗系统和动力系统等组成。

泵送混凝土的设备主要由混凝土泵、输送管道和布料装置构成。混凝土泵有活塞泵、气压泵和挤压泵等几种类型，而以活塞泵应用较多。活塞泵又根据其构造原理不同分为机械式和液压式两种，常用液压式。混凝土泵分拖式泵（地泵）和泵车两种形式，混凝土泵车如图6-85、图6-86所示。它主要由混凝土泵送系统、液压操作系统、混凝土搅拌系统、油脂润滑系统、冷却和水泵清洗系统以及用来安装和支承上述系统的金属结构车架、车桥、支脚和导向轮等组成。

混凝土输送管用钢管制成，直径一般为110 mm、125 mm、150 mm，标准管长3 m，也有2 m、1 m的配管，弯头有900 mm、450 mm、300 mm、150 mm等不同角度的弯管。管径的选择根据混凝土骨料的最大粒径、输送距离、输送高度及其他施工条件决定。

泵送混凝土时，应保证混凝土的供应能满足混凝土泵连续工作。输送管线应直、转弯应缓、接头要严密。

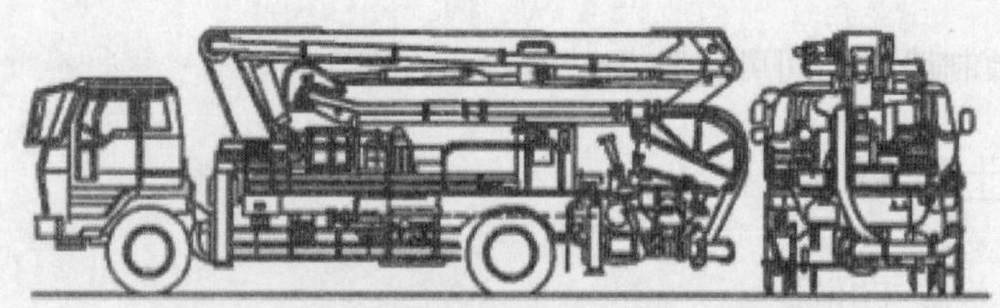

图6-85　混凝土泵车

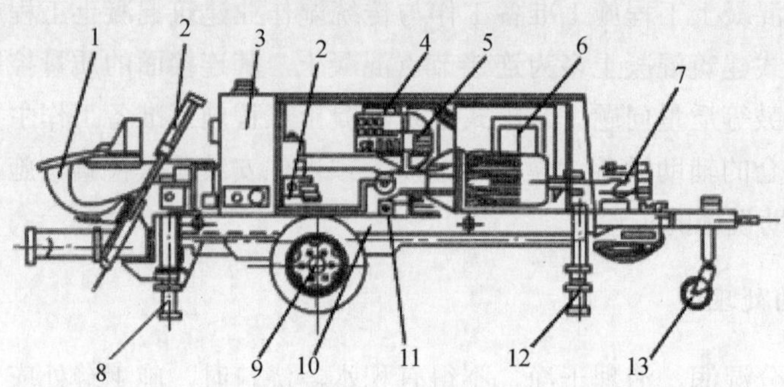

1—料斗；2—集流阀组；3—油箱；4—操作盘；5—冷却器；6—电器柜；7—水泵；8—后支脚；9—车桥；10—车架；11—排出量手轮；12—前支腿；13—导向轮。

图6-86　拖式混凝土泵

泵送前先用适量的水泥砂浆润湿管道内壁，在泵送结束或预计泵送间隙时间超过45 min时，及时把残留在混凝土缸体和输送管内混凝土清洗干净。

（2）混凝土运输

混凝土运输时尽可能使运输线路短直、道路平坦，车辆行驶平稳，减少运输时的振荡；避免运输的时间和距离过长、转运次数过多。

混凝土容器应平整光洁、不吸水、不漏浆，装料前用水湿润，炎热气候或风雨天气应加盖，防止水分蒸发或进水，冬季考虑保温措施。

运至浇筑地点的混凝土发现有离析和初凝现象须二次搅拌均匀后方可入模，已凝结的混凝土应报废，不得用于工程中。

溜槽运输的坡度不宜大于30°，混凝土移动速度不宜大于1 m/s。如溜槽的坡度太小、混凝土移动太慢，可在溜槽底部加装小型振动器；当溜槽太斜或用皮带运输机运输，混凝土移动速度太快时，可在末端设置串筒或挡板，以保证垂直下落和落差高度。

当混凝土浇筑高度超过3 m时应采用成组串筒，以保证混凝土的自由落差不大于2 m。

当混凝土浇筑高度超过8 m时，应设置带节管的振动串筒或多级料斗。

（二）混凝土浇筑

混凝土成型就是将混凝土拌合料浇筑在符合设计尺寸要求的模板内，加以捣实，使其具有良好的密实性，达到设计强度的要求。混凝土成型过程包括浇筑与捣实，是混凝土工程施工的关键，将直接影响构件的质量和结构的整体性。因此，混凝土经浇筑捣实后应内实外光、尺寸准确，表面平整，钢筋及预埋件位置符合设计要求，新旧混凝土结合良好。

1. 浇筑工作的一般要求

1）混凝土应在初凝前浇筑，如混凝土在浇筑前有离析现象，须重新拌和后才能浇筑。

2）浇筑时，混凝土的自由倾落高度：对于素混凝土或少筋混凝土，由料斗进行浇筑时，不应超过2 m；对竖向结构（如柱、墙）浇筑混凝土的高度不超过3 m；对于配筋较密或不便捣实的结构，不宜超过60 cm，否则应采用串筒、溜槽和振动串筒下料，以防产生离析。

3）浇筑竖向结构混凝土前，底部应先浇入50～100 mm厚与混凝土成分相同的水泥砂浆，以避免产生蜂窝麻面现象。

4）混凝土浇筑时的坍落度应符合设计要求。

5）为了使混凝土振捣密实，混凝土必须分层浇筑。

6）为保证混凝土的整体性，浇筑工作应连续进行。当由于技术上或施工组织上原因必须间歇时，其间歇时间应尽可能缩短，并应在前层混凝土凝结之前，将次层混凝土浇筑完毕。间歇的最长时间应按所用水泥品种及混凝土条件确定。

7）正确留置施工缝。施工缝位置应在混凝土浇筑之前确定，并宜留置在结构受剪力较小且便于施工的部位。柱应留水平缝，梁、板、墙应留垂直缝。

8）在混凝土浇筑过程中，应随时注意模板及其支架、钢筋、预埋件及预留孔洞的情况，当出现不正常的变形、位移时，应及时采取措施进行处理，以保证混凝土的施工质量。

9）在混凝土浇筑过程中应及时认真填写施工记录。

2. 混凝土浇筑注意事项

1）为使叠合层与叠合板良好结合，要认真清扫板面，并浇水湿润，对有油污的部位，应将表面凿去一层（深度约5mm）。在浇灌前要用有压力的水管冲洗湿润，注意不要使浮灰聚集在压痕内。

2）叠合层混凝土浇筑，由于叠合层厚度较薄，所以应当使用平板振捣器振捣，要尽量使混凝土中的气泡逸出，以保证振捣密实。混凝土坍落度控制在160～180 mm，叠合板混凝土浇筑应考虑叠合板受力均匀，可按照先内后外的浇筑顺序。

3）浇水养护，要求保持混凝土湿润养护7～15 d。

四、后浇混凝土施工

后浇带是在装配式建筑安装施工中，按照设计或施工规范要求，在基础底板、墙、梁相应位置留设的混凝土现浇带。

（一）装配式混凝土后浇混凝土施工要求

1）装配式混凝土结构后浇混凝土部分的模板与支架应符合以下要求：

① 装配式混凝土结构宜采用工具式支架和定型模板；

② 模板应保证后浇混凝土部分形状、尺寸的位置准确；

③ 模板与预制构件接缝处应采取防止漏浆的措施，可粘贴密封条。

2）后浇混凝土的施工应符合以下要求：

① 预制构件结合面疏松部分的混凝土应剔除并清理干净。

② 混凝土分层浇筑高度应符合国家现行有关标准的规定，应在底层混凝土初凝前将上一层混凝土浇筑完毕。

③ 浇筑时应采取保证混凝土或砂浆浇筑密实的措施。

④ 预制梁、柱混凝土强度等级不同时，预制梁柱节点区混凝土强度等级应符合设计要求。

⑤ 混凝土浇筑应布料均衡，浇筑和振捣时，应对模板及支架进行观察和维护，发生异常情况应及时处理；构件接缝混凝土浇筑和振捣应采取措施防止模板、相连接构件、钢筋、预埋件及其定位件移位。

3）构件连接部位后浇混凝土及灌浆料的强度达到设计要求后，方可拆除临时支撑系统。

4）夹芯保温外墙板后浇混凝土连接节点区域的钢筋连接施工时，不得采用焊接连接。

5）后浇混凝土施工钢筋绑扎，除了对后绑钢筋进行检查，还应对预制构件上外露钢筋进行检查；模板支设应保证预制构件与现浇节点后浇混凝土的平整度，避免漏浆污染预制构件；混凝土浇筑应保证后浇混凝土与预制构件的整体性，即对后浇混凝土进行浇筑控制。楼板、墙板混凝土后浇带如图6-87所示。

图6-87　墙、板体现浇带

（二）后浇混凝土施工

1. 后浇混凝土模板施工

后浇混凝土模板施工工艺流程如图6-88所示。

2. 后浇带钢筋绑扎

装配式剪力墙结构预制构件吊装就位以后，需要根据设计的相关图纸，绑扎剪力墙垂直连接节点、梁、板连接节点钢筋。

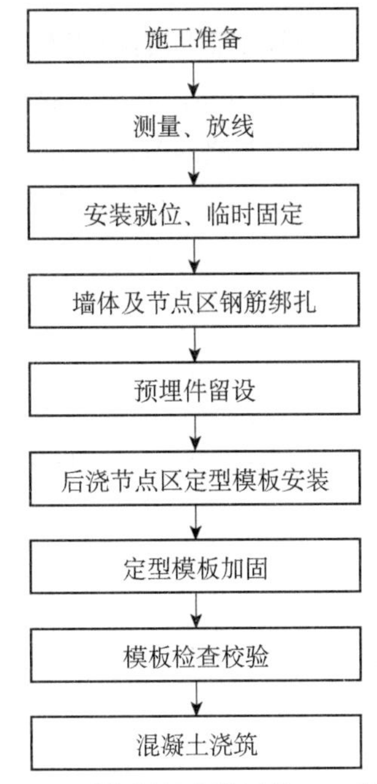

图6-88　后浇混凝土模板施工工艺流程

1）在钢筋绑扎之前，首先应校正预留锚筋、箍筋位置和箍筋弯钩角度。此外，剪力墙与受力钢筋和节点暗柱垂直连接，并采用搭接绑扎方式，其搭接实际长度应符合规范及相关要求。

2）在绑扎纵向受力的暗梁时，可采取帮条单面焊接方式。焊缝余高应平缓过渡，弧坑应填满，必要时可选取分层流水焊接方法或间隔流水焊接方式。

3）在绑扎暗梁钢筋时，应当将上排纵向受力钢筋传入箍筋内部，并且位于次梁及主梁钢筋交叉处，此外还应使次梁钢筋位于上部，主梁钢筋位于下部。

4）绑扎楼梯节点钢筋时，应分别搭接绑扎支座处锚筋和楼梯处锚筋两部分，搭接长度应当符合相关要求及规范，必须确保负弯矩钢筋具有有效高度，如图6-89所示。

图6-89　墙角现浇带钢筋绑扎

3. 后浇带模板安装

1）模板安装之前，在模板支设处楼面、模板与结构面结合处粘贴30mm宽的双面胶带固定。模板采用对拉螺栓进行紧固，对拉螺栓外部需要套上塑料管来保护，在塑料管两端以及模板接触处需要分别架设塑料帽和海绵止水垫来进行防水处理。

2）用于紧固作用的对拉螺栓间的间距应小于

800 mm，而且上端对拉螺栓与上端模板上口间的距离不应大于400 mm，同时应使下端对拉螺栓和模板下口之间的距离不大于200 mm。并应及时清除。

3）在构件的表面清理完毕后，应当在浇筑混凝土之前的24 h对叠合面以及相关节点进行全面的浇水润湿，应当注意的是，在浇筑之前的1 h应当把所有积水清理干净。

4. 混凝土浇筑及养护

1）竖向后墙板及水平节点等混凝土浇筑时，混凝土自下而上分层浇筑，每层采用插入式振捣棒振捣密实。叠合板现浇层浇筑时，混凝土布料顺序按施工方案要求布料，一般建筑物从短边开始，沿长边推进，采用平板振捣器振捣。

2）混凝土浇筑后12 h内应进行覆盖浇水养护，当日平均气温低于5℃时应采用薄膜养护，养护时间应满足规范要求。

3）浇水次数应能保持混凝土处于润湿状态。

4）混凝土的养护用水应与拌制用水相同。

5. 模板拆除

1）模板拆除时，可采取先拆非承重模板、后拆承重模板的顺序。水平结构模板应由跨中向两端拆除，竖向结构模板应自上而下进行拆除。

2）多个楼层间连续支模的底层支架拆除时间，应根据连续支模的楼层间荷载分配和后浇混凝土强度的增长情况确定。

3）当后浇混凝土强度能保证构件表面及棱角不受损伤时，方可拆除侧模板。

第十节　装配式建筑接缝处理

一、装配式建筑室内接缝的类型及处理要求

（一）装配式建筑室内接缝类型

1. 墙板竖向接缝

墙板竖向接缝分为两类：

1）内墙板与内墙板；

2）内墙板与剪力墙。

2. 水平接缝

水平接缝分为四类：

1）叠合板与叠合板；
2）叠合板与内墙板；
3）叠合板与剪力墙体；
4）内墙板与地面。

3. 其他位置接缝

其他位置接缝包括：
1）楼梯踏步与墙面；
2）楼梯踏步与歇台。

（二）接缝处理注意事项

接缝处理前，要求基层处理干净。涂刷基层前，基层表面应润湿，但不能有明水。严禁基层未处理干净，进行下一道工序施工。叠合板底接缝要求必须逐段贴紧基层压实，不能内部留有空洞。网格布严禁采用劣质材料。物料混合搅拌时，要控制好用水量及稠度，拌合物应均匀无结块，根据工程进度控制好拌合物用量。落入地面的抗裂砂浆应及时清理，做到工完、料尽、场地清，符合现场文明施工要求。网格布施工时，应注意网格布应压入抗裂填缝砂浆或柔性腻子内并铺贴牢固。拼缝施工后，板缝不得受到振动或碰撞。

防止太阳直射暴晒板缝，大风天气适当防护，根据现场天气情况，对板缝采取适当养护。

（三）接缝处理质量要求

接缝处理要求填充物密实无空鼓，表面平顺光滑。接缝表面平整，不得有任何裂纹不得高于相邻板面。

二、装配式建筑接缝处理材料

室内缝隙处理使用的材料有抗裂砂浆、聚氨酯发泡材料，辅材有玻纤网格布、PE发泡条等，这里主要介绍柔性抗裂填缝砂浆。

柔性抗裂填缝砂浆是一种由优质水泥、石英砂、高分子聚合物和多种功能性添加剂均匀混合而成的粉状物品，具有柔性抗裂、黏结强度高、耐候性好、使用环保、操作方便等诸多优点，在工地现场加水搅拌即可使用柔性抗裂填缝砂浆的拌制原则：根据现场用量，用多少拌多少。

先在容器内倒入称量好的水，再将砂浆粉料慢慢加入容器中，边加水边搅拌，稠度达到要求后再使用。搅拌的砂浆应根据施工进度控制好每次砂浆搅拌量。填缝材料性能见表6-2，填缝材料技术指标见表6-3。

表6-2 填缝材料性能

耐碱玻纤网		抗裂砂浆	
长度、宽度	50～100 m、0.9～1.2 m	可操作时间	不小于1.5 h
网孔中心距	4 mm×4 mm	在可操作时间内拉伸黏结强度	不小于0.7 MPa
单位面积重量	不小于160 g/m^2	拉伸黏结强度（常温28 d）	不小于0.7 MPa
断裂强力（经、纬向）	不小于1 250 N/50mm	浸水拉伸黏结强度（常温28 d，浸水7 d，MPa）	不小于0.5 MPa
耐碱强力保留率（经、纬向）	不小于90%	压折比（抗压强度抗折度）	不大于3.0
断裂伸长率（纬向）	不大于5%		
涂塑量	不大于20g/m^2		
玻璃成分	ZrO_2 4.5±0.8% TiQ_2 6±0.5%		

表6-3 填缝材料技术指标

项目	技术要求	项目	技术要求
可操作时间	不小于1.5 h	压折比	不大于3
抗压强度	28 d，不小于5 MPa	拉伸黏结强度	不小于0.7 MPa

三、装配式建筑接缝处理前准备

1）装配式建筑构件接缝施工前，必须对构件进行全面检查；

2）材料、人员、机具均已配置到位；

3）检查墙面、顶棚的平整情况，接缝高低差、表面平整度必须符合要求；

4）拼缝处不能有明水，接缝面干燥后，方可以填缝施工；

5）接缝处按设计要求清理出5 mm深的压槽。

四、装配式建筑接缝处理施工

（一）竖向接缝施工

1. 竖向接缝施工工艺

（1）清理打磨

1）采用钢丝刷或角磨机进行清理；

2）采用小型空压机吹净灰尘。

（2）修补

1）采用腻子进行修补；

2）先缝里，后缝外。

（3）抗裂砂浆拌制

1）拌合物应均匀无结块；

2）加水控制要求砂浆容易压实，同时砂浆无流淌；

3）用多少拌多少的原则。抗裂砂浆拌制如图6-90所示。

（4）抹第一遍抗裂砂浆

1）对基面适当喷水湿润；

2）厚度应为3～4 mm，应抹密实平整。

（5）铺设网格布

1）网格布应展平，与梁、柱或墙体连接，应保证网格布不变形起拱；

2）抹灰挂网厚度要求为5 mm；

3）拼缝搭接宽度不小于100 mm；网格布的铺设如图6-91所示。

图6-90 抗裂砂浆拌制

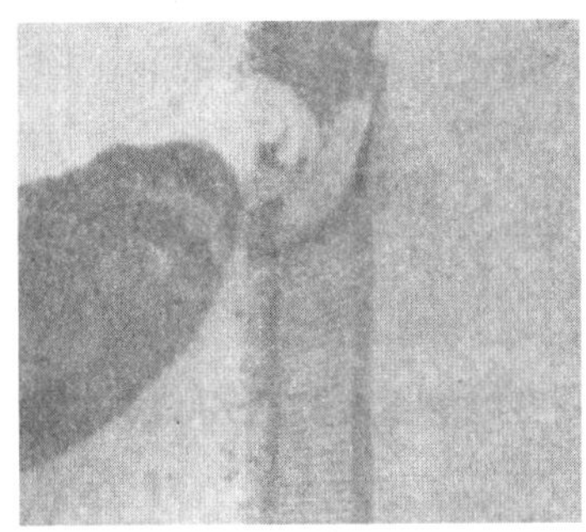

图6-91 网格布铺设

（6）抹第二遍抗裂砂浆

1）抗裂砂浆厚度应为12 mm，保证耐碱玻纤网不外露为宜；

2）阴角处施工，应用定做的直角板最后刮平一次，保证阴角的方正。

2. 竖向拼接缝基层处理要点

1）通过角磨机或钢丝刷去除不利于黏结的物质，如油脂、灰尘、油漆、水泥浮浆和其他不利于黏结的微粒；

2）清理缝隙内壁粉尘和积水、油污和铁锈等，干燥后再用棕刷将表面灰尘清扫干净；

3）表面清扫后，用水与界面剂的稀释液滚压一遍，待干透后再进行下一道工序施工。

3. 竖向拼缝抗裂砂浆施工要点

1）对基面适当喷水湿润；抹第一遍抗裂砂浆，厚度应为3～4 mm，应抹密实、平整；表面宜比两侧墙体低2 mm；

2）压入耐碱玻纤网格布，网格布应展平，与梁、柱或墙体连接，应保证网格布不变形起拱；拼缝两侧墙体搭接长度不宜小于100 mm；

3）抹第二遍抗裂砂浆，挂网必须置于抹灰层内，网材与基体的间距宜大于3 mm；厚度应为1～2 mm，保证耐碱玻纤网不外露为宜。阴角处施工，应用定做的直角板最后刮平一次，保证阴角的方正。

4. 内墙板与剪力墙接缝施工

清理剪力墙面及内墙板面混凝土浮浆，提前将混凝土面及内墙板面湿润。内墙板与剪力墙交接处分别设置5 mm深、宽度大于100 mm的压槽，采用网格布及抗裂砂浆压槽填平，同时填缝面略低于相邻板面。

（二）水平拼接缝施工

1. 叠合楼板水平接缝施工

对基面适当喷水湿润，用窄的小抹刀沿拼缝从一端向另一端，进行逐段压实，不能内部留有空洞。再沿叠合板底面进行抹平收光，遵循先压实再抹光的施工工序进行填缝施工。加水量视气温高低按照提供的加水范围适当变动，加水控制要求砂浆易压实同时砂浆不往下流淌。

2. 内墙板与地面水平接缝施工

先将楼层基层清理干净，楼面上混凝土浮浆、杂物等用铲子清除。安装前提前将楼面湿润，同时填缝处不能有积水。抗裂砂浆必须封填密实，墙体下口无缝隙。

五、其他构件接缝处理

因结构形式复杂性，在楼梯踏步、阳台等不规则部位，一般采用抗裂砂浆补缝。

第七章　装配式建筑结构水电安装

第一节　构件管线预留和预埋

一、预制混凝土墙板管线预留和预埋

预制混凝土剪力墙板管线预留、预埋包括配电箱、等电位联结箱、开关盒、插座盒、弱电系统接线盒（消防显示器、控制器、按钮、电话、电视、对讲等）及其管线；空调室外机等设备的避雷引下线等；厨房、卫生间和空调、洗衣机等设备的给水竖管等。

二、预制混凝土叠合板管线预留和预埋

因电气管线区预埋在楼板的混凝土叠合板中，电气接线盒已预埋在叠合板底板中，混凝土叠合层浇筑前仅需布置安装管线。水暖水平管预埋在混凝土叠合层完成后的垫层中，混凝土叠合层完成后及时铺设并与墙板预埋竖管对接。在工厂预制叠合板底板时，应按照设计预留下水管道等孔洞。

叠合板预留和预埋如图7-1所示。

(a) 水暖、电气管线预留和预埋

(b) 预埋电气接线盒预留和预埋

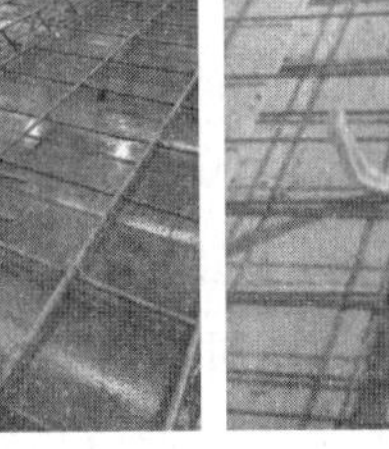

(c) 预埋管线

图7-1　叠合板预留、预埋

预制混凝土墙板的水平和竖向对接墙板安装完成后，即可进行横竖向管线对接，如图7-2所示。

图7-2　横、竖向电管对接

三、预制整体卫生间的管线预留和预埋

预制整体卫生间不仅将大量的结构、装饰、装修、防水、水电安装等工程工厂化，而且其同层排水的做法彻底解决了本层漏水必须上层维修的邻里纠纷（甚至引起法律纠纷）的问题。

同层排水的整体卫生间极大地简化了水电安装的工程量，施工时仅连接给水、排水管线和电源即可。

四、防雷、等电位联结点的预埋

装配式建筑的预制柱是在工厂加工制作的，两段柱体对接时，采用较多的是套筒连接方式，一段柱体端部为套筒，另一段为钢筋，钢筋插入套筒后注浆，如用柱结构钢筋做防雷引下线，就要将两段柱体钢筋用等截面钢筋焊接起来，以达到电气贯通的目的。选择柱体内的两根钢筋做引下线和设置预埋件时，应尽量选择预制墙、柱的内侧，以便后期焊接操作，预制构件生产时，应注意避雷引下线的预留预埋，在柱子的两个端部均需要焊接与柱筋同截面的扁钢作为引下线埋件。应在设有引下线的柱子室外地面上500 mm处，设置接地电阻测试盒，测试盒内测试端子与引下线焊接。对于装配式混凝土剪力墙结构，可以将剪力墙边缘构件后浇混凝土段内钢筋作为防雷引下线。

整体卫生间内的金属构件应在部品内完成等电位联结，并标明和外部联结的接口位置。建筑物内的各种竖向金属管道与钢筋连接，部分外墙上的栏杆、金属门窗等较大金属物要与防雷装置相连，结构内的钢筋连成闭合回路作为防侧击雷接闪带，均压环及防侧击雷接闪带均需与引下线做可靠连接，预制构件处需要按照具体设计图纸要求预埋连接点。

第二节　水电暖通预留洞管布设

装配式混凝土结构水电暖管（线）、预留洞预埋与传统现浇结构相比，大部分需要提前到预制构件生产过程中完成，施工现场只是在预制构件混凝土叠合层上布设部分管线。预留孔、洞的施工视装配率不同主要有卫生间、厨房部分烟道、给排水管道立管以及消防管道的设置，其他电梯井、管道井的设置与现浇结构、电（强、弱电）管线的敷设与连接工序相同。

一、一般要求

1）要熟悉掌握电气等专业图纸及结构图纸中预制和现浇工程，划分需预埋电气管线的工作，做好现浇部分电盒、电管的预埋，该分项工程按照土建进度同步进行。

2）线管和箱盒开口处用木屑和发泡塑料填塞并用封口胶封堵密实，防止水泥浆及灰渣进入，造成管路堵塞。

3）穿越楼板的管道应设置防水套管，其高度应高出装饰地面20 mm（有防水要求的房间50 mm）以上，套管与管道间用密封材料嵌实。

4）水平管道在下降楼板上可采用同层排水措施时，楼板、楼面应采用双层防水设防。对于可能出现的管道渗水，应有密闭措施，且应在贴邻下降楼板上表面处设泄水管，宜采取增设独立的泄水立管的措施。

5）预埋结束后，需及时核对，确认无误后，报请相关单位负责人进行隐蔽工程验收。

二、敷设办法

1. 配管

配管时，埋入混凝土内的金属管内壁应做防腐处理。暗配金属管采用套管连接时，管口应对准套管心并焊接严密，套管长度不得小于金属管外径的2.2倍，管进箱盒必须焊接跨接地线，焊接长度不应小于圆钢直径的6倍，并必须两面施焊，金属管进配电箱、盒采用丝扣螺母固定时，应焊接跨接地线，如采用焊接法，但只宜在管孔四周点焊3～5处，烧焊处须做好防腐处理，墙体预埋管线盒如图7-3所示。

2. 金属管暗敷

金属管暗敷在钢筋混凝土中，应与钢筋绑扎固定，线管严禁与钢筋主筋焊接固定。

图7-3　墙体预埋管线盒

3. 阻燃PVC管敷设

1）采用阻燃PVC管暗敷时，其管线与箱盒、配件的材质均宜使用配套的制品。

2）PVC管关口应平整、光滑；管与管、管与盒（箱）等器件应用插入法连接；连接处结合面应涂专用胶黏剂，接口应牢固密封。

3）植埋于地下或楼板内的PVC管，在露出地面时易受机械损伤的部分，应做好保护措施。

4）暗敷在混凝土内的管子，离表面的净距不应小于15 mm，为了减少线管的弯曲线路宜沿最近的路线敷设，其弯曲处不应折皱，弯曲程度不应大于管外径的10%，其明配时弯曲半径不应小于外径的6倍；暗敷在混凝土内其弯曲半径不小于管径的10倍。线管超过表7-1中允许最大长度，需加过线盒。

表7-1　线管弯曲允许最大长度

序号	线管弯曲数量	线管允许最大长度/m
1	无弯曲	30
2	1个弯曲	20
3	2个弯曲	15
4	3个弯曲	8

5）PVC管切割方法：先将弹簧插入管内，两手用力慢慢弯曲管子，考虑到管子的回弹，弯曲角度要稍大一些。

6）PVC管连接方法：将管子清理干净，在管子接头表面均匀刷一层PVC胶水后立即将刷好胶水的管头插入接头内，不要扭转，保持约15 s不动即可以贴牢。

三、预留孔洞施工

1）土建施工中，水电安装应与土建配合进行管道、竖井、管道井等入户、穿墙、穿楼板的孔洞预留，保证预留孔洞的质量，进而保证结构验收，确保今后安装施工顺利进行。

2）预留前，要认真熟悉图纸，熟悉系统的原理和技术要求，对照安装和土建图，确定预留孔洞的尺寸位置。根据预留孔洞的大小和形状，制作相应的预留木框和钢套管，指定专人在钢筋绑扎完成后，支模前按照图纸要求的尺寸位置进行预留。

① 预埋上下层预留孔洞时，中心线应垂直，预留的木框拆模后留在墙体内，钢制管待混凝土稍凝固时需细心拔出钢管，把握好拔管时间，保证预留孔洞的光滑和形状。

② 拆模后，应复核预留孔洞的尺寸，并做好记录，对不合格的孔洞，需提出处理的方法和意见，待批准后实施。

第三节　管线现场连接

一、管线与线盒的连接

当采用带桁架钢筋的叠合板时，管线沿桁架钢筋内侧敷设。管线与预埋线盒内的锁母进行对接，锁母锁定后左右旋转检测是否连接牢固。

1）管线与预制构件预埋线盒现场对接，对接锁母随预制构件预埋底盒配套预埋，管线与预制构件预埋线盒现场对接如图7-4所示。

2）无对接管线的线盒锁母自带封口，无须二次封堵处理，自带封口的预埋线盒如图7-5所示。

图7-4　管线与预制构件预埋线盒现场对接

图7-5　自带封口的预埋线盒

3）现浇层管线与预制墙板预留管线对接时，应将对接管线插入钢筋中间的缝隙中，管线与管线应平行无堆叠敷设，管线在现场的对接如图7-6所示。

4）管线对接完成后检查锁母是否牢固可靠。

5）叠合板管线连接，叠合板顶面管线连接如图7-7所示。

图7-6　管线在现场的对接

（a）叠合板顶面管线连接

（b）叠合板顶面管线连接

图7-7　叠合板顶面管线连接

二、管线的对接方式

1. 管线上对接

墙板内的管线及线盒已预埋到位，二次现浇层内的水平管线直接与竖向管线对接。不带封口的管线上对接如图7-8所示，带封口的管线上对接如图 7-9 所示。

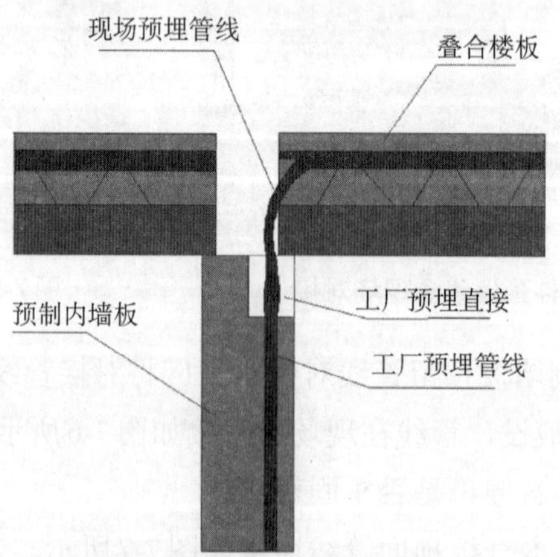

图7-8　不带封口的管线上对接

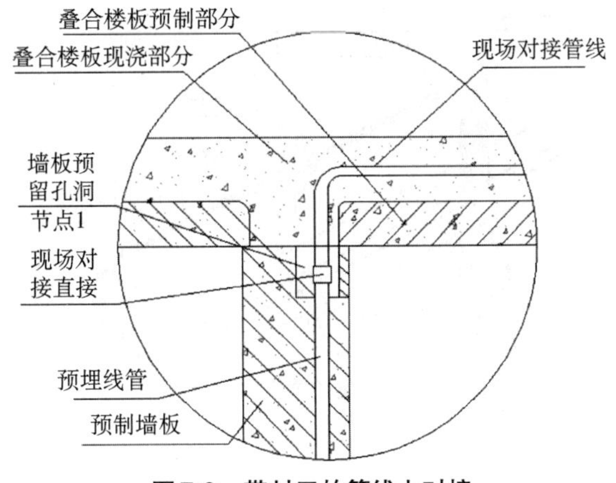

图7-9　带封口的管线上对接

2. 管线下对接

墙板内的管线及线盒已预埋到位，二次现浇层及找平层内的水平管线通过软管连接然后对孔洞进行封堵。管线的下对接如图7-10所示。

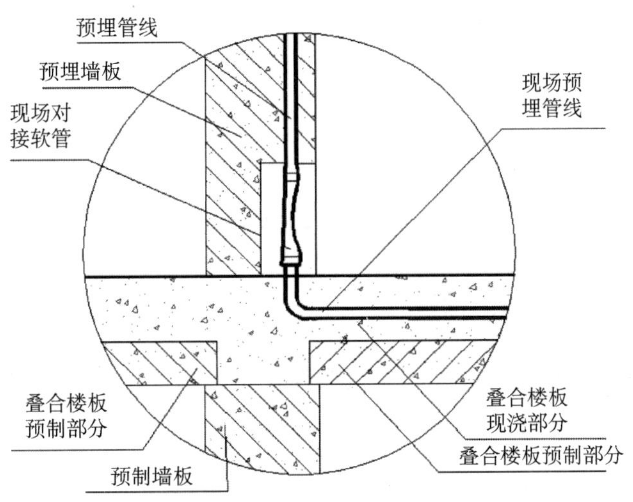

图7-10　管线的下对接

3. 管线横向对接

装配式建筑预制件内管线及线盒预留到位，与剪力墙接缝处直接对接。现场施工剪力墙时，管线可横向进行对接。管线的横向对接如图7-11所示。

4. 全预制楼板的管线对接

全预制楼板的预埋管线通过直接进行连接，确保连接牢固后对孔洞进行封堵。全预制楼板内的管线对接如图7-12所示。

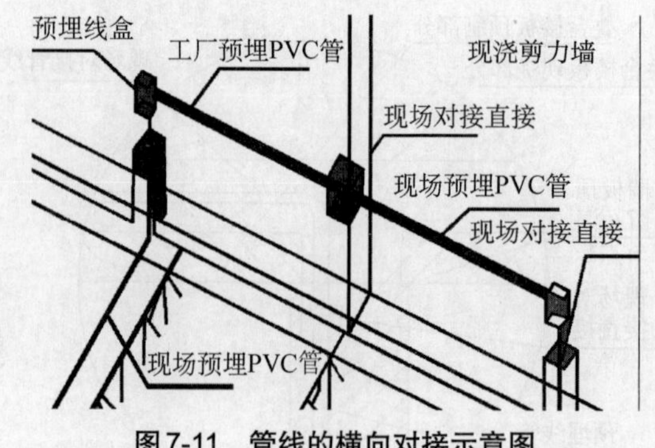

图7-11　管线的横向对接示意图

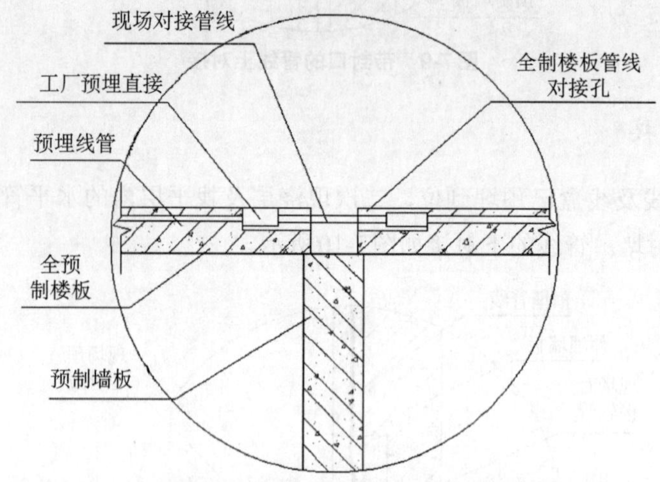

图7-12　全预制楼板内的管线对接

三、户内给水管的安装

当给水管设计为暗敷时，装配式建筑构件在相应的位置预留墙槽，将给水管固定在墙槽内，装配式建筑构件内不宜横向开槽。给水管的安装方式如图7-13所示。

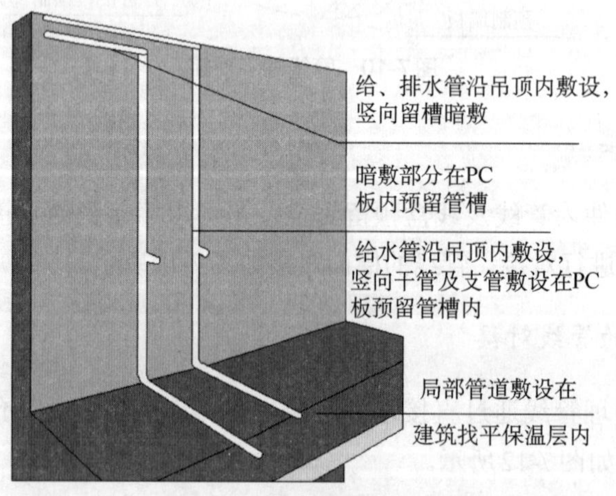

图7-13　给水管的安装方式

四、雨、废水管的安装

当排水立管安装在建筑物外墙时，立管支架及法兰固定孔深度应不大于40 mm，否则会穿透外页板，影响墙体保温。

外墙雨水立管施工时楼顶、楼底要设立专门的安全人员做安全保护。施工作业下方对应的危险区域要设置警戒线，由专人负责看护。

第八章　装配式外墙挂板防水

装配式外墙挂板的防水要求有以下几点。

（1）装配式外墙板连接接缝防水节点基层及空腔排水构造做法应符合设计要求。

（2）板缝防水施工人员经培训合格后方可上岗，应具备专业打胶技能和防水施工经验。

（3）对装配式外墙挂板外侧水平、竖直接缝的防水密封胶封堵前，侧壁应清理干净，保持干燥，嵌缝材料应与挂板牢固黏结，不得漏嵌和虚粘。

一、施工准备

（一）嵌缝材料要求

用于板缝材料防水的合成高分子材料，主要有硅酮密封膏、聚硫建筑密封膏、丙烯酸酯建筑密封膏、聚氨酯建筑密封膏等。主要性能要求有以下几点：

1. 较强的黏结性能

密封材料应与基层黏结牢固，使构件接缝形成连续防水层。同时要求密封膏用于竖缝部位时不下垂，用于平缝时能够自流平。

2. 良好的弹塑性

受外界环境因素的影响，外墙接缝会发生变化，要求防水密封材料必须有良好的弹塑性，以防止外力条件下发生断裂、脱落等。

3. 较强的耐老化性能

外墙接缝材料要承受暴晒、风雪及空气中酸碱的侵蚀。要求密封材料具有良好的耐候性、耐腐蚀性。

4. 施工稳定性

要求密封胶有一定的储存稳定性，在一定时期内不会发生固化，便于施工。

5. 装饰性能

防水密封材料还应具有一定的色彩，达到与建筑外装饰的一致性。

（二）施工准备

1）材料准备：密封膏、聚乙烯泡沫板、橡胶棒、泡沫条等。

2）主要机具：胶枪、毛刷、打磨机：清理工具等（如图8-1所示）。

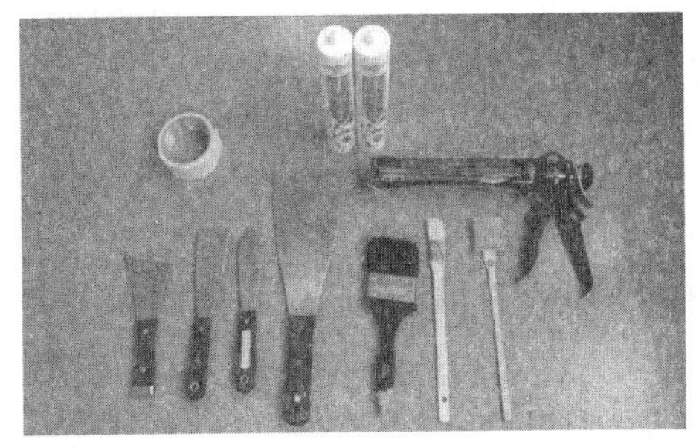

(a) 打胶工具　(b) 打磨机　(c) 抹刀

图8-1 打胶工具

二、外挂墙板防水施工

外挂墙板防水施工流程：清理水平、竖向缝→调整缝宽→填充A级不燃岩棉→填塞发泡聚乙烯塑料棒→密封胶施工。

1. 清理基层

1）人工将外墙水平、竖向缝内的海绵胶条清除。

2）用长毛刷将缝内的垃圾清扫干净，或用真空吸尘器清洁基层表面上由于打磨而残留的灰尘、杂质等，保证基面干净、干燥（如图 8-2 所示）。

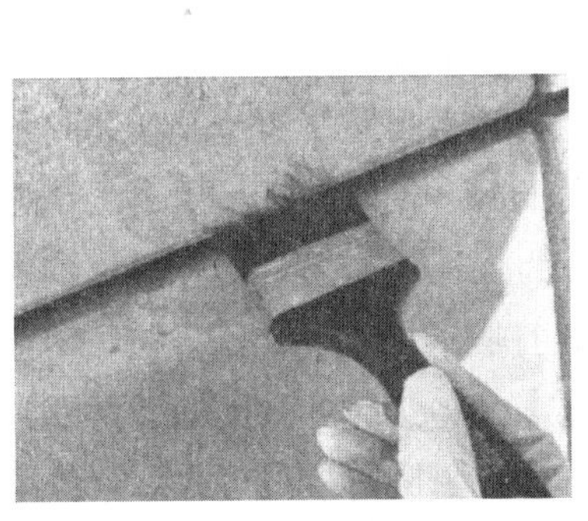
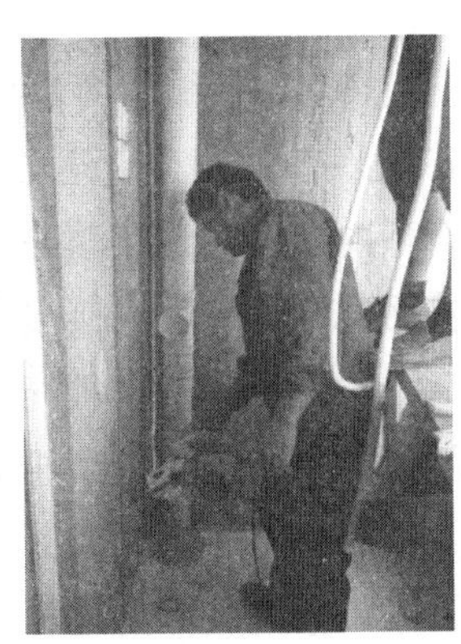

(a) 毛刷清理墙板缝　(b) 吹扫清理墙板缝

图8-2 墙板缝清理

2. 调整缝宽

外墙水平、竖向缝分别用水准仪、经纬仪将水平控制线（水平缝的上部20 cm）及竖向控制线（每条竖向缝的一侧20 cm）测出，并弹线。用角磨机将缝宽小于2 cm的缝隙切割至2 cm，缝宽大于2 cm的，用角磨机将墙板边缘打磨平整并清理干净。

3. 填充A级不燃岩棉

外墙水平、竖向缝内保温材料的接缝处，塞入A级不燃保温材料岩棉，岩棉的填充施工要密实。

4. 填塞发泡聚乙烯塑料棒

填塞发泡聚乙烯塑料棒，胶棒应通长，需要搭接处应切45°角进行搭接，用胶黏接牢固。填塞发泡聚乙烯塑料棒，要求聚乙烯塑料棒距外墙八字角内侧1 cm，缝宽大于2 cm的应塞入比同等缝宽>1 cm的发泡聚乙烯塑料棒（如图8-3所示）。

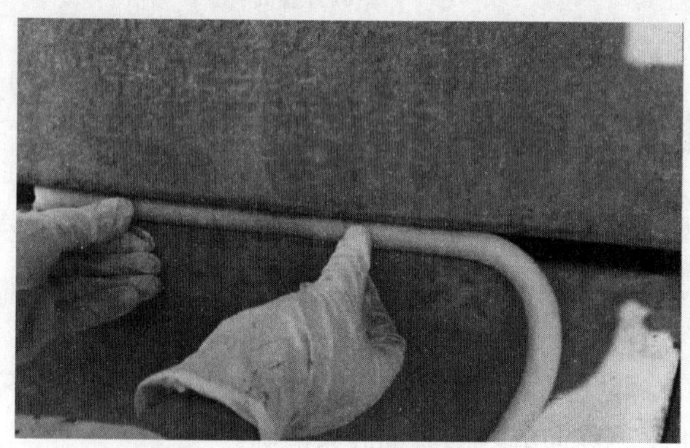

图8-3　填塞发泡聚乙烯塑料棒

5. 密封胶施工

填塞材料放置完毕后，接缝四周边缘贴上美纹纸胶带（美纹纸胶带宽度为2 cm）。根据填缝的宽度，45°角切割胶嘴至合适的口径。将密封胶放置在胶枪中，尽量将胶嘴探到接缝底部，保持合适的速度，连续填充足够的密封胶，避免胶体和胶条间产生空腔。并确保密封胶与黏接面结合良好。当接缝大于30 mm时，宜采用二次填缝法，即第一次填充的密封胶完毕后，再进行第二次填充。为保证施工质量，竖缝打胶到板缝十字交叉处时，水平缝两边各打胶30 cm，再继续竖缝打胶。

密封胶施工完成后，用压舌棒或其他工具将接缝外多出的密封胶刮平压实，使密封胶与黏接面充分接触。修整胶面的过程可使密封胶与接缝边缘和聚氨酯塑料棒结合得紧密，并且避免气泡和空腔的产生。禁止来回反复刮胶动作，保持刮胶工具干净。密封胶应与墙板牢固黏接，不得漏嵌和虚黏，密封胶施工如图8-4所示。

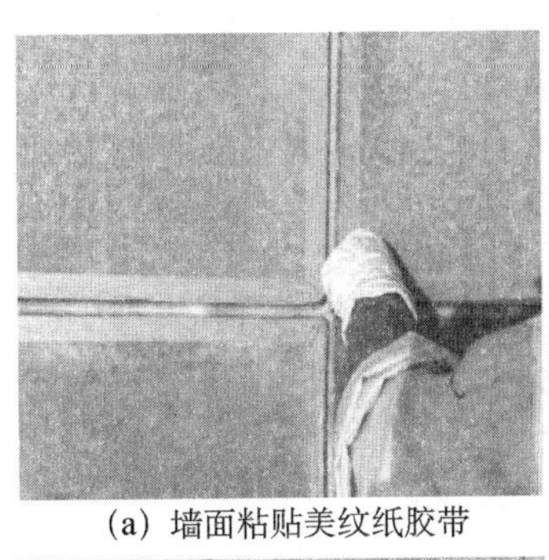

（a）墙面粘贴美纹纸胶带

（b）柱头粘贴美纹纸胶带

（c）打胶

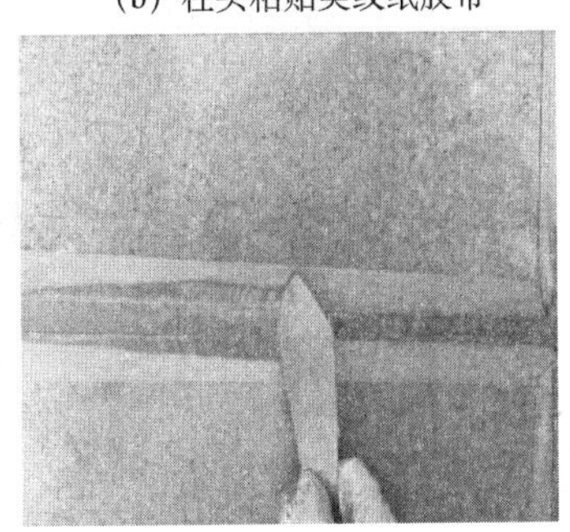

（d）刮刀按压

图8-4　密封胶施工工艺

施工时注胶应均匀，接缝顺直、饱满、密实，十字接缝处理干净、利落、清晰。注胶表面应光滑，不应有裂缝现象。待密封胶充分凝固后撕去美纹纸胶带（如图 8-5 所示）。

图8-5　清理美纹纸胶带

第九章　装配施工检查、验收及成品保护

第一节　预制构件进场验收

一、验收程序

预制构件运至现场后，施工单位应组织构件生产企业、监理单位对预制构件的质量进行验收，验收内容包括质量证明文件验收和构件外观质量、结构性能检验等。未经进场验收或进场验收不合格的预制构件，严禁使用。

二、验收内容

（一）质量证明文件

（1）预制构件进场时应提供性能检测报告、构件所用原材料、构件强度的质量证明文件，并核对预制构件上标明的生产单位、构件型号、编号、生产日期和出厂质量验收标志。

（2）预制构件生产单位应提供水泥、混凝土外加剂、钢筋、套筒、连接件和保温等原材料的质量证明文件和复检报告，预制构件应在明显部位标明构件型号和编号，便于现场管理和后期施工。

（二）预制构件实体检验

1. 预留、预埋检查

预制构件上预埋件、插筋和预留孔洞直接影响构件安装施工和安装完成后连接区域的结构性能，应严格控制。构件进场后，全数检查预制构件上的预埋件、插筋、套筒和预留孔洞的规格、位置和数量，应符合设计要求或标准的要求。

2. 预制构件结合面检验

节点接缝处的剪力主要由结合面的黏结强度、混凝土键槽、钢筋的抗剪作用等承担，因此应对构件结合面进行全数检查。

1）当采用粗糙面结合时，粗糙面的处理应符合设计要求，且应符合以下几点要求：粗糙面的面积不宜小于结合面的80%；预制板的粗糙面凹凸深度不宜小于4 mm；预制梁、柱、墙结合部分的粗糙面凹凸深度不应小于6 mm。

2）当采用抗剪键槽结合时，抗剪键槽的尺寸和数量应满足设计要求。

3. 严重外观质量缺陷检查

预制构件不应有影响结构性能、施工安装及使用功能的严重外观质量缺陷和严重尺寸偏差。对已出现严重外观质量缺陷和严重尺寸偏差的构件应作退场处理。

4. 预制构件的吊点检查

预制构件吊装预留吊环、吊装预留焊接埋件应安装牢固、无松动。

5. 装饰构件检验

1）采用彩色饰面构件的外表面应色泽一致。

2）采用陶瓷类饰面砖的构件，面砖应黏结牢固、排列平整、间距均匀。

6. 夹心保温墙板检验

夹心保温墙板的保温材料厚度和热工性能检查，应全数检查构件的质量证明文件，测量保温材料的厚度，每种规格抽查3块。

（三）构件外观质量缺陷

预制构件和装配式结构的外观质量缺陷，应由监理（建设）单位、施工单位等各方根据其对结构性能和使用功能影响的严重程度，按表9-1确定。

表9-1 预制构件和装配式结构外观质量缺陷

名称	现象	严重缺陷	一般缺陷
露筋	构件内钢筋未被混凝土包裹而外露	纵向受力钢筋有露筋	其他钢筋有少量露筋
蜂窝	混凝土表面缺少水泥浆而形成石子外露	构件主要受力部位有蜂窝	其他部位有少量蜂窝
孔洞	混凝土中孔穴深度和长度均超过保护层厚度	构件主要受力部位有孔洞	其他部位有少量孔洞

续表

名称	现象	严重缺陷	一般缺陷
夹渣	混凝土中夹有杂物且深度超过保护层厚度	构件主要受力部位有夹渣	其他部位有少量夹渣
疏松	混凝土中局部不密实	构件主要受力部位有疏松	其他部位有少量疏松
裂缝	缝隙从混凝土表面延伸至混凝土内部	构件主要受力部位有影响结构性能或使用功能的裂缝	其他部位有少量不影响结构性能或使用功能的裂缝
连接部位缺陷	构件连接处混凝土缺陷及连接钢筋、连接铁件松动	连接部位有影响结构传力性能的缺陷	连接部位有基本不影响结构传力性能的缺陷
外形缺陷	缺棱掉角、棱角不直、翘曲不平、飞出凸肋等	清水混凝土构件内有影响使用功能或装饰效果的外形缺陷	其他混凝土构件有不影响使用功能的外形缺陷
外表缺陷	构件表面麻面、掉皮、起砂、沾污等	具有重要装饰效果的清水混凝土构件有外表缺陷	其他混凝土构件有不影响使用功能的外表缺陷

（四）预制构件外观质量允许偏差

1）预制构件的外观质量不应有严重缺陷，同时不应有一般缺陷。对已经出现的一般缺陷，应由构件生产单位按技术处理方案进行处理，并重新检查验收。

预制构件外观质量允许偏差及检验方法见表9-2。

表9-2　预制构件外观质量允许偏差及检验方法

项目			允许偏差/mm	检验方法
长度	板、梁、柱、桁架	＜12m	±5	尺量检查
		≥12m且＜18m	±10	
		≥18m	±20	
	墙板		±4	
宽度、高（厚）度	板、梁、柱、桁架截面尺寸		±5	钢尺量一端及中部，取其中偏差绝对值较大处
	墙板的高度、厚度		±3	
表面平整度	板、梁、柱、墙板内表面		5	2m靠尺和塞尺检查
	墙板外表面		3	
侧向弯曲	板、梁、柱		L/750且≤20	拉线，钢尺量最大侧向弯曲处
	墙板、桁架		L/1 000且≤20	
翘曲	板		L/750	水平尺在两端量测
	墙板		L/1 000	
对角线差	板		10	钢尺量两个对角线
	墙板、门窗口		5	
挠度变形	梁、板、桁架设计起拱		±10	拉线，钢尺量最大弯曲处
	梁，板、桁架下垂		0	

续表

项目		允许偏差/mm	检验方法
预留孔	中心线位置	5	尺量检查
	孔尺寸	±5	
预留洞	中心线位置	10	尺量检查
	洞口尺寸、深度	±10	
门窗口	中心线位置	5	尺量检查
	宽度、厚度	±3	
预埋件	预埋件中心线位置	5	尺量检查
	预埋件与混凝土面平面高差	0，−5	
	预埋螺栓中心线位置	2	
	预埋螺栓外露长度	+10、−5	
	预埋套筒、螺母中心线位置	2	
	预埋套筒、螺母与混凝土面平面高差	0，−5	
	管线、电盒，木砖，吊环在构件平面的中心线位置偏差	20	
	线管、电盒，木砖、吊环与构件表面混凝土高差	0，−10	
预留插筋	中心线位置	3	尺量检查
	外露长度	+5，−5	
键槽	中心线位置	5	尺量检查
	长度、宽度、深度	±5	

2）进场部品的公差应满足设计要求和安装要求。

3）构件及部品检验数量，同一检验批内，抽查全部构件的10%，且不少于3件。

第二节　构件安装质量检验

预制构件安装是将预制构件按照设计图纸的要求，通过节点之间的可靠连接，与现场后浇混凝土形成整体混凝土结构的过程，预制构件安装的质量对整体结构的安全和工程质量起着至关重要的作用。因此，应对装配式混凝土结构施工作业过程实施全面和有效的管理与控制，保证工程质量，装配式混凝土结构安装施工质量控制主要从施工前的准备、原材料的质量检验与施工试验、施工过程的工序检验、隐蔽工程验收、结构实体检验等多个方面进行。

一、构件安装质量验收的基本要求

1）工程质量验收均应在施工单位自检合格的基础上进行。

2）参加工程施工质量验收的各方人员应具备相应的资格。

3）检验批的质量应按主控项目和一般项目验收。

4）对涉及结构安全、节能、环境保护和主要使用功能的试块、构配件及材料，应在进场时或施工中按规定进行见证检验。

5）隐蔽工程在隐蔽前应由施工单位通知监理单位进行验收，并应形成验收文件，验收合格后方可继续施工。

6）工程的观感质量应由验收人员现场检查，并应共同确认。

二、原材料质量检验

除常规的原材料检验和施工检验外，装配式混凝土结构应重点对灌浆料、钢筋套筒灌浆连接接头等进行检查验收。

（一）灌浆料

1. 质量标准

灌浆料的性能应符合《钢筋连接用套筒灌浆料》（JG/T 408—2019）的有关规定，灌浆料抗压强度应符合表9-3的要求，且不应低于接头设计要求的灌浆料抗压强度。灌浆料竖向膨胀率应符合表9-4的要求。灌浆料拌合物的工作性能应符合表9-5的要求。灌浆料最好采用与预制构件内预埋套筒相匹配的灌浆料，否则需要完成所有验证检验。

表9-3　灌浆料抗压强度

时间（龄期）	抗压强度/（N/mm^2）	备注
1d	≥35	
3d	≥60	
28d	≥85	

表9-4　灌浆料竖向膨胀率

项目	竖向膨胀率/%	备注
3h	≥0.02	
24h与3h差	0.02～0.5	

表9-5　灌浆料拌合物的工作性能

项目		工作性能要求	备注
流动性/mm	初始	≥300	
	30 min	≥260	
泌水率/%		0	

2. 检验要求

1）检查方法：产品合格证，检验报告、进厂复试报告。

2）检查数量：在15 d内生产的同一配方、同一批号原材料的产品应以50 t为一检验批，不足50 t的，也应作为一检验批。

3）取样数量：从多个部位取等量样品，样品总量不应少于30 kg。

4）取样方法：同水泥取样方法。

5）检验项目：抗压强度、流动度、竖向膨胀率。流动度检验如图9-1所示。

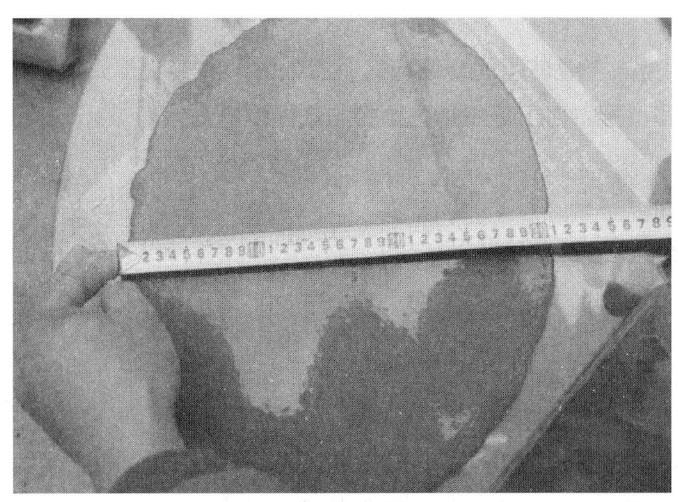

图9-1　灌浆料流动度检验

3. 灌浆料试块

施工现场灌浆施工中，应在灌浆地点制作灌浆料试块，每个工作班取样不得少于一次，每一楼层取样不得少于3次。每次抽取1组试件，每组3个试块，试块规格为40 mm×40 mm×160 mm灌浆料强度试件，标准养护28 d后，进行抗压强度试验，其抗压强度应不小于85 N/mm^{3}并应符合设计要求。

（二）灌浆套筒

1）灌浆套筒外观应无污物、锈蚀、机械损伤和裂纹。灌浆套筒如图9-2所示。

2）采用灌浆套筒时，供应单位应提交有效检验报告。

图9-2 灌浆套筒

3）灌浆套筒进厂时，应抽取灌浆套筒，检验其外观质量、标识和尺寸偏差。

4）预制构件生产之前应对灌浆套筒进行工艺检验。

5）灌浆套筒以及连接钢筋应采用专用卡具进行定位固定。

6）钢筋连接灌浆套筒有直螺纹套筒、锥螺纹套筒及挤压套筒等。

7）灌浆套筒进厂时，应抽取灌浆套筒并采用与之匹配的灌浆料制作连接接头试件，进行抗拉强度检验，检验结果应符合《钢筋套筒灌浆连接应用技术规程》（JGJ 355—2015）中的要求。

8）预制构件生产企业使用的套筒应具备有效的套筒接头形式检验报告，告知使用的钢筋套筒的品牌和型号，便于施工单位选择与之匹配的灌浆料。

（三）钢筋套筒灌浆连接接头工艺检验

1. 工艺检验

灌浆施工前，应对不同钢筋生产企业的进场钢筋进行接头工艺检验。施工过程中，当须更换不同生产企业钢筋时，或同生产企业生产的钢筋外形尺寸与已完成工艺检验的钢筋有较大差异，或灌浆的施工单位变更时，应再次进行接头工艺检验，每种规格钢筋应制作3个对中套筒灌浆连接接头，并检查灌浆质量。采用灌浆料拌合物制作40 mm×40 mm×160 mm试件不少于1组，接头试件与灌浆料试件应在标准养护条件下养护28 d，每个接头试件的抗拉强度不应小于连接钢筋抗拉强度标准值，且破坏时应断于接头外钢筋，屈服强度不应小于连接钢筋屈服强度标准值，3个接头试件残余变形的平均值，应不大于0.10（钢筋直径小于32 mm）或0.14（钢筋直径大于32 mm），灌浆料抗压强度应不小于85 N/mm^2。

2. 施工检验

施工过程中，应按照同一原材料、同一炉（批）号、同一类型、同一规格的1 000个灌浆套筒为一个检验批，每批随机抽取3个灌浆套筒制作接头。接头试件应在标准养护条件下养护28 d后进行抗拉强度检验，抗拉强度应不小于连接钢筋抗拉强度标准值，且破坏时应断于接头外。

（四）坐浆料检验

预制墙板与下层现浇构件接缝采取坐浆料时，应按照设计单位提供的配合比制作坐浆料试块，每个工作班取样不得少于一次，每次制作不少于1组试件，每组3个试块，试块规格为70.7 mm×70.7 mm×70.7 m，标准养护28 d后，检验抗压强度应满足设计要求，并高于预制剪力墙混凝土抗压强度10 MPa以上，且不应低于40 MPa，当接缝灌浆与套筒灌浆同时施工时，可不再单独留置抗压试块。

三、装配施工质量检验

装配式混凝土结构施工过程中主要涉及模板与支撑、钢筋预埋、混凝土工程和预制构件安装4个分项工程。其中，模板与支撑、钢筋、混凝土分项工程的检验要求除满足一般现浇混凝土结构的检验要求外，还应满足装配式混凝土结构的质量检验要求。

1. 模板与支撑

1）主控项目，预制构件安装临时固定支撑应稳固、可靠，应符合设计要求，专项施工方案要求及相关技术标准规定。

检查数量：全数检查。

检查方法：观察检查，检查施工记录或设计文件。

2）一般项目，装配式混凝土结构中后浇混凝土结构模板安装的偏差及检验方法见表9-6。

检查数量：在同一检验批内，对梁和柱，应抽查构件数量的10%，且不少于3件；对墙和板，应抽查有代表性的自然间数量的10%，且不小于3间。

表9-6　模板安装允许偏差及检验方法

项目		允许偏差/mm	检查方法
轴线位置		5	尺量检查
底模上表面标高		±5	水准仪或拉线尺量检查
表面内部尺寸	柱、梁	+4，−5	尺量检查
	墙	+4，−3	尺量检查
层高垂直度	不大于5 m	6	经纬仪或吊线、尺量检查
	大于5 m	8	经纬仪或吊线、尺量检查
相邻两板表面高低差		2	尺量检查
表面平整度		5	2m靠尺和塞尺检查

注：检查轴线位置时，应沿纵横两个方向量测，并取其中较大值。

2. 钢筋预埋

装配式混凝土结构中后浇混凝土中连接钢筋、预埋件安装位置允许偏差见表9-7。

检查数量：在同一检验批内，对梁和柱，应抽查构件数量的10%，且不少于3件：对墙和板，应抽查有代表性的自然间数量的10%，且不小于3间。

表9-7 连接钢筋、预埋件安装位置允许偏差及检验方法

项目		允许偏差/mm	检验方法
连接钢筋	中心线位置	5	尺量检查
	长度	±10	尺量检查
灌浆套筒连接钢筋	中心线位置	2	宜用专用定位模具、整体检查
	长度	3，0	尺量检查
安装用预埋件	中心线位置	3	尺量检查
	水平偏差	3，0	尺量或塞尺检查
斜支撑预埋件	中心线位置	±10	尺量检查
普通预埋件	中心线位置	5	尺量检查
	水平偏差	3，0	尺量或塞尺检查

注：检查预埋件中心线位置，应沿纵、横两个方向量测，并取其中较大值。

3. 混凝土工程

1）后浇混凝土的外观质量不应有严重缺陷。

检查数量：全数检查。

检查方法：观察。

2）装配式混凝土结构安装连接节点和连接接缝部位的后浇混凝土强度应符合设计要求。

检查数量：同一配合比混凝土，每工作班且建筑面积不超过1 000 m^2应制作一组标准养护试件，同一楼层应制作不少于3组标准养护试件。同条件养护试块的留置组数宜根据实际需要确定。

3）装配式混凝土结构后浇混凝土的外观质量不应有严重缺陷，不宜有一般缺陷。对已经出现的严重缺陷，应由施工单位提出技术处理方案，并经监理（建设）单位认可后处理。对经处理的部位，应重新检查验收。

4. 预制构件安装

1）预制构件安装就位时，外观质量不应有影响结构性能和使用功能的严重缺陷，连接钢筋和套筒等主要传力部位不应出现影响结构性能和严重尺寸偏差。

对已出现严重缺陷和严重尺寸偏差的构件，应拆除并吊回地面，由施工单位提出技

术处理方案，并经监理（建设）单位和设计单位认可后进行处理。处理合格后才能再次吊装施工。

2）预制构件临时固定措施应符合设计、专项施工方案要求及国家现行有关标准的规定。

3）构件安装完成后，外观质量不应有影响结构性能和使用功能的缺陷。对已出现的影响结构性能的缺陷，应由施工单位提出技术处理方案，并经监理（建设）单位和设计单位认可后进行处理。对经处理的部位，应重新检查验收。

4）装配式结构采用后浇混凝土连接时，构件连接处后浇混凝土的强度应符合设计要求。

5）装配式结构的钢筋接头应符合设计要求，并应满足：

① 当采用机械连接时，接头质量应符合相关规范的要求。

② 当采用灌浆套筒连接时，灌浆应密实饱满，所有出口均应出浆，接头质量应符合《钢筋机械连接技术规程》的要求。

③ 当采用浆锚搭接连接时，钢的直径和锚固长度、螺旋筋的直径和间距应满足设计要求，灌浆应密实饱满，所有出口均应出浆。

④ 当采用焊接连接时，宜采用双面焊，搭接长度应不小于5 *d*，当不能进行双面焊时，方可采用单面焊，搭接长度应不小于10 *d*。

⑤ 当采用绑扎连接时，搭接长度不应小于300 mm，钢筋绑扎搭接接头间距及百分率应符合《混凝土结构工程施工质量验收规范》（GB 50204—2015）的要求。

6）后浇混凝土部分的钢筋品种、级别、规格、数量和间距应符合设计要求。

7）外墙板拼缝处的防腐和防水施工质量应满足设计要求。采取观察，检查施工记录和现场淋水试验的方法进行检验。

8）装配式混凝土结构安装完毕后，预制构件安装尺寸允许偏差应符合表9-8的要求。

表 9-8　装配式建筑安装允许偏差

<table>
<tr><th colspan="3">检查项目</th><th>允许偏差/mm</th><th>检验方法</th></tr>
<tr><td rowspan="2">构件中心线对轴线的位置</td><td colspan="2">竖向构件（柱、墙）</td><td>10</td><td rowspan="2">钢尺量测</td></tr>
<tr><td colspan="2">水平构件（板、梁）</td><td>5</td></tr>
<tr><td>构件标高</td><td colspan="2">构件底面或顶面</td><td>±5</td><td>水准仪和钢尺检查</td></tr>
<tr><td rowspan="3">构件垂直度</td><td rowspan="3">柱、墙</td><td><5 m</td><td>5</td><td rowspan="3">经纬仪或全站仪量测</td></tr>
<tr><td>≥5 m 且<10 m</td><td>10</td></tr>
<tr><td>≥10 m</td><td>20</td></tr>
<tr><td>构件倾斜度</td><td colspan="2">梁</td><td>5</td><td>垂线、钢尺量测</td></tr>
</table>

续表

<table>
<tr><th colspan="3">检查项目</th><th>允许偏差/mm</th><th>检验方法</th></tr>
<tr><td rowspan="5">相邻构件平整度</td><td colspan="2">板端面</td><td>5</td><td rowspan="5">钢尺、塞尺量测</td></tr>
<tr><td rowspan="2">梁、板底面</td><td>抹灰</td><td>5</td></tr>
<tr><td>不抹灰</td><td>3</td></tr>
<tr><td rowspan="2">柱、墙侧面</td><td>外露</td><td>5</td></tr>
<tr><td>不外露</td><td>10</td></tr>
<tr><td>板搁置长度</td><td colspan="2">梁、板</td><td>±10</td><td>钢尺量测</td></tr>
<tr><td>支座、支垫中心位置</td><td colspan="2">梁、板、柱、墙</td><td>10</td><td>钢尺量测</td></tr>
<tr><td rowspan="2">墙板接缝</td><td colspan="2">宽度</td><td rowspan="2">±5</td><td rowspan="2">钢尺量测</td></tr>
<tr><td colspan="2">中心线位置</td></tr>
</table>

四、内隔墙板装配施工质量检验

（一）主控项目

1）使用的蒸压加气混凝土板及专用黏结剂、嵌缝剂的强度等级、技术性能、品种必须符合设计要求，并有出厂合格证和形式检验报告，规定试验项目必须符合标准。

2）蒸压加气混凝土板应与主体结构可靠连接，其连接构造应符合设计要求。

3）管卡、锚栓等的锚固件的品种、规格、数量和设置部位应符合设计要求。

4）板底嵌缝的水泥砂浆强度等级应符合设计要求。

（二）一般项目

内隔墙板安装允许偏差及检验方法见表 9-9。

表 9-9　内隔墙板安装允许偏差及检验方法

项次	项目名称	允许误差/mm	检验方法
1	墙面轴线位置	10	经纬仪、拉线、尺量
2	表面平整度	4	2 m 靠尺、楔形塞尺
3	墙面垂直度	4	2 m 靠尺（2 m 托线板）、吊线锤
4	接缝高低差	2	2 m 靠尺、楔形塞尺
5	阴阳角	4	阴阳角尺
6	洞口位移	±8	尺量

第三节　钢筋灌浆套筒连接检验

一、一般规定

钢筋套筒灌浆连接接头性能应满足《钢筋套筒灌浆连接应用技术规程》（JGJ 355—2015）的要求。

灌浆施工前，应对不同钢筋生产企业的进场钢筋进行工艺检验；施工过程中，当更换钢筋生产企业，或同生产企业生产的钢筋外形尺寸与已完成工艺检验的钢筋有较大差异时，应再次进行工艺检验。接头工艺检验应符合以下要求：

1）灌浆套筒埋入预制构件时，工艺检验应在预制构件生产前进行。当现场灌浆施工单位与工艺检验时的灌浆单位不同时，灌浆前应再次进行工艺检验。

2）工艺检验应模拟施工条件制作接头试件，并应按接头提供单位提供的施工操作要求进行。

3）每种规格钢筋应制作3个对中套筒灌浆连接接头，并应检查灌浆质量。

4）采用灌浆料拌合物制作的40 mm×40 mm×160 mm试件不应少于1组。

5）接头试件及灌浆料试件应在标准养护条件下养护28d。

6）每个接头试件的抗拉强度、屈服强度及3个接头试件残余变形的平均值应符合《钢筋套筒灌浆连接应用技术规程》（JGJ 355—2015）的相关规定。

7）接头试件在量测残余变形后可再进行抗拉强度试验，并应按《钢筋机械连接技术规程》（JGJ 107—2016）规定的钢筋机械连接型式检验单向拉伸加载制度进行试验。

8）第一次工艺检验中1个试件抗拉强度或3个试件的残余变形平均值不合格时，可再抽3个试件进行复检，复检仍不合格判为工艺检验不合格。

9）工艺检验应由专业检测机构进行。

灌浆套筒进场时，应抽取灌浆套筒并采用与之匹配的灌浆料制作对中连接接头试件，并进行抗拉强度检测；同一批号、同一类型、同一规格的灌浆套筒，不超过1 000个为一批，每批随机抽取3个灌浆套筒制作对中连接接头试件，检测结果均应符合《钢筋套筒灌浆连接应用技术规程》（JGJ 355—2015）的相关规定。

灌浆施工中，灌浆料抗压强度应符合《钢筋套筒灌浆连接应用技术规程》的相关规定。灌浆料取样数量为：每工作班取样不得少于1次，每楼层取样不得少于3次。每次抽取40 mm×40 mm×160 mm的标养试件和同条件养护试件各1组，标养试件标准养护28d后进行抗压强度试验，同条件养护试件放置于现场同条件养护。

二、连接接头检测

1）钢筋套筒灌浆连接接头宜采用灌浆饱满度振动传感器和超声层析成像进行饱满度检测，简称超声CT检测。钢筋套筒灌浆连接接头现场灌浆施工完成后，可采用超声断层层析成像法进行灌浆密实性检测，检测数量按本标准的相关要求抽取，宜采取剔除、灌压力水等方法进行验证。当灌浆料标准养护28d的试件试验结果不合格时，可采用同条件养护试件的抗压强度检测结果对灌浆料强度进行综合判断。当同条件养护试件较少不具有代表性，也可采取其他非破损方法通过检测同条件养护试件与现场实体灌浆料的参数比对的方式对现场灌浆料的抗压强度进行综合判定。当存在以下情况时，现场宜再剔除抽取1～3个钢筋套筒灌浆连接接头进行抗拉强度检测：

① 已检测灌浆不密实的套筒连接接头；

② 施工条件不利时进行施工的灌浆套筒连接接头；

③ 对施工质量有怀疑的钢筋灌浆套筒连接接头。

2）钢筋套筒灌浆连接接头现场灌浆施工埋置灌浆饱满度传感器时，应抽取有代表性的部位对套筒灌浆的饱满程度进行控制和检测，每层灌浆饱满度埋置数量不应少于套筒总数的5%，且不应少于10个。

3）钢筋套筒灌浆连接接头现场灌浆施工采用埋置灌浆饱满度传感器进行检测时，应在灌浆料终凝后进行灌浆饱满度检测。

4）套筒灌浆传感器布置及饱满度检测。

① 传感器布置。

a. 灌浆前将传感器从排浆孔插入，并确认传感器伸入到排浆孔底部或竖直钢筋位置（不能继续插入为止），塞紧专用橡胶塞。

b. 传感器垂直套筒布置时，应保持其测试面与水平面垂直及橡胶塞的排气孔位于上方。传感器布置如图9-3所示。

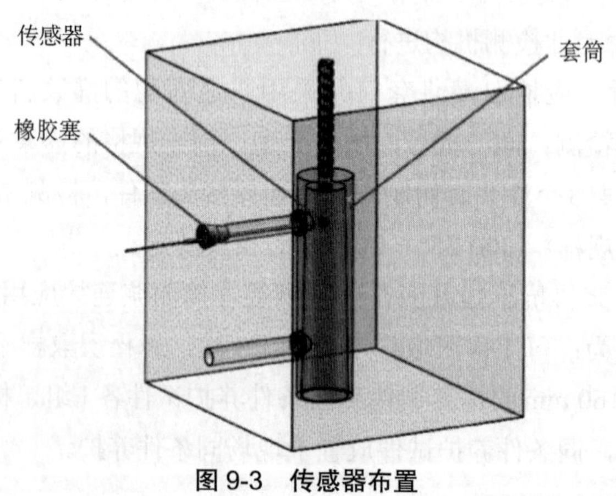

图9-3 传感器布置

② 套筒灌浆饱满性的检测。

a. 检测前应检查仪器和传感器工作是否正常；

b. 检测前应记录工程名称、楼号、楼层、套筒所在构件编号、检测人员信息；

c. 通过检测振波形状来判定该套筒灌浆饱满，套筒灌浆饱满度的检测波形处在临界状态时，可采取内窥镜或微破损的方式进行校核。

第四节　接缝防水处理检验

一、预制外墙接缝防水的主要形式

1）外侧排水空腔及打胶，内侧由现浇部分混凝土自防水的形式。

2）封闭式线防水最外侧采用高弹力的耐候防水硅胶，中间部分为物理空腔形成的减压空间，内侧使用预嵌在混凝土中的防水橡胶条上下互相压紧来起到防水效果，在墙面之间的十字接头处在橡胶止水带之外再增加一道聚氨酯防水，每隔3层左右的距离在外墙防水硅胶上设一处排水管，可有效地将渗入减压空间的雨水引导到室外。

3）开放式线防水不采用打胶的形式，而是采用一端预埋在墙板内，另一端伸出墙板外的幕帘状橡胶条上下相互搭接来起到防水作用。

二、预制外墙板接缝防水检验

（1）墙板施工前质量检查

1）预制墙板的加工精度和混凝土养护质量直接影响墙板的安装精度和防水情况，墙板安装前复核墙板的几何尺寸和平整度情况，检查墙板表面以及预埋窗框周围的混凝土是否密实，是否存在贯通裂缝，混凝土质量不合格的墙板严禁使用。

2）检查墙板周边的预埋橡胶条的安装质量，检查橡胶条是否预嵌牢固，转角部位是否有破损的情况，是否有混凝土浆液漏进橡胶条内部造成橡胶条变硬失去弹性，橡胶条必须严格检查确保无瑕疵，有质量问题必须更换后方可进行吊装。

（2）墙板接缝防水施工质量检查

1）基底层和预留空腔内必须使用高压空气清理干净，打胶前背衬深度要认真检查，打胶厚度必须符合设计要求，打胶部位的墙板要用底涂处理增强胶与混凝土墙板之间的黏结力，打胶中断时要留好施工缝，施工缝内高外低，互相搭接不能少于5 cm。

2）墙板内侧的连接铁件和十字接缝部位使用打聚氨酯密封胶处理，由于铁件部位没有橡胶止水条，施工聚氨酯密封胶前要认真做好铁件的除锈和防锈工作，施工完毕后进行淋水试验确保无渗漏。

三、接缝防水检查

1）墙板防水施工完毕后应及时进行淋水试验，淋水的重点是墙板十字接缝处、预制墙板与现浇结构连接处以及窗框部位，淋水时宜使用消防水龙带对试验部位进行喷淋。

2）外部检查打胶部位是否有脱胶现象，排水管是否排水顺畅，内侧仔细观察是否有水印、水迹。

3）发现有局部渗漏部位必须认真做好记录查找原因及时处理，必要时可在墙板内侧加设一道聚氨酯防水密封胶提高防渗漏安全系数。

四、接缝防水质量检验

1）用于防水的各种材料的质量、技术性能，必须符合设计要求和施工规范的规定，必须有使用说明书、质量认证文件和相关产品认证文件，使用前做复试。

2）外墙板防水构造必须完整，型号、尺寸和形状必须符合设计要求和有关规定，出厂构件应有出厂合格证。

3）外墙板、阳台、雨罩、女儿墙板等安装就位后，其标高、板缝宽度、坐浆厚度应符合设计要求和施工规范的规定。

4）嵌缝胶嵌缝必须严密，黏结牢固，无开裂，板缝两侧覆盖宽度超出各不小于20 mm。

5）防水涂料必须平整、均匀，无脱落、起壳、裂缝、鼓泡等缺陷。

6）外墙板、阳台板、雨罩板、女儿墙板等接缝防水施工完成后，要进行立缝、平缝、十字缝的淋水试验检查。

7）对淋水试验发现的问题，要查明渗漏原因，及时修理，修后继续做淋水试验，直到不再发生渗漏水时，方可进行外饰面施工。

8）对渗漏点的部位及修理情况应认真做记录，标明具体位置，作为技术资料列入技术档案备查。

9）嵌缝胶表面平整密实，底涂结合层要均匀，嵌缝的保护层黏结牢固，覆盖严密。

第五节　装配式建筑成品保护

一、装配式建筑成品保护要求

1）预制构件在运输、存放、安装施工过程中及装配后应做好成品保护，成品保护应采取包、裹、盖、遮等。

2）连接止水条、高低口、墙体转角等部位，应采用定型保护垫块或专用套件作加强保护。

3）预制构件饰面砖、石材、涂刷等处宜采用贴膜保护或其他专业材料保护。安装完成后，饰面砖保护应选用无褪色或无污染的材料，以防揭膜后，饰面砖表面被污染。

4）预制构件现场装配全过程中，宜对预制构件原有的门窗框、预埋件等产品进行保护，装配整体式混凝土结构质量验收前不得拆除或损坏。

5）预制构件暴露在空气中的预埋铁件应涂抹防锈漆。

6）施工梯架、工程用的物料等不得支撑、顶压或斜靠在部品上。

7）当进行混凝土地面等施工时，应防止物料污染、损坏预制构件和部品表面。

8）在装配式混凝土建筑施工全过程中，应采取防止预制构件、部品及预制构件上的建筑附件、预埋件、预埋吊件等损伤或污染的保护措施。

9）遇有大风、大雨、大雪等恶劣天气时，应采取有效措施对存放预制构件成品进行保护。

10）预制构件和部品在安装施工过程中、施工完成后，不应受到施工机具碰撞。

二、构件安装成品保护

1. 剪力墙的成品保护

1）外墙板进场后，应放在插放架内。

2）运输、吊装操作过程中，应避免外墙板损坏。如已有损坏应及时修补。

3）外墙板就位时尽量要准确，安装时防止生拉硬撬。

4）安装外墙板时，不得碰撞已经安装好的楼板。

5）隔墙板堆放场地应平整、坚实，不得积水或沉陷。板应在插放架内立放，下面垫木板或方木，防止折断或弯曲变形。

6）隔墙板运输和吊卸过程中，应采取措施防止折裂。

7）安装设备管道需在板上打孔穿墙时，严禁用大锤猛击墙板，严重损坏的墙板不应使用。

2. 叠合板的成品保护

1）叠合板的堆放及堆放场地的要求应严格按要求执行。

2）现浇墙、梁安装叠合板时，叠合板混凝土强度要达到4 MPa时方准施工。

3）叠合板上的甩筋（锚固筋）在堆放、运输、吊装过程中要妥为保护，不得反复弯曲和折断。

4）吊装叠合板，不得采用“兜底”多块吊运。应按预留吊环位置，采用8个点同步单块起吊的方式。吊运中不得冲撞叠合板。

5）不得在板上任意凿洞，板上如需要打洞，应用机械钻孔，并按设计和图集要求做相应的加固处理。

3. 楼梯的成品保护

1）楼梯段、休息板应采取正向吊装、运输和堆放。构件运输和堆放时，垫木应放在吊环附近，并高于吊环，上下对齐。垃圾道宜竖向堆放。

2）堆放场地应平整夯实，下面铺垫板。楼梯段每垛码放不宜超过6块，休息板每垛不超过10块。

3）楼梯安装后，应及时将踏步面加以保护，避免施工中将踏步梭角损坏。楼梯保护如图9-4所示。

图9-4　楼梯保护

4）安装休息板及楼梯段时，不得碰撞两侧砖墙或混凝土墙体。

第十章 拓展知识

第一节 建筑业10项新技术——装配式混凝土结构技术

一、装配式混凝土剪力墙结构技术

（一）技术内容

装配式混凝土剪力墙结构是指全部或部分采用预制墙板构件，通过可靠的连接方式后使浇混凝土、水泥基灌浆料形成整体的混凝土剪力墙结构。这是近年来在我国应用最多、发展最快的装配式混凝土结构技术。

国内的装配式剪力墙结构体系主要包括以下2种。

1. 高层装配整体式剪力墙结构

装配式剪力墙结构体系中，部分或全部剪力墙采用预制构件，预制剪力墙之间的竖向接缝一般位于结构边缘构件部位，该部位采用现浇方式与预制墙板形成整体，预制墙板的水平钢筋在后浇部位实现可靠连接或锚固；预制剪力墙水平接缝位于楼面标高处，水平接缝处钢筋可采用套筒灌浆连接、浆锚搭接连接或在底部预留后浇区内进行搭接连接的形式。在每层楼面处设置水平后浇带并配置连续纵向钢筋，在屋面处设置封闭后浇圈梁。采用叠合楼板、预制楼梯及预制或叠合阳台板。该结构体系主要用于高层住宅，整体受力性能与现浇剪力墙结构相当，按“等同现浇”设计原则进行设计。

2. 多层装配式剪力墙结构

多层装配式剪力墙结构与高层装配整体式剪力墙结构相比，结构计算可采用弹性方法进行，并可根据实际情况建立分析模型，以建立适用于装配特点的计算与分析方法。在构造连接措施方面，边缘构件设置及水平接缝的连接均有所简化，降低了剪力墙及边缘构件配筋率、配箍率要求，允许采用预制楼盖和干式连接的做法。

（二）技术指标

高层装配整体式剪力墙结构和多层装配式剪力墙结构的设计应符合《装配式混凝土结构技术规程》（JGJ 1—2014）和《装配式混凝土建筑技术标准》（GB/T 51231—2016）中将装配整体式剪力墙结构的最大适用高度与现浇结构相比适当降低。装配整体式剪力墙结构的高宽比限值，与现浇结构基本一致。

作为混凝土结构的一种类型，装配式混凝土剪力墙结构在设计和施工中应符合《混凝土结构设计规范》（GB 50010—2010）、《混凝土结构施工规范》（GB 50666—2011）、《混凝土结构工程施工质量验收规范（2015 年版）》（GB 50204—2015）中各项基本规定；若房屋层数为 10 层及 10 层以上或者高度大于 28 m，还应该参照《高层建筑混凝土结构技术规程》（JGJ 3—2010）中关于剪力墙结构的一般规定。

针对装配式混凝土剪力墙结构的特点，结构设计中还应该注意以下基本要求：

应采取有效措施加强结构的整体性。装配整体式剪力墙结构是在选用可靠的预制构件受力钢筋连接技术的基础上，采用预制构件与后浇混凝土相结合的方法，通过连接节点的合理构造，将预制构件连接成一个整体，保证其具有与现浇混凝土结构基本等同的承载能力和变形能力，达到与现浇混凝土结构等同的设计目标。其整体性主要体现在预制构件之间、预制构件与后浇混凝土之间的连接节点上，包括接缝混凝土粗糙面及键槽的处理、钢筋连接锚固技术、各类附加钢筋、构造钢筋的使用等。

装配式混凝土结构的材料宜采用高强钢筋与适宜的高强混凝土。预制构件在工厂生产，可进行蒸汽养护，对于混凝土的强度、抗冻性及耐久性有显著提升，方便高强混凝土技术的使用，且可以提早脱模提高生产效率；采用高强混凝土可以减小构件截面尺寸，便于运输吊装。采用高强钢筋，可以减少钢筋数量，简化连接节点，便于施工，降低成本。

装配式结构的节点和接缝应受力明确、构造可靠，一般采用经过充分的力学性能试验研究、施工工艺试验和实际工程检验的节点。节点和接缝的承载力、延性和耐久性等一般通过对构造、施工工艺进行严格要求来满足，必要时单独对节点和接缝的承载力进行验算。若采用相关标准、图集中均未提及的新型节点连接构造，应进行必要的技术研究与试验验证。

装配整体式剪力墙结构中预制构件合理的接缝位置、尺寸及形状设计是十分重要的，应以模数化、标准化为设计工作基本原则。接缝对建筑功能、建筑平立面、结构受力状况、预制构件承载能力、制作安装、工程造价等都会产生一定的影响。设计时应满足建筑模数协调、建筑物理性能、结构和预制构件的承载能力、便于施工和进行质量控制等多项要求。

（三）适用范围

装配式混凝土剪力墙结构技术适用于抗震设防烈度为 6～8 度的地区，装配整体式剪力墙结构可用于高层居住建筑，多层装配式剪力墙结构可用于低、多层居住建筑。

二、装配式混凝土框架结构技术

（一）技术内容

装配式混凝土框架结构包括装配整体式混凝土框架结构及其他装配式混凝土框架结构。装配整体式混凝土框架结构是指全部或部分框架梁、柱采用预制构件通过可靠的连接方式装配而成，连接节点处采用现场后浇混凝土、水泥基灌浆料等方式将构件连成整体的混凝土结构。其他装配式框架是指各类干式连接的框架结构，主要与剪力墙、抗震支撑等配合使用。

装配整体式框架结构可采用与现浇混凝土框架结构相同的方法进行结构分析，其承载力极限状态及正常使用极限状态的作用效应可采用弹性分析法确定。在结构内力与位移计算时，对现浇楼盖和叠合楼盖，均可假定楼盖在其平面为无限刚性。装配整体式框架结构构件和节点的设计均可按与现浇混凝土框架结构相同的方法进行，此外，应对叠合梁端竖向接缝、预制柱柱底水平接缝部位进行受剪承载力验算，并对预制构件在短暂设计状况下进行验算，同时应通过合理的结构布置，避免预制柱的水平接缝产生拉力。

装配整体式框架主要包括框架节点后浇和框架节点预制两大类：框架节点后构件在梁柱节点处通过后浇混凝土连接，预制构件为一字形；而后者的连接节点位于框架柱、框架梁中部，预制构件有十字形、T 形、一字形等形状且包含节点，由于预制框架节点制作、运输、现场安装难度较大，现阶段工程较少采用。

装配整体式框架结构连接节点设计时，应合理确定梁和柱的截面尺寸以及钢筋的数量、间距位置等，钢筋的锚固与连接应符合国家现行标准相关规定，并考虑构件钢筋的碰撞问题以及构件的安装顺序，确保装配式结构的易施工性。装配整体式框架结构中，预制柱的纵向钢筋可采用套筒灌浆、机械冷挤压等连接方式。当梁柱节点现浇时，叠合框架梁纵向受力钢筋应伸入后浇节点区锚固或连接，其下部的纵向受力钢筋也可伸至节点区外的后浇段内进行连接。当叠合框架梁对接连接时，梁下部纵向钢筋在后浇段内宜采用机械连接、套筒灌浆连接或焊接等连接形式。叠合框架梁的箍筋可采用整体封闭或组合封闭的形式。

（二）技术指标

装配式框架结构的构件及结构的安全性与质量应满足《装配式混凝土结构技术规程》（JGJ 1—2014）、《装配式混凝土建筑技术标准》（GB/T 51231—2016）、《混凝土结构设计规范（2015 年版）》（GB 50010—2010）、《混凝土结构工程施工规范》（GB 50666—2011）、《混凝土结构工程施工质量验收规范》（GB 50204—2015）以及《预制预应力混凝土装配整体式框架结构技术规程》（JGJ 224—2010）等的有关规定。当采用钢筋机械连接技术时，应符合《钢筋机械连接应用技术规程》（JGJ 107—2016）的规定；当采用钢筋套筒灌浆连接技术时，应符合《钢筋套筒灌浆连接应用技术规程》（JGJ 355—2015）的规定；当钢筋采用锚固板的方式锚固时，应符合《钢筋锚固板应用技术规程》（JGJ 256—2011）的规定。

装配整体式框架结构的关键技术指标如下：

1）装配整体式框架结构房屋的最大适用高度与现浇混凝土框架结构适用高度基本相同。

2）装配式混凝土框架结构宜采用高强混凝土、高强钢筋，框架梁和框架柱的纵向钢筋尽量选用大直径钢筋，以减少钢筋数量，拉大钢筋间距，有利于提高装配施工效率，保证施工质量，降低成本。

3）当房屋高度大于 12 m 或层数超过 3 层时，预制柱宜采用套筒灌浆连接，包括全灌浆套筒和半灌浆套筒。矩形预制柱截面宽度或圆形预制柱直径不宜小于 400 mm，且不宜小于同方向梁宽的 1.5 倍；预制柱的纵向钢筋在柱底采用套筒灌浆连接时，柱箍筋加密区长度不应小于纵向受力钢筋连接区域长度与 500 mm 之和；当纵向钢筋的混凝土保护层厚度大于 50 mm 时，宜采取增设钢筋网片等措施控制裂缝宽度以及防止受力过程中的混凝土保护层剥离脱落。当采用叠合框架梁时，后浇混凝土叠合层厚度不宜小于 150 mm，抗震等级为一级、二级叠合框架梁的梁端箍筋加密区宜采用整体封闭箍筋。

4）采用预制柱及叠合梁的装配整体式框架时，柱底接缝宜设置在楼面标高处，且后浇节点区混凝土上表面应设置粗糙面。柱纵向受力钢筋应贯穿后浇节点区，柱底接缝厚度为 20 mm，并应用灌浆料填实。装配式框架节点，包括中间层中节点、中间层端节点、顶层中节点和顶层端节点，框架梁和框架柱的纵向钢筋的锚固和连接可采用与现浇框架结构节点相同的方式，对于顶层端节点还可采用柱伸出屋面并将柱纵向受力钢筋锚固在伸出段内的方式。

（三）适用范围

装配整体式混凝土框架结构技术可用于 6～8 度抗震设防地区的公共建筑、居住建筑以及工业建筑。除 8 度抗震地区（0.3g）外，装配整体式混凝土结构房屋的最大适用高度与现浇混凝土结构相同。其他装配式混凝土框架结构主要适用于各类低层和多层居住建筑、公共建筑与工业建筑。

三、混凝土叠合楼板技术

（一）技术内容

混凝土叠合楼板技术将楼板沿厚度方向分成两部分，底部是预制底板，上部是后浇混凝土叠合层。底部配置钢筋的预制底板作为楼板的一部分，在施工阶段作为后浇混凝土叠合层的模板承受荷载，与后浇混凝土层形成整体的叠合混凝土构件。

混凝土叠合楼板按具体受力状态，分为单向受力叠合板和双向受力叠合板；预制底板按有无外伸钢筋可分为“有胡子筋”和“无胡子筋”；拼缝按照连接方式可分为分离式接缝（即底板间不拉开的“密拼”）和整体式接缝（底板间有后浇混凝土带）。

预制底板按照受力钢筋种类可以分为预制混凝土底板和预制预应力混凝土底板：预制混凝土底板采用非预应力钢筋时，为了增强刚度目前多采用桁架钢筋混凝土底板；预制预应力混凝土底板分为预应力混凝土平板和预应力混凝土带肋板、预应力混凝土空心板。

跨度大于 3 m 时预制底板宜采用桁架钢筋混凝土底板或预应力混凝土平板，跨度大于 6 m 时预制底板宜采用预应力混凝土带肋底板、预应力混凝土空心板，叠合楼板厚度大于 180 mm 时宜采用预应力混凝土空心叠合板。

保证叠合面上下两侧混凝土共同承载、协调受力是预制混凝土叠合楼板设计的关键，一般通过叠合面的粗糙度以及界面抗剪构造钢筋实现。

施工阶段是否设置可靠支撑决定了叠合板设计的计算方法。设置可靠支撑的叠合板，预制构件在后浇混凝土重量及施工荷载下，不会发生影响内力的变形，按整体受弯构件进行计算；无支撑的叠合板，二次成形浇筑混凝土的重量及施工荷载影响了构件的内力和变形，应按二阶段受力的叠合构件进行计算。

（二）技术指标

1）预制混凝土叠合楼板的设计及构造要求应符合《混凝土结构设计规范（2015 年版）》（GB 50010—2010）、《装配式混凝土结构技术规程》（JGJ 1—2014）、《装配式混凝土建筑技术标准》（GB/T 51231—2016）的相关要求；预制底板制作、施工及短暂设计状况设计应符合《混凝土结构工程施工规范》（GB 50666—2011）的相关要求；施工验收应符合《混凝土结构工程施工质量验收规范》（GB 50204—2015）的相关要求。

2）相关国家建筑标准设计图集包括《桁架钢筋混凝土叠合板（60 mm 厚底板）》（15G366-1）、《预制带肋底板混凝土叠合板》（14G443）、《预应力混凝土叠合板（50 mm、60 mm 实心底板）》（06SG439-1）。

3）预制混凝土底板的混凝土强度等级不宜低于 C30；预制预应力混凝土底板的混凝土强度等级不宜低于 C40；后浇混凝土叠合层的混凝土强度等级不宜低于 C25。

4）预制底板厚度不宜小于 60 mm，后浇混凝土叠合层厚度不应小于 60 mm。

5）预制底板和后浇混凝土叠合层之间的结合面应设置成粗糙面，其面积不宜小于结合面的 80%，凹凸深度不应小于 4 mm；桁架钢筋的预制底板，设置成自然粗糙面即可。

6）预制底板跨度大于 4 m，或用于悬挑板及相邻悬挑板上部纵向钢筋在悬挑层内锚固时，应设置桁架钢筋或设置其他形式的抗剪构造钢筋。

7）预制底板采用预制预应力底板时，应采取控制反拱的可靠措施。

（三）适用范围

混凝土叠合楼板技术适用于各类房屋中的楼盖结构，特别适用于住宅及各类公共建筑。

四、预制混凝土外墙挂板技术

（一）技术内容

预制混凝土外墙挂板是安装在主体结构上起围护、装饰作用的非承重预制混凝土外墙板，简称外墙挂板。外墙挂板按构件构造可分为钢筋混凝土外墙挂板、预应力混凝土外墙挂板两种形式；按与主体结构连接节点构造可分为点支承连接、线支承连接两种形式；按保温形式可分为无保温、外保温、夹心保温三种；按建筑外墙功能定位可分为围护墙板和装饰墙板。各类外墙挂板可根据工程需要与外装饰、保温、门窗结合形成一体化预制墙板系统。

预制混凝土外墙挂板可采用面砖饰面、石材饰面、彩色混凝土饰面、清水混凝土饰面、露骨料混凝土饰面及表面带装饰图案的混凝土饰面等类型，可使建筑外墙具有独特的表现力。

预制混凝土外墙挂板在工厂采用工业化方式生产，具有施工速度快、质量好、维修费用低的优点，主要包括预制混凝土外墙挂板（建筑和结构）设计技术、预制混凝土外墙挂板加工制作技术和预制混凝土外墙挂板安装施工技术。

（二）技术指标

支承预制混凝土外墙挂板的结构构件应具有足够的承载力和刚度，民用外墙挂板仅限跨越一个层高和一个开间，厚度不宜小于 100 mm，混凝土强度等级不低于 C25，主要技术指标如下：

1）结构性能应满足《混凝土结构设计规范（2015 年版）》（GB 50010—2010）和《混凝土结构工程施工质量验收规范》（GB 50204—2015）的要求；

2）装饰性能应满足《建筑装饰装修工程质量验收标准》（GB 50210—2018）的要求；

3）保温隔热性能应满足设计及《严寒和寒冷地区居住建筑节能设计标准》（JGJ26—2018）的要求；

4）抗震性能应满足《装配式混凝土结构技术规程》（JGJ 1—2014）、《装配式混凝土建筑技术标准》（GB/T 51231—2016）的要求。与主体结构采用柔性节点连接，结构层间变位性能好，抗震性能满足抗震设防烈度可达 8 度。

5）构件燃烧性能及耐火极限应满足《建筑防火设计规范》（GB 50016—2014）的要求。

6）作为建筑围护结构产品，其定位应与主体结构的耐久性要求一致，即不应低于 50 年使用年限，饰面装饰（涂料除外）及预埋件、连接件等配套材料耐久性使用年限不低于50年，其他如防水材料、涂料等应采用10年质保期以上的材料，定期维护和更换。

7）外墙挂板防水性能与有关构造应符合国家现行有关标准的规定，并符合《建筑业10项新技术（2017版）》第8.6节的有关规定。

（三）适用范围

预制混凝土外墙挂板技术适用于工业与民用建筑的外墙工程，可广泛应用于混凝土框架结构、钢结构的公共建筑、住宅建筑和工业建筑中。

五、夹心保温墙板技术

（一）技术内容

三明治夹心保温墙板（简称夹心保温墙板）是把保温材料夹在两层混凝土墙板（内叶墙、外叶墙）之间形成的复合墙板，可达到增强外墙保温节能性能，减小外墙火灾危险，提高墙板保温寿命，从而减少外墙维护费用的目的。夹心保温墙板一般由内叶墙、保温板、拉接件和外叶墙组成，形成类似于三明治的构造形式，内叶墙和外叶墙一般为钢筋混凝土材料，保温板一般为B1或B2级的有机保温材料，拉接件一般为高强度FRP复合材料或不锈钢材质。夹心保温墙板可广泛应用于预制墙板或现浇墙体中，但预制混凝土外墙更适合采用夹心保温墙板技术。

根据夹心保温外墙的受力特点，可分为非组合夹心保温外墙、组合夹心保温外墙和部分组合夹心保温外墙。其中非组合夹心保温外墙内外叶混凝土受力相互独立，易于计算和设计，适用于各种高层建筑的剪力墙和围护墙；组合夹心保温外墙的内外叶混凝土需要共同受力，一般只适用于单层建筑的承重外墙或作为围护墙；部分组合夹心保温外墙的受力介于组合和非组合之间，受力非常复杂，计算和设计难度较大，其应用方法及范围有待进一步研究。

非组合夹心墙板一般由内叶墙承受所有的荷载作用，外叶墙起到保温材料的保护层作用，两层混凝土之间可以产生微小的相互滑移，保温拉接件对外叶墙的平面内变形约束较小，可以释放外叶墙在温差作用下产生的温度应力，从而避免外叶墙在温度作用下开裂，使得外叶墙、保温板与内叶墙和结构同寿命。我国装配混凝土结构预制外墙主要采用非组合夹心墙板。

夹心保温墙板中的保温拉接件布置应综合考虑墙板生产、施工和正常使用工况下的受力限度和变形影响。

（二）技术指标

夹心保温墙板的设计应该与建筑结构同寿命，墙板中的保温拉接件应具有足够的承载力和变形性能。非组合夹心墙板应遵循外叶墙混凝土在温差变化作用下能够释放温度应力，与内叶墙之间能够形成微小的自由滑移的设计原则。

非组合夹心保温外墙的拉结件在与混凝土共同工作时，承载力安全系数应满足以下要求：对于抗震设防烈度为 7 度和 8 度的地区，考虑地震组合时安全系数不小于 3.0，不考虑地震组合时安全系数不小于 4.0；对于 9 度及以上地区，必须考虑地震组合，承载力安全系数不小于 3.0。

非组合夹心保温墙板的外叶墙在自重作用下垂直位移应控制在一定范围内，内叶墙和外叶墙之间不得有穿过保温层的混凝土连通桥。

夹心保温墙板的热工性能应满足节能要求，拉结件本身应满足力学、锚固及耐久等性能要求，拉结件的产品与设计应用应符合国家现行有关标准。

（三）适用范围

夹心保温墙板技术适用于高层及多层装配式剪力墙结构的外墙、高层及多层装配式框架结构非承重外墙挂板、高层及多层钢结构非承重外墙挂板等，可适用于各类居住与公共建筑。

六、叠合剪力墙结构技术

（一）技术内容

叠合剪力墙结构是指采用两层带格构钢筋（桁架钢筋）的预制墙板，现场安装就位后，在两层板中间浇筑混凝土，辅以必要的现浇混凝土剪力墙、边缘构件、楼板，共同形成的结构。在工厂生产预制构件时，设置桁架钢筋，既可作为吊点，又增加平面外刚度，防止起吊时开裂。在使用阶段，桁架钢筋作为连接墙板的两层预制片与二次浇筑夹心混凝土之间的拉接筋，可提高结构整体性能和抗剪性能，这种连接方式区别于其他装配式结构体系，板与板之间无拼缝，无须做拼缝处理，防水性好。

利用信息技术，将叠合式墙板和叠合式楼板的生产图纸转化为数据格式文件，直接传输到工厂主控系统读取相关数据，并通过全自动流水线，辅以机械支模手进行构件生产，所需人工少，生产效率高，构件精度达毫米级。同时，构件形状可自由变化，在一定程度上解决了模数化限制的问题，突破了个性化设计与工业化生产的矛盾。

（二）技术指标

叠合剪力墙结构采用与现浇剪力墙结构相同的方法进行结构分析与设计，其主要力学技术指标与现浇混凝土结构相同，但当同一层内既有预制又有现浇抗侧力构件时，宜对现浇抗侧力构件在地震作用下的弯矩和剪力乘以不小于 1.1 的增大系数以应对地震状况。高层叠合剪力墙结构其建筑高度、规则性、结构类型应满足《装配式混凝土建筑技术标准》（GB/T 51231—2016）等规范标准要求。

结构与构件的设计应满足《建筑结构荷载规范》（GB 50009—2012）、《建筑抗震设计规范（2016 年版）》（GB 50011—2010）、《混凝土结构设计规范（2015 年版）》（GB 50010—2010）和《装配式混凝土建筑技术标准》（GB/T 51231—2016）等的要求。

（三）适用范围

叠合剪力墙结构技术适用于抗震设防烈度为 6～8 度的多层、高层建筑，包含工业与民用建筑。除了地上，本技术结构体系具有良好的整体性和防水性能，还适用于地下工程，包含地下室、地下车库、地下综合管廊等。

七、预制预应力混凝土构件技术

（一）技术内容

预制预应力混凝土构件是指通过工厂生产并采用先张预应力技术的各类水平构件和竖向构件，主要包括预制预应力混凝土空心板、预制预应力混凝土双 T 板、预制预应力梁及预制预应力墙板等。各类预制预应力水平构件可形成装配式或装配整体式楼盖，空心板、双 T 板可以不设置后浇混凝土层，也可根据使用要求与结构受力要求设置后浇混凝土层。预制预应力梁可为叠合梁，也可为非叠合梁。预制预应力墙板可应用于各类公共建筑于工业建筑中。

预制预应力混凝土构件的优势在于采用高强预应力钢丝、钢绞线，可以节约钢筋和混凝土用量，并降低楼盖结构高度，施工阶段普遍不设支撑从而节约支模费用，综合经济效益显著。预制预应力混凝土构件组成的楼盖具有承载能力大、整体性好、抗裂度高等优点，完全符合“四节一环保”的绿色施工标准以及建筑工业化的发展要求。预制预应力技术可增加墙板的长度，有利于实现“多层一墙板”。

（二）技术指标

1）预应力混凝土空心板的标志宽度为 1.2 m，也有 0.6 m、0.9 m 等其他宽度；标准板高 100 mm、120 mm、150 mm、180 mm、200 mm、250 mm、300 mm、380 mm 等；不同截面高度能够满足的板轴跨度为 3～18 m。

2）预应力混凝土双 T 板有双 T 坡板和双 T 平板两种，坡板的标志宽度为 2.4 m、3.0 m 等，坡板的标志跨度为 9 m、12 m、15 m、18 m、21 m、24 m 等；平板的标志宽度为 2.0 m、2.4 m、3.0 m 等，平板的标志跨度为 9 m、12 m、15 m、18 m、21 m、24 m 等。

3）预应力混凝土梁跨度根据工程确定，在工业建筑中多为 6 m、7.5 m、9 m。

4）预应力混凝土墙板多为固定宽度（1.5 m、2.0 m、3.0 m 等），长度根据柱距或层高确定。

根据工程需要，也可采用非标跨度、宽度的构件，采用单独设计的方法即可。

预制预应力混凝土板的生产、安装、施工应满足《混凝土结构设计规范（2015 年版）》（GB 50010—2010）、《混凝土结构工程施工质量验收规范》（GB 50204—2015）、《装配式混凝土结构技术规程》（JGJ 1—2014）的有关规定。工程应用时可以根据《预应力混凝土圆孔板》（03SG435-1～2）、《SP 预应力空心板》（05SG408）、《预应力混凝土双 T 板（坡板宽度 2.4 m、3.0 m；平板宽度 2.0 m、2.4 m、3.0 m）》（08SG432-1），《大跨度预应力空心板（跨度 4.2～18.0 m）》（13G440）等的要求，直接选用预制构件，也可根据工程情况单独设计。

（三）适用范围

预制预应力混凝土构件技术广泛适用于各类工业与民用建筑中。预应力混凝土空心板可用于混凝土结构、钢结构建筑中的楼盖与外墙挂板，预应力混凝土双 T 板多用于公共建筑、工业建筑的楼盖、屋盖，其中双 T 坡板仅用于屋盖，9 m 以内跨度楼盖可采用预应力空心板（SP 板）+后浇叠合层的叠合楼盖，9 m 以内的超重载及 9 m 以上的楼盖，采用预应力混凝土双 T 板+后浇叠合层的叠合楼盖。预制预应力梁截面可为矩形、花篮梁或 L 形、倒 T 形，便于与预应力混凝土双 T 板和空心板连接。

八、钢筋套筒灌浆连接技术

（一）技术内容

钢筋套筒灌浆连接技术是带肋钢筋插入内腔为凹凸表面的灌浆套筒，通过向套筒与钢筋的间隙灌注专用高强水泥基灌浆料，灌浆料凝固后将钢筋锚固在套筒内将预制构件用钢筋连接。该技术将灌浆套筒预埋在混凝土构件内，在安装现场从预制构件外通过注浆管将灌浆料注入套筒，来完成预制构件钢筋的连接，是预制构件中受力钢筋连接的主要形式，主要用于各种装配整体式混凝土结构的受力钢筋连接。

钢筋套筒灌浆连接接头由钢筋、灌浆套筒、灌浆料三种材料组成，其中灌浆套筒分为半灌浆套筒和全灌浆套筒，半灌浆套筒的接头一端为灌浆连接，另一端为机械连接。

钢筋套筒灌浆连接施工流程主要包括：预制构件在工厂完成套筒与钢筋的连接、套筒在模板上的安装固定和进出浆管道与套筒的连接，在建筑施工现场完成构件安装、灌浆腔密封、灌浆料加水拌和及套筒灌浆。

竖向预制构件的受力钢筋连接可采用半灌浆套筒或全灌浆套筒。构件宜采用连通腔灌浆方式，并应合理划分联通腔区域。构件也可采用单个套筒独立灌浆，构件就位前水平缝处应设置座浆层。套筒灌浆连接应用经接头型式检验确认的与套筒相匹配的灌浆料，使用与材料工艺配套的灌浆设备，以压力灌浆方式将灌浆料从套筒下方的进浆孔灌入，从套筒上方出浆孔流出，及时封堵进出浆孔，确保套筒内有效连接部位的灌浆料填充密实。

水平预制构件纵向受力钢筋在现浇带处连接可采用全灌浆套筒。套筒安装到位后，套筒注浆孔和出浆孔应位于套筒上方，使用单套筒灌浆专用工具或设备进行压力灌浆，灌浆料从套筒一端进浆孔注入，从另一端出浆口流出后，进浆孔、出浆孔接头内灌浆料浆面均应高于套筒外表面最高点。

套筒灌浆施工后，灌浆料同条件养护试件的抗压强度达到35 MPa后，方可进行对接头有扰动的后续施工。

（二）技术指标

钢筋套筒灌浆连接技术的应用须满足《装配式混凝土技术规程》（JGJ 1—2014）、《钢筋套筒灌浆连接应用技术规程》（JGJ 355—2015）和《装配式混凝土建筑技术标准》（GB/T 51231—2016）的相关规定。钢筋套筒灌浆连接的传力机理比传统机械连接更复杂，《钢筋套筒灌浆连接应用技术规程》对钢筋套筒灌浆连接接头性能、型式检验、工艺检验、施工与验收等进行了专门要求。

灌浆套筒按加工方式分为铸造灌浆套筒和机械加工灌浆套筒。铸造灌浆套筒宜选用球墨铸铁，机械加工套筒宜选用优质碳素结构钢、低合金高强度结构钢、合金结构钢或其他经过接头型式检验的符合要求的钢材。

灌浆套筒的设计、生产和制造应符合《钢筋连接用灌浆套筒》（JG/T 398—2019）的相关规定，专用水泥基灌浆料应符合《钢筋连接用套筒灌浆料》（JG/T 408—2019）的各项要求。当采用其他材料的灌浆套筒时，套筒性能指标应符合有关产品的标准规定。

套筒材料主要性能指标：球墨铸铁灌浆套筒的抗拉强度不小于550 MPa，断后伸长率不小于5%，球化率不小于85%；各类钢制灌浆套筒的抗拉强度不小于600 MPa，屈服强度不小于355 MPa，断后伸长率不小于16%；其他材料套筒符合有关产品标准要求。

灌浆料主要性能指标：初始流动度不小300 mm；30 min流动度不小于260 mm；1 d抗压强度不小于35 Mpa；28 d抗压强度不小于85 MPa。

套筒材料在满足断后伸长率等指标时，可采用抗拉强度超过600 MPa（如900 MPa、1 000 MPa）的材料，以减小套筒壁厚和外径尺寸，也可根据生产工艺采用其他强度的钢材。灌浆料在满足流动度等指标时，可采用抗压强度超过85 MPa（如110 MPa、130 MPa）的材料，以便于连接大直径钢筋和高强钢筋并缩短灌浆套筒长度。

（三）适用范围

钢筋套筒灌浆连接技术适用于装配整体式混凝土结构中直径12～40 mm的HRB 400、HRB 500钢筋的连接，包括：预制框架柱和预制梁的纵向受力钢筋、预制剪力墙竖向钢筋等的连接，也可用于既有结构改造现浇结构竖向及水平钢筋的连接。

九、装配式混凝土结构建筑信息模型应用技术

（一）技术内容

利用建筑信息模型（BIM）技术，实现装配式混凝土结构的设计、生产、运输、装配、运维的信息交互和共享，实现装配式建筑全过程一体化协同工作。应用 BIM 技术，装配式建筑、结构、机电、装饰装修全专业协同设计，实现建筑、结构、机电、装修一体化；设计 BIM 模型直接对接生产、施工，实现设计、生产、施工一体化。

（二）技术指标

建筑信息模型（BIM）技术指标主要有支撑全过程 BIM 平台技术、设计阶段模型精度、各类型部品部件参数化程度、构件标准化程度、设计直接对接工厂生产系统 CAM 技术以及基于 BIM 与物联网技术的装配式施工现场信息管理平台技术。装配式混凝土结构设计应符合《装配式混凝土建筑技术标准》（GB/T 51231—2016）、《装配式混凝土结构技术规程》（JGJ 1—2014）和《混凝土结构设计规范（2015 年版）》（GB 50010—2010）等的有关要求，也可选用《预制混凝土剪力墙外墙板》（15G365-1）、《预制钢筋混凝土阳台板、空调板及女儿墙》（15G368-1）等进行参考。

除上述各项规定外，针对建筑信息模型技术的特点，装配式建筑全过程使用 BIM 技术应用还应注意以下关键技术内容：

1）搭建模型时，应采用统一标准格式的各类型构件文件，且各类型构件文件应按照固定、规范的插入方式，放置在模型的合理位置。

2）预制构件出图排版设计阶段，应结合构件类型和尺寸，按照相关图集要求进行图纸排版、尺寸标注、辅助线段和文字说明，采用统一标准格式，并满足《建筑制图标准》（GB/T 50104—2000）和《建筑结构制图标准》（GB/T 50105—2010）的要求。

3）预制构件生产应设计 BIM 模型，采用“BIM+MES+CAM”技术，实现工厂自动化钢筋生产、构件加工；应用二维码技术、RFID 芯片等可靠的识别与管理技术及工厂生产管理系统，实现可追溯的全过程质量管控。

4）应用“BIM+物联网+GPS”技术，进行装配式预制构件运输过程追溯管理、施工现场可视化指导堆放、吊装等，实现装配式建筑可视化施工现场信息管理。

（三）适用范围

装配式混凝土结构建筑信息模型应用技术的适用范围如下：

1）装配式剪力墙结构：预制混凝土剪力墙外墙板，预制混凝土剪力墙叠合板，预制钢筋混凝土阳台板、空调板及女儿墙等构件的深化设计、生产、运输与吊装。

2）装配式框架结构：预制框架柱、预制框架梁、预制叠合板、预制外挂板等构件的

深化设计、生产、运输与吊装。

3）异形构件的深化设计、生产、运输与吊装：异形构件分为结构形式异形构件和非结构形式异形构件，结构形式异形构件包括坡屋面、阳台等；非结构形式异形构件包括排水檐沟、建筑造型等。

十、预制构件工厂化生产加工技术

（一）技术内容

预制构件工厂化生产加工技术是采用自动化流水线、机组流水线、长线台座生产线生产标准定型预制构件并兼顾异型预制构件，采用固定台模线生产房屋建筑预制构件，满足预制构件的批量生产加工和集中供应要求的技术。

工厂化生产加工技术包括预制构件工厂规划设计、各类预制构件生产工艺设计、预制构件模具方案设计及其加工技术、钢筋制品机械化加工和成型技术、预制构件机械化成型技术、预制构件节能养护技术以及预制构件生产质量控制技术。

非预应力混凝土预制构件生产技术涵盖混凝土技术、钢筋技术、模具技术、预留预埋技术、浇筑成型技术、构件养护技术，以及吊运、存储和运输技术等，代表构件有桁架钢筋预制板、梁柱构件、剪力墙板构件等。预应力混凝土预制构件生产技术还涵盖先张法和后张有黏结预制构件的生产技术，除了建筑工程中使用的预应力圆孔板、双 T 板、屋面梁、屋架、屋面板等，还包括市政和公路领域的预制桥梁构件等，重点研究预应力生产工艺和质量控制技术。

（二）技术指标

工厂化科学管理、自动化智能生产使质量和品质得到保证和提高；构件外观尺寸加工精度可达±2 mm，混凝土强度标准差不大于 4.0 MPa，预留预埋尺寸精度可达±1 mm，保护层厚度控制偏差±3 mm，通过预应力和伸长值偏差控制保证预应力构件起拱满足设计要求并处于同一水平，构件承载力满足设计和规范要求。

预制构件的几何加工精度控制、混凝土强度控制、预埋件的精度、构件承载力性能、保护层厚度控制、预应力构件的预应力要求等应符合设计（包括标准图集）及有关标准的规定。

预制构件生产的效率指标、成本指标、能耗指标、环境指标和安全指标，应满足有关要求。

（三）适用范围

预制构件工厂化生产加工技术适用于建筑工程中各类钢筋混凝土和预应力混凝土预制构件。

第二节　信息化技术

一、基于智能化的装配式混凝土建筑产品生产与施工管理信息技术

（一）定义

基于智能化的装配式混凝土建筑产品生产与施工管理信息技术，是在装配式混凝土建筑产品生产和施工过程中，应用 BIM、物联网、云计算、工业互联网、移动互联网等信息化技术，实现装配式混凝土建筑的工厂化生产、装配化施工、信息化管理。通过对装配式混凝土建筑产品生产过程中的深化设计、材料管理、产品制造环节进行管控，以及对施工过程中的产品进场管理、现场堆场管理、施工预拼装管理环节进行管控，实现生产过程和施工过程的信息共享，确保生产环节的产品质量和施工环节的效率，提高装配式混凝土建筑产品生产和施工管理的水平。

（二）技术内容

1）建立协同工作机制，明确协同工作流程和成果交付内容，并建立与之相适应的生产、施工全过程管理信息平台，实现跨部门、跨阶段的信息共享。

2）深化设计：依据设计图纸结合生产制造要求建立深化设计模型，并将模型交付给制造环节。

3）材料管理：利用物联网条码技术对物料进行统一标志，通过对材料收、发、存、领、用、退全过程的管理，实现可视化的仓储堆垛管理和多维度的质量追溯管理。

4）产品制造：统一人员、工序、设备等的编码，按产品类型建立自动化生产线，对设备进行联网管理，能按工艺参数执行制造工艺，并反馈生产状态，实现生产状态的可视化管理。

5）产品进场管理：利用物联网条码技术可实现产品质量的全过程追溯，可在 BIM 模型当中按产品批次查看产品进场进度，实现可视化管理。

6）现场堆场管理：利用物联网条码技术对产品进行统一标记，合理利用现场堆场空间，实现产品堆垛管理的可视化。

7）施工预拼装管理：利用 BIM 技术对产品进行预拼装模拟，减少并纠正拼装误差，提高装配效率。

（三）技术指标

1）管理信息平台能对深化设计、材料管理、生产工序的情况进行集中管控，能在施工环节中利用生产环节的相关信息对产品生产质量进行监管，并能通过施工预拼装管理提高施工装配效率。

2）在深化设计环节按照各专业（如预制混凝土、钢结构等）深化设计标准（要求）统一产品编码，采用专业深化设计软件开展深化设计工作，达到生产要求的设计深度，并向下游交付。

3）在材料管理环节按照各专业（如预制混凝土、钢结构等）的物料分类标准（要求）统一物料编码。进行材料的收、发、存、领、用、退全过程信息化管理，应用物联网条码、RFID 条码等技术绑定材料和仓库库位，采用扫描枪、手机等移动设备采集现场条码信息，依据材料仓库仿真地图实现材料堆垛可视化管理，通过对材料的生产厂家、尺寸外观、规格型号等多维度信息的管理，实现质量控制的可追溯。

4）在产品制造环节按照各专业（如预制混凝土、钢结构等）生产标准（要求）统一人员、工序、设备等的编码。制造厂应用工业互联网建立网络传输体系，利用能支持到工序级的设备，实现自动化的生产制造。

5）采用 BIM 技术、计算机辅助工艺规划（CAPP）、工艺路线仿真等工具制作工艺文件，并能将工艺参数通过制造厂工业物联网体系传输给对应设备（如将切割程序传输给切割设备），各工序的生产状态可通过人员报工、条码扫描或设备自动采集等手段进行采集上传。

6）在产品进场管理环节应用物联网技术，采用扫描枪、手机等移动设备扫描产品条码、RFID 条码，将产品信息自动传输到管理信息平台，进行产品质量的可追溯管理。并可按照施工安装计划在 BIM 模型中直观查看各批次产品的进场状态，对项目进度进行管控。

7）在现场堆场管理环节应用物联网条码、RFID 条码等技术绑定产品信息和产品库位信息，采用扫描枪、手机等移动设备实现现场条码信息的采集，依据产品仓库仿真地图实现产品堆垛可视化管理，合理利用现场堆场空间。

8）在施工预拼装管理环节采用 BIM 技术对需要预拼装的产品进行虚拟预拼装分析，通过模型或者输出报表等方式查看拼装误差，在地面完成偏差调整，降低预拼装成本，提高装配效率。

9）可采取云部署的方式，提高信息资源的利用率，降低信息资源的使用成本。

10）应具备与相关信息系统集成的能力。

（四）应用范围

基于智能化的装配式混凝土建筑产品生产与施工管理信息技术可应用于装配式混凝

土建筑产品生产过程中的深化设计、材料管理、产品制造环节，以及施工过程中的产品进场管理、现场堆场管理、施工预拼装管理环节。

二、基于 BIM 的现场施工管理信息技术

（一）定义

基于 BIM 的现场施工管理信息技术是指利用 BIM 技术，借助移动互联网技术实现施工现场可视化、虚拟化的协同管理。在施工阶段结合施工工艺及现场管理需求对设计阶段施工图模型进行信息添加、更新和完善，以得到满足施工需求的施工模型。依托标准化项目管理流程，结合移动应用技术，通过基于施工模型的深化设计，以及场布、施组、进度、材料、设备、质量、安全、竣工验收等管理应用，实现施工现场信息高效传递和实时共享，提高施工管理水平。

（二）技术内容

1）深化设计：基于施工 BIM 模型并结合施工操作规范与施工工艺，进行建筑、结构、机电设备等专业的综合碰撞检查，解决各专业碰撞问题，完成施工优化设计，完善施工模型，提升施工各专业的合理性、准确性和可校核性。

2）场布管理：基于施工 BIM 模型对施工各阶段的场地地形、既有设施、周边环境、施工区域、临时道路及设施、加工区域、材料堆场、临水临电、施工机械、安全文明施工设施等进行规划布置和分析优化，以实现场地布置的科学合理性。

3）施组管理：基于施工 BIM 模型，结合施工工序、工艺等要求，进行施工过程的可视化模拟，并对方案进行分析和优化，提高方案审核的准确性，实现施工方案的可视化交底。

4）进度管理：基于施工 BIM 模型，通过计划进度模型（可以通过 Project 等相关软件编制进度文件，生成进度模型）和实际进度模型的动态链接，将计划进度和实际进度进行对比，找出差异，分析原因，BIM 4D 进度管理可以直观地实现对项目进度的虚拟控制与优化。

5）材料、设备管理：基于施工 BIM 模型，可动态分配各种施工资源和设备，并输出相应的材料、设备需求信息，与材料、设备实际消耗信息进行比对，实现施工过程中材料、设备的有效控制。

6）质量、安全管理：基于施工 BIM 模型，对工程质量、安全关键控制点进行模拟仿真以及方案优化。利用移动设备对现场工程质量、安全进行检查与验收，实现质量、安全管理的动态跟踪与记录。

7）竣工管理：基于施工 BIM 模型，将竣工验收信息添加到模型，并按照竣工要求进行修正，进而形成竣工 BIM 模型，作为竣工资料的重要参考依据。

（三）技术指标

1）利用 BIM 技术的设计模型，结合施工工艺及现场管理需求进行深化设计和调整，形成施工 BIM 模型，实现 BIM 模型在设计与施工阶段的无缝衔接。

2）运用的 BIM 技术应具备可视化、可模拟、可协调等能力，实现施工模型与施工阶段实际数据的关联，进行建筑、结构、机电设备等各专业在施工阶段的综合碰撞检查、分析和模拟。

3）采用的 BIM 施工现场管理平台应具备角色管控、分级授权、流程管理、数据管理、模型展示等功能。

4）通过物联网技术自动采集施工现场实际进度的相关信息，实现与项目计划进度的虚拟比对。

5）利用移动设备，可即时采集图片、视频信息，并自动上传到 BIM 施工现场管理平台，责任人员在移动端即时得到整改通知、整改回复的提醒，实现质量管理任务在线分配、处理过程及时跟踪的闭环管理要求。

6）运用 BIM 技术，实现危险源的可视标记、定位、查询分析。安全围栏、标志牌、遮拦网等需要进行安全防护和警示的地方在模型中进行标记，提醒现场施工人员安全施工。

7）应具备可与其他系统集成的能力。

（四）应用范围

基于 BIM 的现场施工管理信息技术适用于装配式混凝土建筑工程项目施工阶段的深化、场布、施组、进度、材料、设备、质量、安全等业务管理环节的现场协同动态管理。

三、BIM 技术的应用

（一）BIM 技术的定义及应用范围

1. BIM 技术的定义

BIM 即建筑信息模型（Building Information Model），是指在建设工程及设施全生命期内，对其物理和功能特性进行数字化表达，并依此设计、施工、运营的过程和结果的总称，简称模型。现阶段，国内常采用的主流建模软件有 Revit、Revit+Extensions、Navisworks，可实现建筑全专业的 BIM 设计、装配式混凝土构件拆分 BIM 设计、与主流结构计算软件对接、BIM 模型文件轻量化、钢筋 BIM 模型碰撞检查等功能。

2. BIM 技术的应用范围

BIM 技术可用于装配式混凝土建筑的设计、加工、运输及施工，如图 10-1 所示。

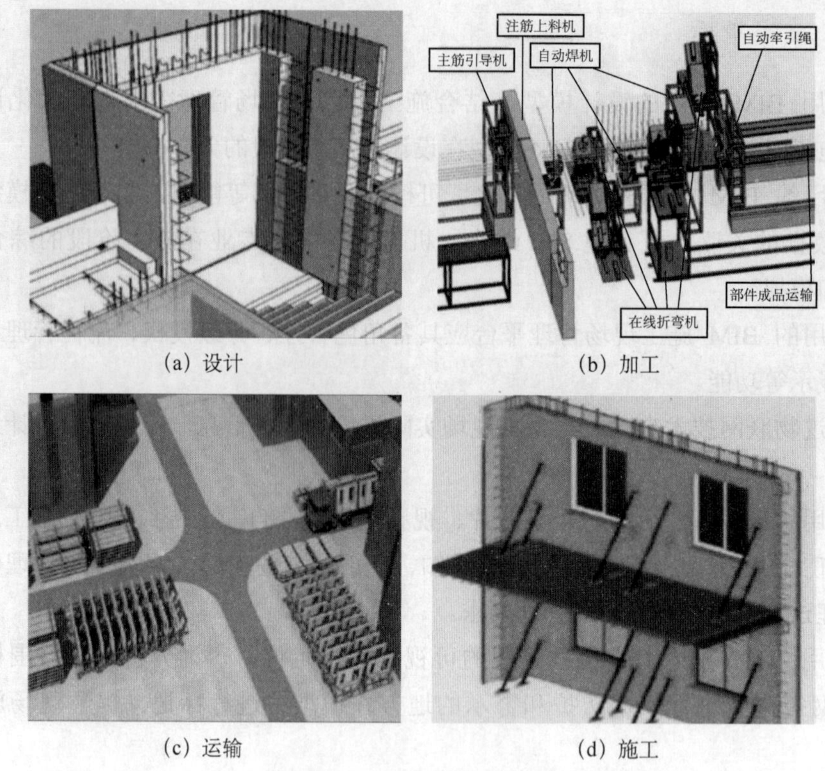

（a）设计　（b）加工

（c）运输　（d）施工

图10-1　BIM 技术的应用

1）设计：利用 BIM 技术可视化、模拟化特点辅助项目全过程的设计，解决构件设计过程中的错漏碰缺。

2）加工：利用 BIM 技术进行构件的精确建模，保证构件加工过程的高效性和准确性。

3）运输：利用 BIM 技术进行项目构件运输过程的追踪和场地布置的模拟。

4）施工：利用 BIM 技术模拟施工过程，提高施工效率，减少施工差错，辅助安全管理。

（二）BIM 技术在设计阶段中的应用

1. 参数化建模

通过参数化驱动 BIM 模型，快速形成各种方案下的项目可视化情况。参数化建模的关键在于对构件信息（编号、结构参数、定位参数、尺寸参数等）和模型信息（空间、管线排布等）的把控，如图 10-2 所示。

2. 三维协调

利用 BIM 可视化功能，进行各专业的错、漏、碰、缺的核查，协助解决各专业美观、设计功能、安装检修等工作，如图 10-3 所示。

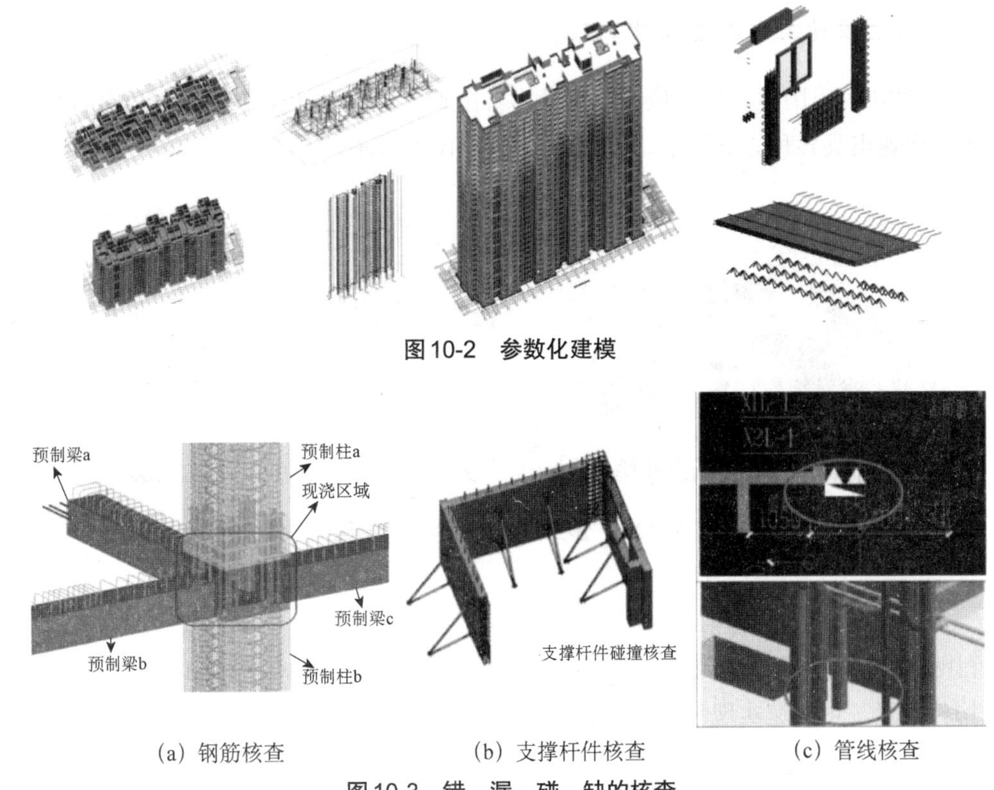

图 10-2　参数化建模

(a) 钢筋核查　　(b) 支撑杆件核查　　(c) 管线核查

图 10-3　错、漏、碰、缺的核查

3. 构件连接节点深化设计

利用 BIM 可视化和参数化的特点，辅助项目重要连接节点的深入分析和推敲，快速形成各种方案，并和各项分析软件进行结合，多方位地保证项目质量及安全，如图 10-4 所示。

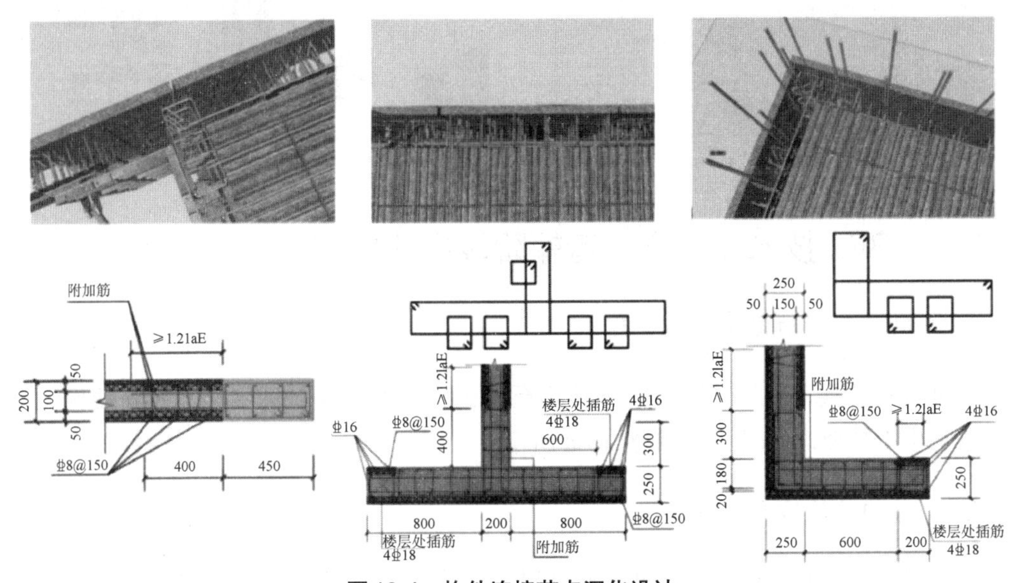

图 10-4　构件连接节点深化设计

4. 施工图设计文件快速出图

利用 BIM 可出图性，准确快速地辅助出具图纸，提高设计工作效率，利用 BIM 参数化特点，快速出具各种方案下的二维图纸，如图 10-5 所示。

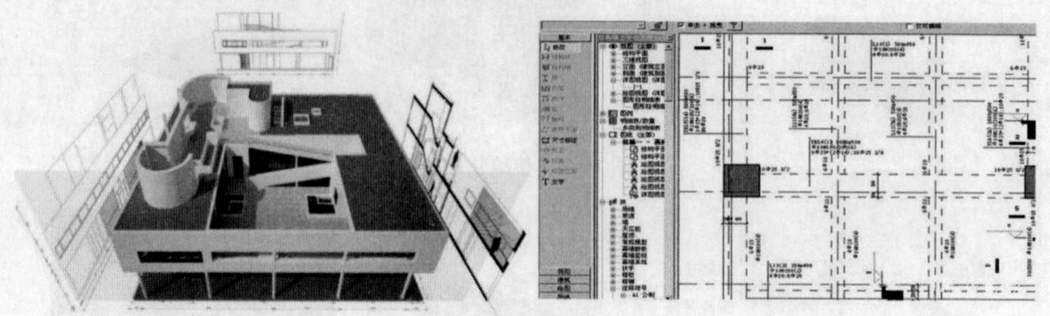

图 10-5　施工图设计文件快速出图

5. 工程量统计

利用 BIM 构件模型统计单个 BIM 构件真实工程量，乘以由 BIM 总体模型导出的 BIM 构件数量，可快速实现装配式混凝土结构构件的精确工程量统计，如图 10-6 所示。

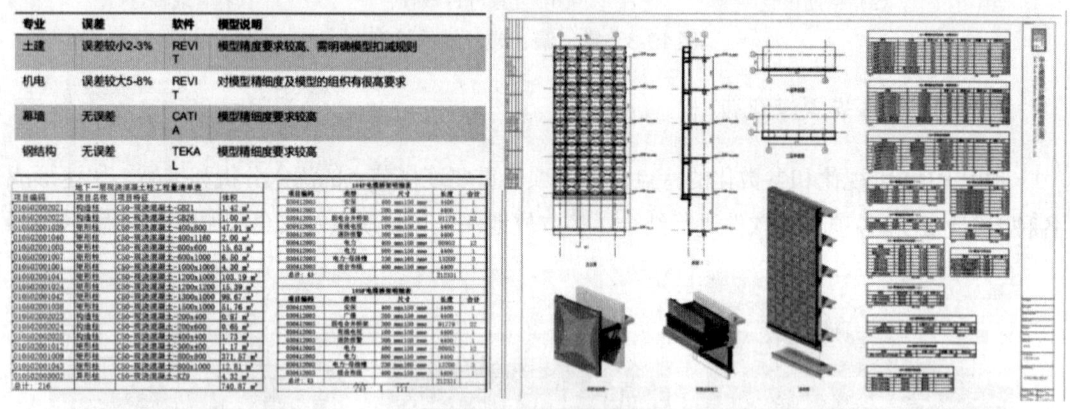

专业	误差	软件	模型说明
土建	误差较小2-3%	REVIT	模型精度要求较高、需明确模型扣减规则
机电	误差较大5-8%	REVIT	对模型精细度及模型的组织有很高要求
幕墙	无误差	CATIA	模型精细度要求较高
钢结构	无误差	TEKAL	模型精细度要求较高

图 10-6　工程量统计

（三）BIM 技术在生产、运输阶段中的应用

1. 辅助工厂自动化生产与管理

通过数据转换，将设计阶段数据传递至加工厂，可实现自动生产，并辅助构件生产企业进行生产管理，如图 10-7 和图 10-8 所示。

2. 辅助构件运输与追踪

BIM 技术可以基于三维空间布置将相关的预制构件最大限度地放入对应的运输空

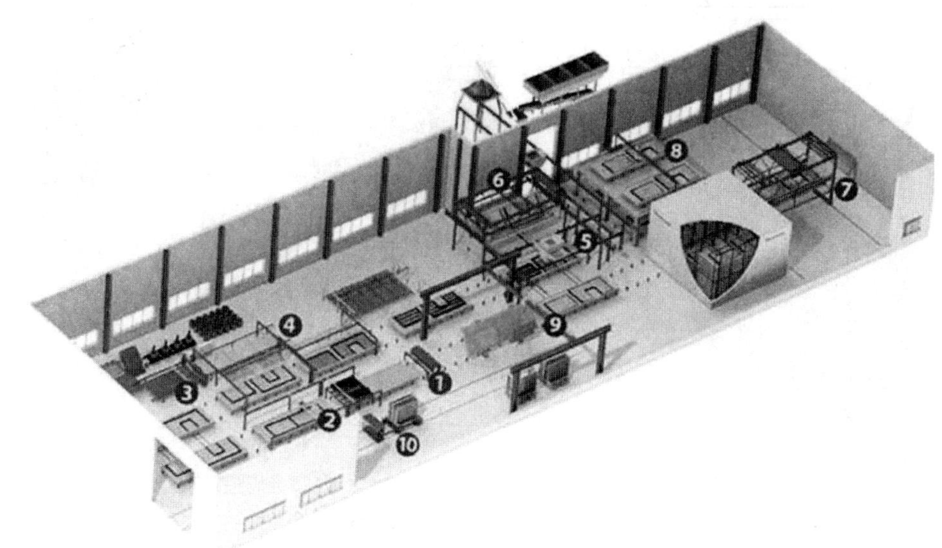

1—模板的清洁和脱模剂喷洒装置；2—标绘器和边模置放、拆卸机械手；3—钢筋网焊接设备；4—钢筋摆放机械手；5—混凝土喂料机和水泥密实装置；6—翻转装置；7—堆垛机；8—抹平装置；9—倾斜装置；10—预制件拖车。

图 10-7　辅助生产厂进行自动化生产

构件位置			构件编号	构件类	设计状	加工状态		运输状态		施工状态		质检状
楼栋	单元	楼层				计划	实际	计划	实际	计划	实际	
1#楼	1	1F	YZQ-01-01-01-01	预制墙	√	20150607-20150612	√	20150707-20150712	√	20150807-20170809	√	
	1	1F	DHB-01-10-01-01	叠合板	√							
	1	2F	YZQ-01-01-02-01	叠合板	√							
	1	2F	YZQ-01-01-02-01	叠合板	√							
	2	1F	YZQ-02-01-02-01	叠合板	√	20150807-20150816	√	20150907-20150916	×延迟两天	20151007-20151016	√	
	2	1F	YZQ-02-01-02-01	预制墙	√							
	2	1F	YZQ-02-01-02-01	叠合板	√							
	2	2F	YZQ-02-02-02-01	叠合板	√							
	2	1F	YZQ-02-01-02-01	预制墙	√							
	2	1F	YZQ-02-01-02-01	叠合板	√							
	2	2F	YZQ-02-02-02-01	叠合板	√							
	3	2F	YZQ-03-01-02-01	预制墙	√	20151011-20151031	√	20151111-20151131	√	20151113-20151118	×延迟两天	
	3	1F	YZQ-03-01-02-01	叠合板	√							
	3	3F	YZQ-03-03-02-01	预制墙	√							
	3	1F	YZQ-03-01-02-01	叠合板	√							
	3	1F	YZQ-03-01-02-01	叠合板	√							
	3	2F	YZQ-03-02-02-01	预制墙	√							
	3	1F	YZQ-03-01-02-01	叠合板	√							
	3	2F	YZQ-03-02-02-01	预制墙	√							
	3	3F	YZQ-03-03-02-01	叠合板	√							

图 10-8　辅助生产厂进行生产管理

间内，并用模拟手段保证运输的安全性。协助项目降低运输成本，减少构件破损率，如图 10-9 所示。

(a) 运输模型

(b) 二维码追踪

图 10-9　辅助构件运输与追踪

(四) BIM 技术在施工阶段中的应用

1. 施工图信息模型深化

BIM 技术在施工阶段按照施工现场真实情况对设计模型进行更新和深化，内容主要对缺失构件（支吊架模型、小管线、各设备管线末端或点位）进行添加；对已有构件形体及信息（各主要设备机房管线安装情况、各主要设备参数、主要部位施工信息、运维阶段模型信息等）的纠正和深化，如图 10-10 所示。

(a) 添加缺失构件

(b) 机房管线纠正和深化

图 10-10　施工图信息模型深化

2. 施工方案和施工安全措施的模拟

为了模拟施工现场，保证施工方案的可行及辅助施工管理，建立脚手架、各种临时支撑等措施模型，如图 10-11 所示。

图 10-11　施工方案和施工安全措施的模拟

3. 现场场地布置管理

通过对现场场地进行虚拟模拟，进行项目施工现场流线模拟，评估现场材料堆叠合理性，避免风险及二次搬运等。通过模拟塔吊工作的半径，找出塔吊最佳布置位置，为后续的施工做好准备，如图 10-12 所示。

图 10-12　现场场地布置管理

4. 现场构件堆放管理

预制构件运抵施工现场后，基于预制构件信息数据库中预存的堆放构件设施信息、堆放标准以及装配顺序，自动设定堆放序列并据此指导现场施工构件的堆叠，如图 10-13 所示。

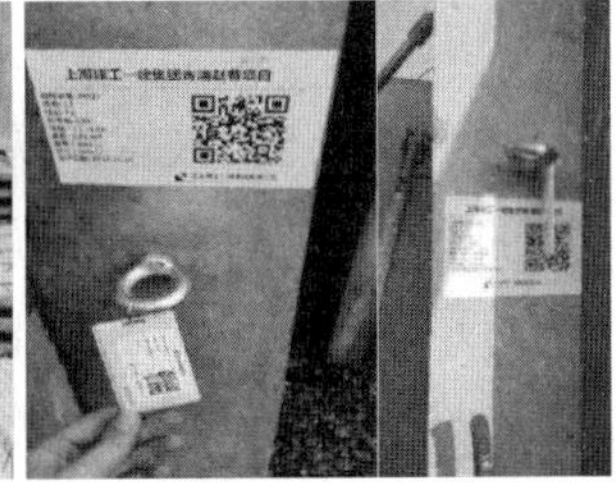

图 10-13　现场构件堆放管理

5. 施工进度模拟与管控

利用 BIM 技术的虚拟进度与实际进度的比对主要是将方案进度计划和实际进度的形象化表达，找出差异，分析原因，实现对项目进度的合理控制与优化，如图 10-14 所示。

图 10-14　施工进度模拟与管控

6. 施工质量、安全管理

当装配式混凝土建筑施工过程中发生质量、安全问题时，可依据不同质量、安全问题在模型中进行构件标注。同时可将 BIM 构件导入移动端平台，由施工管理单位或监理单位现场对构件模型进行质量、安全检测，如发现问题及时拍照上传平台供其他参与方核实修正，如图 10-15 所示。

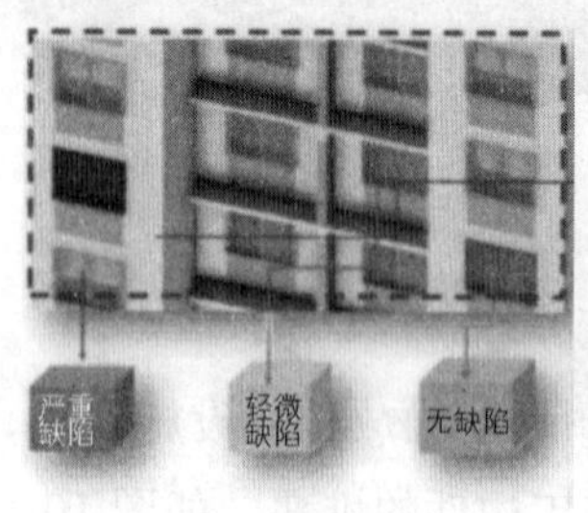

图 10-15　施工质量、安全管理

7. 项目成本管理

利用 BIM 5D 技术实现项目成本管理，BIM 5D 是在 BIM 模型基础上增加时间维度后，再增加一个维度，目前 BIM 圈内普遍认为这个维度是成本，即 BIM 4D 加上成本。BIM 5D 集成了工程量、工程进度、工程造价，不仅能统计工程量，还能将建筑构件的 3D 模型与施工进度的各种工作（WBS）相链接，动态地模拟施工变化过程，控制实施进度和实时监控成本造价的实时，如图 10-16 所示。

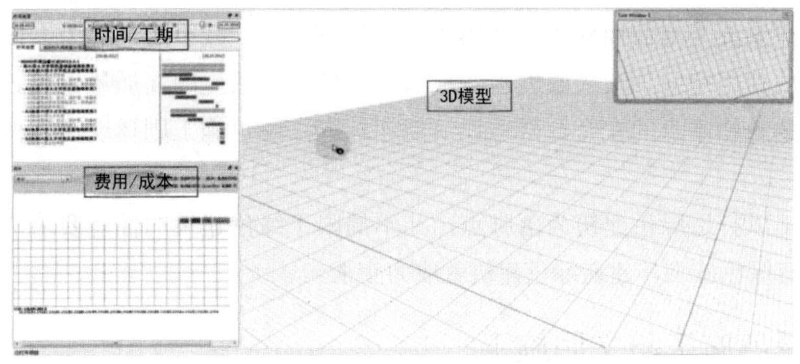

图10-16　项目成本管理

第三节　绿色施工

一、绿色施工的概念及意义

绿色施工是指工程建设中，在保证质量、安全等基本要求的前提下，通过科学管理和技术进步，最大限度地节约资源并减少对环境负面影响的施工活动，实现节能、节地、节水、节材和环境保护（“四节一环保”）。

绿色施工作为建筑全生命周期中的一个重要阶段，是实现建筑领域资源节约和节能减排的关键环节。实施绿色施工，应依据因地制宜的原则，贯彻执行国家、行业和地方相关的技术经济政策。绿色施工应是可持续发展理念在工程施工中全面应用的体现，绿色施工并不仅仅是指在工程施工中实施封闭施工，没有尘土飞扬，没有噪声扰民，在工地四周栽花、种草，定时洒水等这些内容，它涉及可持续发展的各个方面，如生态与环境保护、资源与能源利用、社会与经济的发展等内容。

二、绿色施工的原则

1）进行总体方案优化，在规划、设计阶段，充分考虑绿色施工的总体要求，为绿色施工提供基础条件。

2）对施工策划、材料采购、现场施工、工程验收等各阶段进行控制，加强整个施工过程的管理和监督。绿色施工的总体框架由施工管理、环境保护、节材与材料资源利用、节水与水资源利用、节能与能源利用、节地与施工用地保护六个方面组成。

三、绿色施工与绿色建筑

绿色施工不同于绿色建筑。《绿色建筑评价标准》（GB/T 50378—2019）中定义，绿色建筑是指在建筑的全寿命周期内，节约资源、保护环境、减少污染，为人们提供健康、适用、高效的使用空间，最大限度地实现人与自然和谐共生的高质量建筑。因此，绿色建筑体现在建筑物本身的安全、舒适、节能和环保，绿色施工则体现在工程建设过程的“四节一环保”。

绿色施工以打造绿色建筑为落脚点，又不局限于绿色建筑的性能要求，更侧重于过程控制。没有绿色施工，建造绿色建筑就成为空谈。

四、绿色施工与文明施工

绿色施工不同于文明施工。绿色施工除了涵盖文明施工外，还包括采用降耗环保型的施工工艺和技术，节约水、电、材料等资源。因此，绿色施工高于、严于文明施工。《绿色施工导则》（建质〔2007〕223 号）中对地下设施、文物和资源的保护，节材、节能措施等都有所规定。绿色施工也需要遵循因地制宜的原则，结合各地区不同自然条件和发展状况稳步扎实地开展，避免做表面文章而浪费资源。

参考文献

[1] 夏峰，张弘. 装配式混凝土建筑生产工艺与施工技术（第二版）[M]. 上海：上海交通大学出版社，2017.

[2] 张建荣，郑晟. 装配式混凝土建筑识图与构造[M]. 上海：上海交通大学出版社，2017.

[3] 济南市城乡建设委员会建筑产业化领导小组办公室. 装配整体式混凝土结构工程工人操作实务[M]. 北京：中国建筑工业出版社，2016.

[4] 张琦，吴访非. 装配式建筑成本控制管理分析[J]. 建筑与预算，2020（2）：12-15.

[5] 钟文龙. 装配式建筑工程造价预算与成本控制策略分析[J]. 住宅与房地产，2019（30）：32.

[6] 师为国. 装配式建筑企业项目成本管理研究[D]. 苏州大学，2016.

[7] 吕婉晖，孙其浩. 装配式建筑项目实施的影响因素研究[J]. 价值工程，2019，38（36）：89-91.

[8] 济南市城乡建设委员会建筑产业化领导小组办公室. 装配整体式混凝土结构工程工人操作实务[M]. 北京：中国建筑工业出版社，2016.

[9] 张波，王总辉，肖朗和等. 装配式混凝土结构工程[M]. 北京：北京理工大学出版社，2016.

[10] 中国建设教育协会. 预制装配式建筑施工要点集[M]. 北京：中国建筑工业出版社，2017.

[11] 高乐旭. 提升装配式建筑的工程质量研究[J]. 城市住宅，2020，27（1）：239-240.

[12] 张晋峰，孙彬，毛诗洋，等. 装配式混凝土结构内部缺陷无损检测试验研究[J]. 建筑结构，2020，50（9）：26-31.

[13] 渠立朋. BIM技术在装配式建筑设计及施工管理中的应用探索[D]. 中国矿业大学，2019.

[14] 徐创新. BIM技术在预制装配式建筑设计中的应用[J]. 建材与装饰，2020（20）：81-84.